Les Nanotechnologies

Michel Wautelet et coll.

Les Nanotechnologies

Préface de Jean-Marie Lehn
Membre de l'Académie des Sciences
Professeur au Collège de France
Prix Nobel de Chimie 1987

3e édition

DUNOD

Conception de la maquette de couverture :
Raphaël Tardif

Illustration de couverture :
© Edelweiss-Fotolia.com

ISBN 978-2-10-070609-9

Préface à la première édition

Nanosciences et nanotechnologies forment des domaines de recherche d'un très grand intérêt fondamental, susceptibles de donner lieu à de nombreuses applications. Elles représentent aussi des thèmes fédérateurs où se retrouvent et s'unissent la physique, la chimie et la biologie.

Elles jettent des défis de structure, de fonction et de mise en œuvre pour lesquels la chimie est tout particulièrement sollicitée. La structure portant la fonction, se pose le problème de la fabrication.

La chimie supramoléculaire propose une approche originale faisant appel à l'auto-organisation. Elle repose sur la mise en œuvre de systèmes chimiques programmés permettant la génération d'architectures supramoléculaires fonctionnelles de façon spontanée mais contrôlée par le biais de l'information moléculaire stockée dans les éléments composants. Il devient ainsi en principe possible d'éviter le recours aux procédés très lourds et coûteux de la nanofabrication et de la nanomanipulation en laissant le dispositif s'édifier de lui-même, par autofabrication, à partir d'unités moléculaires contenant les instructions requises.

Nous devons être reconnaissants aux auteurs de cet ouvrage sur les nanotechnologies d'en poser les bases. C'est sur elles que peuvent se construire les développements futurs mettant en œuvre l'auto-organisation, de sorte à dépasser les questions de la fabrication de l'objet le plus petit et de l'adressage le plus précis pour atteindre des niveaux plus élevés de fonction et de comportement. C'est ainsi que par-delà la miniaturisation s'ouvre l'ère de la complexification !

Jean-Marie Lehn
Prix Nobel de Chimie 1987
Professeur au Collège de France
et à l'Université Louis Pasteur (Strasbourg)

Table des matières

Les auteurs

Dr. David Beljonne, Dr. Jérôme Cornil, Dr. André Decroly, Prof. Philippe Dubois, Prof. Yves Gossuin, Prof. Michel Hecq, Prof. Roberto Lazzaroni, Prof. Sophie Laurent, Dr. Philippe Leclère, Dr. Dimitri Stanicki, Dr. Quoc Lam Vuong, Prof. Michel Wautelet exercent à l'université de Mons (Belgique).

Dr. Michael Alexandre exerce à l'université de Liège (Belgique).

Dr. Rachel Gouttebaron, Dr. Fabien Monteverde exercent à Materia Nova, Mons, (Belgique).

Prof. Jean-Luc Brédas est Professeur extraordinaire à l'Université de Mons (Belgique) et Professeur au Georgia Institute of Technology (Atlanta, USA).

Les chapitres

Prof. Michel Wautelet
Chapires 1, 2, 3

Dr. David Beljonne, Prof. Jean-Luc Brédas, Dr. Jérôme Cornil,
Prof. Roberto Lazzaroni, Dr. Philippe Leclère
Chapitres 4, 5, 7

Dr. André Decroly, Prof. Roberto Lazzaroni
Chapitre 6

Dr. Michael Alexandre, Prof. Philippe Dubois
Chapitre 8

Prof. Yves Gossuin, Prof. Sophie Laurent, Dr. Dimitri Stanicki, Dr. Quoc Lam Vuong
Chapitre 9, annexe 3

Dr. Rachel Gouttebaron, Prof. Michel Hecq
Annexe 2

Dr. Fabien Monteverde
Annexe 1

Avant-propos

L'une des tendances majeures des sciences et des technologies d'aujourd'hui est la course à la miniaturisation. Faire toujours plus petit est le maître mot de nombreux scientifiques et industriels. Faire toujours plus petit pour mieux connaître et utiliser les lois fondamentales du comportement de la matière. Faire toujours plus petit pour être plus rapide. Faire toujours plus petit pour être moins cher…

Dans le domaine technologique, faire plus petit, c'est travailler avec les atomes, les utiliser et les manipuler. Certes, cela fait longtemps que les physiciens, les chimistes, les biologistes et les ingénieurs utilisent les propriétés des atomes. Mais ce n'est que depuis les années 1980 que les scientifiques manipulent les atomes un par un. Cela ouvre la voie à quantité de travaux, fondamentaux et appliqués, qui pourraient entrer dans bien des secteurs d'activités.

D'après la Royal Society britannique, la « nanoscience » est l'étude des phénomènes et la manipulation des matériaux aux échelles atomique, moléculaire et macromoléculaire, où les propriétés diffèrent significativement de celles à plus grande échelle. Les « nanotechnologies » sont la conception, la caractérisation, la production et l'application de structures, dispositifs et systèmes par contrôle de la forme et de la taille à l'échelle nanométrique. Travailler à ces échelles n'est plus l'apanage des seuls physiciens, chimistes, biologistes ou ingénieurs. Tous doivent travailler de concert. Dans les nanotechnologies, les propriétés physiques et chimiques ne sont pas indépendantes entre elles, et sont fonction de la manière dont on synthétise et fabrique les systèmes étudiés.

Si les nanotechnologies intéressent particulièrement scientifiques et ingénieurs, les industriels sont aujourd'hui également concernés, ainsi que les décideurs économiques et politiques, et les citoyens. Le sujet est si nouveau, ses applications potentielles si nombreuses et son développement si rapide que le besoin se fait ressentir d'en savoir plus.

Les nanotechnologies étant intrinsèquement un domaine pluridisciplinaire, on ne peut s'en faire une idée exacte qu'en tenant compte des aspects de chaque discipline impliquée. Comme tout autre domaine, il se base sur des notions fondamentales connues des scientifiques et des ingénieurs.

S'agissant d'un secteur d'activités nouveau et important, il est nécessaire d'y motiver très tôt les étudiants et les enseignants. Les auteurs de ce livre enseignent à de futurs physiciens, chimistes, ingénieurs, biologistes et médecins, dont ils connaissent donc bien les prérequis. Spécialistes dans des domaines particuliers des nanotechnologies, ils en enseignent les fondements et témoignent de l'état actuel de la recherche et de ses développements. C'est l'objet de ce livre.

Le domaine des nanotechnologies est vaste et leurs aspects multiples. Certains comme les nanotubes de carbone ou les ordinateurs moléculaires sont déjà connus des étudiants, du public et des décideurs via des articles de vulgarisation. Bien qu'il ne soit guère possible d'être exhaustif dans ce domaine, d'autres aspects moins connus sont traités dans cet ouvrage car leurs applications économiques et culturelles ne sont pas moins importantes. Ils nous concernent donc tout autant, et doivent être connus des futurs chercheurs et ingénieurs.

Le premier chapitre, *La révolution nanotechnologique*, débute par un historique des travaux sur les nanotechnologies. À l'échelle des nanotechnologies, certains phénomènes, importants à notre échelle, deviennent négligeables, alors que d'autres y deviennent prépondérants, et notre intuition, basée sur notre expérience, n'est plus valable. Pour mieux appréhender ces différences, les lois d'échelle de diverses lois physiques classiques sont rappelées. Les possibilités fascinantes des nanotechnologies sont ensuite discutées, sans négliger les questions liées à l'alliance nanotechnologies – biotechnologies.

Le deuxième chapitre, *La structure atomique et cohésion*, traite de l'organisation dans les nanoparticules des atomes dont le nombre en surface est non négligeable par rapport à leur nombre total. Dès lors divers paramètres, comme ceux liés à la cohésion, peuvent être différents de ce qu'ils sont dans un solide. Après un rappel des propriétés des surfaces, les phénomènes d'adhésion sont présentés. Lorsque l'on analyse les nanoparticules, deux voies complémentaires s'offrent au chercheur. Dans l'approche *top-down*, on part de l'état solide et on examine comment varient les propriétés des nanoparticules avec la taille et la forme. Dans l'approche *bottom-up*, on part de l'atome et on observe la création d'amas et de structures particulières (fullerène, nanotubes de carbone, etc.).

La structure électronique des nanoparticules est différente de celle des solides, et cette propriété est à l'origine de nombreuses applications. C'est le sujet du troisième chapitre, intitulé *La structure électronique des nanosystèmes.* Après un rappel des notions essentielles de mécanique quantique (en particulier du comportement des électrons dans la matière), l'effet des dimensions est discuté.

L'électronique est l'un des secteurs d'application les plus actifs dans le domaine des nanotechnologies, c'est le sujet du quatrième chapitre : *L'électronique moléculaire.*

Si la plupart des applications électroniques et optiques ont, jusqu'à aujourd'hui, surtout impliqué des matériaux inorganiques, les plastiques pourraient bien venir modifier la donne dans quelque temps. Aussi est-il utile de bien appréhender de quoi il s'agit exactement, quelles sont les réalisations et les véritables possibilités. C'est le sujet du chapitre intitulé *L'électronique plastique.*

Le chapitre 6, intitulé *Matériaux nanométriques pour les technologies photovoltaïques*, traite d'un secteur en plein développement et plein de promesses.

C'est grâce à l'élaboration des différentes techniques de *La fabrication des nanostructures* que les nanotechnologies existent et se développent aujourd'hui. Ces techniques sont présentées dans le chapitre 7.

Outre leurs propriétés électroniques, les nanoparticules sont aussi utilisées pour leurs propriétés mécaniques et autres dans des matériaux composites, associations de matériaux immiscibles qui confèrent au matériau résultant des propriétés qu'aucun des matériaux de base ne possède individuellement. Parmi ceux-ci, les nanocomposites à matrice organique forment une catégorie intéressante et sont l'objet du chapitre 8 : *Les nanocomposites à matrice organique.* Après un exposé des méthodes de préparation, leurs propriétés mécaniques, de barrière aux fluides et de tenue au feu sont étudiées. Cela permet de démontrer la diversité des applications des nanotechnologies.

Les nanoparticules de matériaux magnétiques ont des propriétés qui intéressent des secteurs tels que le biomédical. C'est le thème du neuvième chapitre : *Le nanomagnétisme.* Après un rappel des différents types de magnétisme, les colloïdes magnétiques sont présentés. L'utilisation de nano-aimants en thermothérapie est ensuite décrite. Des nanoparticules magnétiques sont aussi présentes en biologie. Divers cas de biomagnétisme sont finalement décrits.

I

La révolution nanotechnologique

« Imaginez une machine tellement petite qu'elle est invisible à l'œil nu. Imaginez des machines avec des engrenages pas plus grands qu'un grain de pollen. Imaginez que ces machines soient fabriquées par milliers à la fois, chacune coûtant quelques dixièmes d'euros. Imaginez un monde si petit que la gravité ne joue plus de rôle, mais où les effets des forces atomiques prédominent… » (d'après Paul McWhorter).

Peu avant l'an 2000, imaginer de telles machines relevait encore du domaine de la science-fiction. Ainsi, en 1966, dans le film *Le Voyage fantastique*, Richard Fleischer conçoit l'envoi dans le corps d'un savant Tchèque d'un groupe de cinq chirurgiens miniaturisés avec leur vaisseau pour détruire un caillot de sang dans le cerveau. D'autres auteurs imaginent utiliser des engins miniatures pour déboucher nos veines encombrées de cholestérol en y faisant circuler des bulldozers miniatures, espionner discrètement l'adversaire en le surveillant par un avion de la taille d'une mouche, lui injecter un poison mortel par la piqûre d'une guêpe artificielle.

À la même époque, des scientifiques rêvent de manipuler les atomes. En 1959, Richard Feynman, futur prix Nobel de Physique, présente une conférence au congrès de l'American

Physical Society, intitulée : *There is plenty of room at the bottom.* (Il y a beaucoup de place [pour des applications pratiques] au fond). Il y exprime l'idée que, si on pouvait manipuler la matière à l'échelle nanométrique, de nombreuses applications en sortiraient. Étant lui-même théoricien, il ne sait pas comment on pourrait faire, mais anticipe une foule d'applications possibles. La conférence de Feynman est donnée à une époque où on ne dispose pas encore des moyens de fabriquer les actuelles « puces » en microélectronique. Ce qui ne l'empêche pas de rêver. Ainsi, il calcule que, si on pouvait manipuler les atomes, on pourrait écrire l'équivalent de *l'Encyclopædia Britannica* sur une pointe d'épingle. La chimie serait aussi affaire de manipulation d'atomes un par un, plutôt que de réactions chimiques complexes. On pourrait construire des fils, des outils à l'échelle microscopique, atome par atome. Et ainsi de suite.

Cette fiction commence à devenir réalité dans les années 1980. 1981 voit l'invention du microscope à effet tunnel (STM). Cette invention vaut à ses créateurs, G.K. Binnig et H. Rohrer, d'IBM Zurich (CH), de recevoir le prix Nobel de Physique en 1986. Dans un STM, une pointe métallique, si fine que son bout n'est composé que d'un ou de quelques atomes, se déplace à une fraction de nanomètre de la surface d'un solide. Grâce à un effet quantique, l'effet tunnel, des électrons peuvent passer de la pointe à la surface. En déplaçant la pointe sur la surface de manière contrôlée, on parvient à voir les atomes à leur propre échelle. La dimension d'un atome est de l'ordre du dixième de nanomètre.

Une étape supplémentaire est franchie en 1990, lorsque D. Eigler et E. Schweizer réussissent à déplacer des atomes de xénon un par un et à les arranger sur une surface de nickel pour dessiner le sigle IBM. Il devient ainsi possible de manipuler la matière, atome par atome. C'est le point de départ d'un nouveau domaine d'activités : les nanotechnologies.

À la même époque, la découverte de nouveaux matériaux encourage la recherche en nanotechnologies. En 1986, des chercheurs des universités de Tucson et Heidelberg découvrent, dans les suies formées dans un arc électrique entre électrodes de carbone, des molécules composées de 60 atomes de carbone. Ils en déduisent que la molécule de C_{60} a une structure en ballon de football, où chaque atome est situé à l'intersection de trois coutures, aux sommets de pentagones et d'hexagones. En 1996, cette découverte vaut le prix Nobel de Chimie à R. Smalley, H. Kroto et R. Curl. Par la suite, de nombreuses études démontreront les propriétés physiques et chimiques étonnantes de ces molécules et de quelques autres similaires, connues maintenant sous le terme de *fullerènes* (voir chapitre 2).

Un peu plus tard, en 1991, au Japon, S. Ijima détecte dans les mêmes suies la présence de tubules, qui furent baptisés *nanotubes de carbone*. Leur structure est celle d'un feuillet de graphite enroulé sur lui-même. Un tel tube ne mesure que 1,5 nm de diamètre, mais sa longueur peut atteindre plusieurs micromètres (voir chapitre 2). De plus, leurs propriétés électriques sont étonnantes. Selon la manière dont l'enroulement des feuillets a lieu, les nanotubes sont soit métalliques, soit semi-conducteurs. Leurs propriétés mécaniques sont tout aussi surprenantes. Leur résistance mécanique est supérieure à celle d'un fil d'acier.

Ces découvertes ont, bien entendu, donné lieu à maintes supputations. Même si beaucoup sont exagérées, elles ont permis de mettre en avant l'existence de nouveaux matériaux et de créer, dans l'esprit du public et des décideurs, un nouveau domaine d'intérêt : les nanotechnologies.

LES NANOTECHNOLOGIES

Les nanotechnologies pourraient être, selon divers spécialistes, l'élément d'une nouvelle ère industrielle : celle des technologies du petit. Les nanosciences et les nanotechnologies peuvent être définies comme étant les sciences et les technologies des systèmes nanoscopiques. Le préfixe « *nano* » se réfère au nanomètre (nm), soit le millième de micromètre. Les systèmes considérés ont une ou plusieurs de leurs dimensions comprise entre un et quelques centaines de nanomètres. Pour mémoire, le rayon typique des atomes est de l'ordre du dixième de nanomètre (0,1 nm).

Plus précisément, d'après la *Royal Society* britannique, la nanoscience est l'étude des phénomènes et la *manipulation* des matériaux aux échelles atomique, moléculaire et macromoléculaire, où les propriétés diffèrent significativement de celles à plus grande échelle. Cette nanoscience se développe parallèlement à leur pendant technologique : les nanotechnologies. Les nanotechnologies sont la conception, la caractérisation, la production et l'application de structures, dispositifs et systèmes par contrôle de la forme et de la taille à l'échelle nanométrique. Souvent, nanoscience et nanotechnologies sont regroupées sous le terme de nanotechnologie.

Si les applications dans ce domaine commencent à apparaître, d'importants efforts de recherche sont entrepris dans le domaine des nanotechnologies. À première vue, les nanosciences et les nanotechnologies ne sont que l'extension naturelle et nécessaire des travaux à l'échelle micrométrique (qui a porté les secteurs de la microélectronique et de l'informatique) vers une échelle plus basse, donc une miniaturisation plus poussée encore. En fait, il s'agit d'un saut très important, aussi important que celui qui consiste à passer de l'avion des frères Wright à la fusée Apollo. Pour le comprendre, examinons comment les propriétés de la matière évoluent lorsque l'on passe progressivement de notre échelle macroscopique à l'échelle nanométrique.

DU MACROSCOPIQUE AU NANOMONDE

Lorsque les dimensions caractéristiques des éléments diminuent du macroscopique au microscopique (quelques micromètres), des effets prépondérants à notre échelle deviennent négligeables, alors que d'autres deviennent très importants. Par exemple, alors que les effets de la gravité terrestre sont importants à notre échelle, ils deviennent négligeables à l'échelle de quelques dizaines de micromètres. Ce sont alors les forces de tensions superficielles (ou d'interactions atomiques entre surfaces) qui sont de loin les plus intenses. Nous en discuterons plus loin. Cela signifie que les raisonnements « classiques », basés sur une expérience du monde macroscopique, doivent être modifiés et qu'il est essentiel de comprendre ce qui se passe. Notre intuition n'est plus toujours fiable. La limite entre les effets macroscopiques et microscopiques n'est pas nette, mais se situe dans le domaine situé entre quelques centaines et quelques micromètres.

Lorsque l'on diminue encore les dimensions pour atteindre le domaine des nanomètres, une autre frontière apparaît. Alors que, au-dessus du micromètre, les propriétés macroscopiques de la matière restent valables, il n'en est plus de même dans le domaine nanométrique. Le nombre d'atomes en surface devient non négligeable vis-à-vis de ceux en volume. Le comportement de la matière donne alors lieu à de nouvelles propriétés physiques, chimiques, voire biologiques. Cette approche, dite *top-down* (de haut en bas), permet aussi de concevoir l'extrapolation des méthodes actuelles de la microélectronique ou de la chimie, par exemple, à des échelles plus petites. La plupart des produits labellisés « nano » aujourd'hui sur le marché résultent de cette approche.

En allant du macroscopique au nanoscopique, on rencontre donc une zone mal définie, entre mondes « classique » et « quantique ». C'est le domaine dit de la physique *mésoscopique*, terme apparu vers 1976. Cette physique date de plusieurs décennies mais son utilité ressort du développement des micro- et des nanotechnologies.

L'approche inverse, dite *bottom-up* (de bas en haut), permet de comprendre comment aller de l'échelle atomique à l'échelle des nanosystèmes. Lorsque les atomes se regroupent, ils forment des molécules plus ou moins complexes, puis des amas dont les formes évoluent le plus souvent vers un polyèdre. Lorsque l'amas compte plusieurs centaines d'atomes, voire plus, on obtient des nanoparticules qui peuvent croître jusqu'à des dimensions de l'ordre du micromètre.

À l'échelle atomique ou moléculaire, la physique classique n'est pas suffisante pour comprendre les propriétés de ces particules. Il faut faire appel à la mécanique quantique. C'est l'un des aspects des nanotechnologies qui rend leur étude à la fois intéressante, déroutante (notamment pour les ingénieurs) et difficile… En effet, les chimistes théoriciens savent depuis longtemps calculer les propriétés des molécules. C'est le domaine de la chimie quantique. Mais cela demande des ordinateurs puissants, car les calculs sont longs et complexes. Et plus le nombre d'atomes est grand, plus les ordinateurs doivent être puissants. Calculer les propriétés de nanoparticules comportant plusieurs centaines d'atomes est impossible.

À l'autre bout de l'échelle des dimensions, viennent les solides. Or les solides sont cristallins, et présentent donc des propriétés mathématiques utiles : les atomes s'arrangent périodiquement dans l'espace, et cette périodicité permet de simplifier les calculs. C'est ici le domaine de la physique des solides.

Quant aux nanosystèmes, on s'aperçoit qu'ils ont des propriétés « intermédiaires » entre celles des atomes et molécules et celles des solides. Malheureusement, les simplifications de calculs de ces deux extrêmes ne sont plus possibles. C'est donc tout un nouveau domaine de recherches qui s'ouvre au monde scientifique.

DU FONDAMENTAL AUX APPLICATIONS

Dans le passé, recherche fondamentale et applications étaient souvent séparées dans le temps. Dans le domaine des nanotechnologies, la séparation temporelle entre sciences fondamentales et appliquées est très réduite. Bien entendu, il y a longtemps que les scientifiques étudient des entités de la taille des atomes et molécules. La physique atomique et moléculaire, la spectroscopie, la chimie, la biochimie, la biologie sont concernées par les propriétés des atomes et molécules. Néanmoins, dans ces disciplines, on ne manipule pas directement des entités aussi petites, on ne les étudie pas isolément. Ce n'est que depuis les années 1980 que l'on peut manipuler isolément des nanoparticules.

À cette échelle, il n'est pas possible de distinguer les propriétés physiques et chimiques des nanosystèmes, lesquelles dépendent fortement de la manière dont on les synthétise, les arrange et les exploite. Dès lors, les physiciens, chimistes, spécialistes des matériaux, ingénieurs, voire les biologistes, doivent travailler ensemble afin de comprendre et d'utiliser les propriétés de ces nanosystèmes. De plus, la réalisation de nanosystèmes pour leur étude expérimentale fondamentale requiert des appareillages complexes, qui sont du ressort de la science appliquée et de l'ingénierie. L'interaction entre sciences et technologies doit donc être étroite. Recherches fondamentales et appliquées sont menées en parallèle. Cette interaction doit aussi avoir lieu entre tous les acteurs des diverses disciplines impliquées. Il ne s'agit cependant pas que chacun perde son identité propre. Un physicien, un chimiste, un ingénieur ont, chacun, des compétences et des modes de pensée propres. Les rassembler en un seul homme est irréaliste. Il est plus productif de les amener à travailler ensemble, sur des thèmes communs. C'est une des raisons pour lesquelles les équipes travaillant sur ces sujets se doivent d'être pluridisciplinaires.

De ce qui précède, il ressort que la séparation entre nanosciences et nanotechnologies n'a guère de signification pratique. C'est pourquoi la plupart du temps le terme *nanotechnologie* recouvre aussi les nano-sciences.

UNE PHYSIQUE DIFFÉRENTE ?

Pour comprendre comment le comportement de la matière diffère de celui que nous connaissons à l'échelle macroscopique, examinons comment les propriétés de la matière évoluent lorsque l'on passe progressivement de l'échelle macroscopique à l'échelle nanométrique.

Du macroscopique aux nanotechnologies, on traverse deux limites physiques. Le problème est compliqué par le fait que : 1) ces limites ne sont pas abruptes ; 2) elles dépendent de l'effet considéré ; 3) elles sont fonction du ou des matériaux impliqués. Un prérequis à tout travail sur les nanotechnologies demande donc de comprendre comment les propriétés varient avec l'échelle des dimensions. Pour cela, le recours aux lois d'échelle est d'une grande utilité.

Lois d'échelle

Nous allons examiner successivement des lois d'échelle relevant de la mécanique, des fluides, de l'électromagnétisme, de la thermodynamique, de l'optique. Les plus importantes sont résumées dans le tableau 1.1.

Tableau 1.1

Lois d'échelle générales.

Grandeur	Définition	L^n	Remarques
Force de gravitation	$F_{gr} = mg$	L^3	—
Pression sur le sol	$p_{gr} = F_{gr}/S$	L	—
Force d'adhésion	F_{vdw}	L^2	Van der Waals, Casimir
Force de frottement macroscopique	$F_{fr} = \mu F_{gr} = \mu mg$	L^3	—

Grandeur	Définition	L^n	Remarques
Force de striction microscopique	F_{str}	L^2	—
Énergie cinétique	$E_c = mv^2/2$	L^3 L^5	v constant $v \sim L$
Énergie potentielle gravifique	$E_{pot} = mgh$	L^3 L^4	h constant $h \sim L$
Moment d'inertie	$I = cst.mL^2$	L^5	—
Energie cinétique de rotation	$K = (1/2)I\omega^2$	L^5	ω constant
Déformation maximale d'une tige pendante	ζ	L^2	Sous son propre poids
Fréquence fondamentale d'oscillation	ν	L^{-1}	Tubes, lames, ressorts,….
Vitesse limite de chute dans un fluide	$v_{lim} = 4\rho gr^3/18\eta r$	L^2	—
Temps d'amortissement	τ	L^2	—
Nombre de Reynolds	$Re = \rho vL/\eta$	L^2	$v \sim L$
Temps de diffusion	$\tau_{diff} = L^2/\alpha D$	L^2	—
Résistance électrique	$R_{el} = \rho_{el}\ L/A$	L^{-1}	—
Courant électrique	I_{el}	L	V_{el} constant
Effet joule	$W = R_{el}\ I_{el}{}^2$	L	V_{el} constant
Par unité d'aire	W_{un}	L^{-1}	V_{el} constant
Champ électrique	E_{el}	L^{-1}	V_{el} constant
Capacité du condensateur	$C = \varepsilon_0 A/d$	L	plaques parallèles
Charge du condensateur	$Q = C.Vel$	L	V_{el} constant
Énergie stockée	$E_{cap} = Q^2/2C$	L L^3	V_{el} constant Densité de charge constante
Force entre les plaques	F_{cap}	L^2	—
Champ magnétique dans un solénoide	$B = \mu I_{el} n/L$	L	n constant ; densité de courant constante : $I_{el} \sim L^2$
Énergie magnétique dans le solenoide	$E_{magn} = B^2.V/2\mu$	L^5	—

Grandeur	Définition	L^n	Remarques
Force magnétique	F_{magn}	L^4	—
Énergie thermique	E_{th}	L^3	—
Pertes thermiques : Puissance dissipée	P_{diss}	L^2	conduction, rayonnement
Temps pour homogénéiser la température	τ_{th}	L^2	—

Mécanique

Considérons des éléments dont la dimension linéaire caractéristique est L. Dans la suite, sauf lorsque cela sera dit explicitement, nous considérons que toutes les dimensions linéaires varient proportionnellement à L. Donc, toutes les aires, S, varient comme L^2 :

$$S \sim L^2 \tag{1.1}$$

et les volumes comme L^3 :

$$V \sim L^3 \tag{1.2}$$

Donc les masses, m, varient comme :

$$m \sim L^3 \tag{1.3}$$

Examinons d'abord comment les forces varient avec L. La force la plus connue est la gravitation. À la surface terrestre, la force de gravitation est $F_{gr} = mg$, où g est l'accélération de la pesanteur :

$$F_{gr} \sim L^3 \tag{1.4}$$

La pression exercée par un corps sur le sol est $p_{gr} = F_{gr}/S$, et :

$$p_{gr} \sim L^3/L^2 = L \tag{1.5}$$

À l'échelle microscopique, les forces d'adhésion dominent, comme on le verra plus loin. Considérons d'abord l'adhésion entre deux surfaces séparées d'une distance x. L'adhésion entre deux solides est due aux forces entre atomes et molécules. La principale force d'adhésion est la force de Van der Waals, lorsque x est compris entre environ 2 et 10 nm. Il est évident que $F_{vdw}(x)$ est proportionnelle à l'aire de contact :

$$F_{vdw}(x) \sim L^2 \tag{1.6}$$

Puisque F_{gr} et F_{vdw} varient différemment avec L, leurs valeurs relatives varient aussi avec L. On obtient aisément que :

$$F_{vdw}/F_{gr} \sim L^{-1} \tag{1.7}$$

C'est-à-dire que la force d'adhésion domine la force de gravitation (due à l'attraction terrestre) lorsque L est faible. La valeur critique pour laquelle les deux forces sont égales dépend de x et de la nature du milieu entre les deux plaques. En dessous d'environ $L = 1$ mm, F_{gr} est plus petit que $F_{vdw.}$ Dès lors, la gravitation peut être négligée à l'échelle micrométrique et en dessous.

Lorsque deux surfaces glissent l'une sur l'autre, au niveau macroscopique, la force de frottement est donnée par : $F_{fr} = \mu F_{gr} = \mu mg$, où μ est le coefficient de frottement. Lorsque μ est constant,

$$F_{fr} \sim L^3 \tag{1.8}$$

F_{fr} est indépendant de l'aire de la surface de contact. La raison généralement admise est que, géométriquement, deux corps rugueux ne se touchent qu'en peu de points. À l'échelle microscopique, les choses se présentent différemment à cause des interactions interatomiques. Les forces d'adhésion sont très fortes. Les forces de striction (c'est-à-dire la combinaison de l'adhésion et de la friction), F_{str}, doivent être considérées. Elles varient proportionnellement à l'aire de contact, soit :

$$F_{str} \sim L^2 \tag{1.9}$$

Cette dernière relation est applicable lorsque L est petit, de l'ordre de plusieurs nanomètres, alors que la relation (1.8) s'applique lorsque L est grand. À quelles valeurs de L les deux relations sont-elles comparables ? À l'heure actuelle, il n'est guère possible de répondre à cette question. En effet, trop de paramètres entrent en jeu, comme la rugosité des surfaces en contact ou les résistances des matériaux aux contraintes. Néanmoins, si des questions surgissent pour les microsystèmes, aux échelles des nanosystèmes, la relation (1.9) est prépondérante.

Examinons maintenant le cas des ressorts. La force de rappel est donnée par $F_{ressort} = -k \cdot \delta L$, où k est la constante de rappel et δL est l'élongation. Lorsque k reste constant, on obtient :

$$F_{ressort} \sim L \tag{1.10}$$

La fréquence d'oscillation correspondante est :
$\nu_{ressort} = (1/2\pi)(k/m)^{1/2}$ et :

$$\nu_{ressort} \sim L^{-3/2} \tag{1.11}$$

Dès lors, la période d'oscillation varie comme :

$$T_{\text{ressort}} \sim L^{3/2} \qquad (1.12)$$

L'énergie cinétique d'un corps, E_c, est donnée par $E_c = mv^2/2$. Donc, à v constante :

$$E_c \sim L^3 \qquad (1.13)$$

Lorsque $v \sim L$, on obtient :

$$E_c \sim L^5 \qquad (1.14)$$

L'énergie potentielle gravifique, $E_{\text{pot}} = mgh$ varie, à h constant, comme :

$$E_{\text{pot}} \sim L^3 \qquad (1.15)$$

Lorsque $h \sim L$, on obtient :

$$E_{\text{pot}} \sim L^4 \qquad (1.16)$$

L'énergie potentielle d'un ressort est $E_{\text{pot, ressort}} = k \cdot \delta L^2$, et :

$$E_{\text{pot, ressort}} \sim L^2 \qquad (1.17)$$

Les corps en rotation sont caractérisés par leur moment d'inertie, $I = \text{constante} \cdot mL^2$. Donc :

$$I \sim L^5 \qquad (1.18)$$

L'énergie cinétique de rotation est $K = (1/2)I\omega^2$, et :

$$K \sim L^5 \qquad (1.19)$$

Ce qui implique que, à ω constant, l'énergie de rotation des petits systèmes décroît rapidement avec la taille. Et l'énergie cinétique « stockée » dans un système en rotation est plus petite pour les petits systèmes que pour les grands.

Dans la nature, on rencontre souvent des lames, ressorts ou tubes caractérisés par des fréquences de résonance. La fréquence propre la plus basse, ν, correspond généralement à un état pour lequel la longueur de l'engin est égale au quart ou la moitié de la longueur d'onde, λ. À partir de la relation $v = \lambda \cdot \nu$ (où v est la vitesse de phase de l'onde), on obtient :

$$\nu \sim L^{-1} \qquad (1.20)$$

Les fréquences de résonance sont donc grandes dans les petits systèmes.

Dans des systèmes naturels ou artificiels, on rencontre souvent des éléments pendants. L'affaissement (déflexion), ζ, d'une lame pendante soumise à son propre poids varie comme :

$$\zeta \sim L^2 \qquad (1.21)$$

Les matériaux solides comprimés peuvent supporter une tension maximale avant de se rompre, T_{br}. C'est le cas des os des animaux.

S'ils sont soumis à leur propre poids, mg, alors $T_{br} \sim mg/S$, où S est leur section. D'où :

$$T_{br} \sim L^3/L^2 = L \qquad (1.22)$$

Pour un matériau donné, T_{br} est constant. Dès lors, lorsque les dimensions varient, le diamètre minimum d du matériau portant est tel que $d^2 \sim L^3$, ou :

$$d \sim L^{3/2} \qquad (1.23)$$

Mécanique des fluides

Excepté dans le vide, tous les corps se meuvent dans un fluide (air, eau, etc.). Il est donc essentiel de comprendre l'effet des fluides sur le mouvement.

Lorsqu'un corps tombe verticalement dans un fluide, les frottements visqueux sont tels que, après un certain temps, il tombe à vitesse constante, v_{lim}. Le temps caractéristique pour obtenir cette vitesse, τ, est proportionnel à v_{lim}. Lorsque le corps est une sphère de rayon r, la vitesse limite est donnée par $v_{lim} = 4\rho g r^3/18\eta r$, où η est la viscosité du fluide et ρ est sa masse volumique.

$$v_{lim} \sim L^2 \qquad (1.24)$$

$$\tau \sim L^2 \qquad (1.25)$$

Les forces de viscosité amortissent donc rapidement tout mouvement, lorsque les dimensions sont petites. Un corps très petit reste immobile dans l'air, lorsque l'air est calme.

À grande vitesse, l'hydrodynamique est instable, et les flux turbulents apparaissent. La transition laminaire-turbulent est décrite par le nombre de Reynold, $Re = \rho v L/\eta$. Lorsque $v \sim L$, alors :

$$Re \sim L^2 \qquad (1.26)$$

Pour les flux dans les canalisations, la transition laminaire-turbulent a lieu lorsque $Re \approx 10^3$. Dès lors, la turbulence disparaît dans les microsystèmes.

Une particule parcourt une distance L par diffusion durant un temps de diffusion donné par $\tau_{diff} = L^2/\alpha D$, où α est une constante géométrique et D est la constante de diffusion. D'où :

$$\tau_{diff} \sim L^2 \qquad (1.27)$$

Cette relation est valable pour la diffusion de particules et la diffusion thermique.

Électromagnétisme

Un conducteur de longueur L et de section A est caractérisé par une résistance électrique, $R_{el} = \rho_{el} L/A$, où ρ_{el} est la résistivité électrique. Donc :

$$R_{el} \sim L^{-1} \qquad (1.28)$$

Lorsqu'on applique une différence de potentiel, V_{el}, le courant, I_{el}, est donné par la loi d'Ohm, d'où :

$$I_{el} \sim L \qquad (1.29)$$

Dès lors, la puissance dissipée par l'élément est donnée par la loi de Joule : $W = R_{el} I_{el}^2$, et :

$$W \sim L \qquad (1.30)$$

Le nombre d'éléments par unité d'aire varie comme L^{-2}. Donc, la puissance dissipée par unité d'aire varie comme :

$$W_{un} \sim L^{-1} \qquad (1.31)$$

C'est un fait connu en microélectronique, où la réduction de la taille des composants donne lieu à un accroissement de la puissance dissipée. Une manière de diminuer cet effet est de réduire la tension appliquée.

Lorsque V_{el} reste constant, alors que L varie, le champ électrique, E_{el} varie suivant :

$$E_{el} \sim L^{-1} \qquad (1.32)$$

Lorsque E_{el} croît, il atteint une gamme telle que, dans les matériaux semi-conducteurs, la loi d'Ohm n'est plus valable (autour de 10^7 V/m).

Dans les microsystèmes, il y a des condensateurs. On verra dans d'autres chapitres que la charge des nanoparticules joue un rôle important dans le transport des électrons à travers les nanoparticules. Soit un condensateur constitué de deux plaques parallèles d'aire A, distantes de d. La capacité est $C = \varepsilon_0 A/d$, et :

$$C \sim L \qquad (1.33)$$

Lorsqu'on applique une différence de potentiel V_{el}, aux bornes du condensateur, la charge qui apparaît sur chaque plaque est $Q = C \cdot V_{el}$, et :

$$Q \sim L \qquad (1.34)$$

Sous ces conditions, l'énergie stockée dans le condensateur est $E_{cap} = Q^2/2C$, et :

$$E_{cap} \sim L \qquad (1.35)$$

L'énergie stockée décroît donc avec la taille du condensateur.

On préfère parfois traiter des condensateurs qui ont une densité de charge constante, c'est-à-dire $Q \sim L^2$. Dans ce cas :

$$E_{\text{cap}} \sim L^3 \tag{1.36}$$

La force électrique F_{cap} entre les plaques du condensateur est donnée par la dérivée de E_{cap} par rapport à leur distance ; d'où :

$$F_{\text{cap}} \sim L^2 \tag{1.37}$$

Le champ magnétique dans un solénoïde constitué de n spires, de longueur L, et parcouru par un courant I_{el}, est donné par :

$$B = \mu I_{\text{el}} n / L$$

Quand on rétrécit le solénoïde, avec n constant, la section des spires diminue de telle sorte que I_{el} varie. Il est raisonnable de supposer que la densité de courant reste constante. Dès lors, $I_{\text{el}} \sim L^2$, et :

$$B \sim L \tag{1.38}$$

L'énergie magnétique stockée dans le solénoïde est :

$$E_{\text{magn}} = B^2 \times \text{Vol}/2\mu$$

où Vol est le volume du champ magnétique. Puisque Vol $\sim L^3$, on obtient :

$$E_{\text{magn}} \sim L^5 \tag{1.39}$$

$$F_{\text{magn}} \sim L^4 \tag{1.40}$$

Lorsque l'on descend aux faibles dimensions, il faut tenir compte des problèmes technologiques. Par exemple, à faible L, le nombre de spires n'est pas indépendant de L, car on ne peut pas fabriquer des fils très minces. En pratique, des solénoïdes de moins de 1 mm^3 sont difficiles à fabriquer. De plus, la densité de courant maximale est limitée par la dissipation d'énergie, c'est-à-dire la température maximale du système. Cette dissipation dépend de la taille. Dès lors la densité de courant varie avec L, d'une manière qui dépend de la construction du système.

Thermodynamique

L'énergie, E_{th}, nécessaire pour chauffer un système à une température T est proportionnelle à la masse :

$$E_{\text{th}} \sim L^3 \tag{1.41}$$

Les pertes de chaleur ont lieu par conduction, convection et rayonnement. Pour la conduction et le rayonnement, la dissipation de puissance, P_{diss}, est proportionnelle à l'aire du système :

$$P_{diss} \sim L^2 \qquad (1.42)$$

Lorsque l'on utilise cette relation, il faut être prudent, car les pertes thermiques sont liées aux différences de température entre l'intérieur et l'extérieur du système. Les coefficients de diffusion de la chaleur doivent être soigneusement examinés.

Le temps, τ_{th}, nécessaire à l'homogénéisation de la température d'une forme donnée, est proportionnel au carré des dimensions linéaires du système :

$$\tau_{th} \sim L^2 \qquad (1.43)$$

Lorsque la taille d'un système décroît dans la zone nanométrique, le rapport du nombre d'atomes en surface et en volume croît. Dès lors, la surface influence les propriétés du système, comme on le verra dans les autres chapitres.

Optique

Lorsqu'une onde plane est envoyée sur un élément de dimension linéaire L, l'onde réfléchie diverge selon un angle $\theta \approx \lambda/L$. D'où :

$$\theta \sim L^{-1} \qquad (1.44)$$

En photolithographie, lorsque l'on illumine une surface à travers une lentille d'ouverture numérique donnée ($ON = n \sin\theta$), le diamètre minimum de la zone irradiée est $L = 2\lambda/\pi ON$. Donc, la longueur d'onde requise pour obtenir un élément de diamètre L varie comme :

$$\lambda \sim L \qquad (1.45)$$

C'est la raison pour laquelle, en microélectronique, on descend vers l'ultraviolet lorsque l'on désire diminuer la taille des composants électroniques.

La résolution angulaire $\Delta\theta$ d'un élément (comme l'œil) limité par une ouverture circulaire de diamètre L est donné par la même relation.

D'où :

$$\Delta\theta \sim L^{-1} \qquad (1.46)$$

Lorsque les lentilles ont une forme donnée, leur distance focale f varie. f est donnée par la formule de l'opticien :

$$(n-1)(R_1 + R_2)f = R_1 \cdot R_2$$

Dès lors :

$$f \sim L \qquad (1.47)$$

On conclut aussi que le diamètre minimal du point focal, $d_f = f\,\Delta\theta$, ne varie pas avec L :

$$d_f \sim L^0 \qquad (1.48)$$

Ceci est valable dans la limite où la théorie de la diffraction de Fraunhofer est valable, c'est-à-dire pour autant que la dimension des éléments soit beaucoup plus grande que λ.

QUELQUES EXEMPLES

Ces lois d'échelle montrent que les phénomènes physiques varient différemment selon la taille des constituants.

Lorsque l'on veut comparer différentes grandeurs physiques suivant des lois du type L^n (pour différentes valeurs de n), il est à remarquer que plus n est grand, plus son effet est important pour de grandes valeurs de L. À l'opposé, son effet est moins important pour de plus faibles valeurs de L. Ceci est illustré par la figure 1.1.

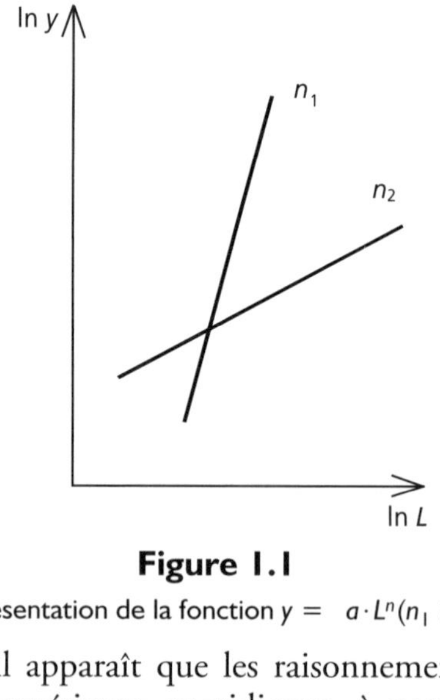

Figure 1.1

Représentation de la fonction $y = a \cdot L^n (n_1 > n_2)$.

De tout ceci, il apparaît que les raisonnements, les intuitions basées sur notre expérience quotidienne, à notre échelle propre, sont à revoir lorsque nous avons à considérer le micromonde. Les choses se compliquent encore lorsque l'on descend dans le nanomonde, où les effets quantiques jouent un rôle majeur, comme on le verra dans les chapitres suivants. Les extrapolations vers les basses dimensions de modèles utilisés à notre échelle ne sont donc généralement pas valables. Et, vu la difficulté inhérente à la fabrication de micro- et de nanosystèmes, il est évident que la simulation numérique joue et jouera un rôle important dans l'étude et la mise au point des technologies correspondantes.

DES POSSIBILITES FASCINANTES

Les nouvelles possibilités offertes par les nanotechnologies sont fascinantes. Tous les secteurs de l'activité humaine sont touchés, les marchés nouveaux sont énormes. Les nanotechnologies modifient de manière profonde la façon dont les matériaux et les appareillages seront produits dans le futur. La capacité de synthétiser des briques fondamentales (« *building blocks* ») avec une taille et une composition désirées, puis de les assembler dans des structures plus grandes, avec des propriétés et des fonctions spécifiques, vont révolutionner les matériaux et les fabrications. Les chercheurs seront capables de développer des structures non présentes dans la nature, au-delà de ce que la chimie peut nous offrir.

Parmi les avantages de ces matériaux et appareillages notons des matériaux légers, plus résistants, programmables ; la réduction des coûts de vie (*life-cycle costs*) *via* des pannes moindres ; des appareils nouveaux basés sur des principes et architectures nouveaux, et l'utilisation de méthodes de fabrication à l'échelle moléculaire et des amas, etc. De la nanoélectronique à la biotechnologie, de l'espace à la protection de l'environnement, en passant par la pétrochimie ou les matériaux aux propriétés particulières, les possibilités sont énormes.

Le premier grand programme nanotechnologique a été lancé aux États-Unis par le président Clinton, en 2001. Les pays scientifiquement développés ont rapidement suivi. En 2002, sous l'impulsion du Commissaire européen à la recherche, Philippe Busquin, le 6e programme-cadre 2002-2006 a consacré 1,7 milliard d'euros aux nanotechnologies et au développement de nouveaux matériaux.

Fin 2010, plus de mille produits labellisés « nanos » étaient commercialisés de par le monde. Aujourd'hui, on ne peut plus les compter. Les secteurs des cosmétiques, de l'hygiène, de l'automobile, des technologies de l'information et de la communication, de la chimie, de l'énergie, de l'armée sont concernés. Et ce n'est rien par rapport à ce qu'on nous promet dans ces secteurs, mais aussi ceux de la médecine, du spatial, etc. Sans oublier ce qu'on ne peut encore prévoir aujourd'hui.

Si les applications actuelles des nanotechnologies ne sont « que » des améliorations de produits plus classiques, le discours qui porte les nanotechnologies traite surtout de la manipulation et de l'organisation de la matière à l'échelle nanométrique, ainsi que de l'alliance nanotechnologies-biotechnologies. Il convient de noter qu'il ne s'agit pas d'applications potentielles pour bientôt, mais de thèmes de recherches futurs. La fabrication de nanorobots, d'engins capables de s'intégrer au corps humain et à l'environnement pour l'analyser, réparer les cellules du cerveau, fabriquer des câbles très résistants et légers, des médicaments spécifiques bien localisés, etc. sont envisagés par certains. Aujourd'hui, les sciences et techniques ne sont pas encore vraiment mûres pour y arriver. Néanmoins, leur anticipation pose des questions qui concernent des progrès (par définition imprévisibles) futurs. Il s'agit aussi d'un thème mis en avant par beaucoup, notamment pour préconiser un moratoire sur les recherches en nanotechnologies.

L'ALLIANCE NANOTECHNOLOGIES-BIOTECHNOLOGIES

Jean-Pierre Dupuy (2000) a bien synthétisé le problème. Nous reprenons, dans ce paragraphe, les éléments essentiels de son raisonnement.

Freeman Dyson pensait que « si nous arrivons un jour à construire des nanomachines, ce sera probablement grâce aux biotechnologies ». La plupart des experts en nanotechnologies ne sont pas d'accord. L'arrivée des nanotechnologies modifiera le concept même de biotechnologie, pensent-ils. En effet, les biotechnologies prennent les produits de l'évolution biologique pour donnés et se contentent de les utiliser ou de les reproduire pour les mettre au service des fins humaines. Le projet nanotechnologique est beaucoup plus radical. Il part du constat que l'évolution est un piètre ingénieur, qui a fait son travail de conception plus ou moins au hasard, se reposant sur ce qui marchait à peu près pour échafauder de nouvelles constructions plus ou moins branlantes - bref, en bricolant. L'esprit humain, relayé par les technologies de l'information et de la computation qui le dépasseront bientôt en capacités d'intelligence et d'imagination, fera beaucoup mieux. Bien entendu, il s'agit d'un « constat » pour le moins philosophiquement orienté. Prétendre que « l'évolution est un piètre ingénieur » est prétentieux. Néanmoins, cette attitude qui voit en l'esprit humain une entité plus performante que la Nature (qui a quand même « construit » le cerveau) est largement répandue.

Le principal argument de vente des nanotechnologies, qui explique que, s'il est conceptuellement, physiquement, industriellement et économiquement viable, leur développement paraît inéluctable, est que ces nouvelles techniques sont les seules qui puissent résoudre, en les contournant, les difficultés immenses qui se trouvent sur la route des sociétés industrielles et post-industrielles. Les problèmes liés à l'épuisement prévisible des ressources naturelles, à commencer par les sources d'énergie fossile, mais aussi les ressources minières, les problèmes d'environnement (réchauffement climatique, pollution de l'air et de l'eau, encombrements de toutes sortes liés à l'urbanisation effrénée, etc.), les problèmes liés à la tiers-mondialisation de la planète et à la misère d'une proportion croissante de celle-ci, tous ces problèmes et bien d'autres seront en principe non pas résolus par l'avènement des nanotechnologies, mais ils deviendront caducs, obsolètes. On fera tout simplement les choses autrement, d'une manière radicalement différente. Ce que l'argument de vente omet de dire, bien entendu, c'est que de nouveaux problèmes émergeront, en comparaison desquels les difficultés actuelles apparaîtront comme du gâteau.

Concevoir les nanomachines comme des sytèmes auto-organisés et capables d'autoreproduction est une nécessité technique, économique et philosophique. Le couplage de ces nanomachines ne peut lui-même se faire que par auto-organisation. Mais il y a des degrés dans l'auto-organisation. Celle-ci peut être aidée, sinon guidée, par des programmes, eux-mêmes auto-organisés, c'est-à-dire capables de se programmer eux-mêmes. L'organisation de la cellule vivante nous fournit un modèle, si l'on veut bien renoncer à la métaphore dominante en biologie moléculaire, celle qui fait du génome un programme d'ordinateur, pour la remplacer par une théorie qui voit le programme (auto-organisé) dans le fonctionnement métabolique tout entier, les informations contenues dans le génome apparaissant alors comme les données sur lesquelles opère le programme.

Selon Dupuy, « le discours nanotechnologique souffre d'une contradiction centrale :

1. D'un côté, il mobilise toutes les ressources conceptuelles de la théorie des systèmes complexes à auto-organisation. Seuls des processus complexes, comme ceux de la sélection naturelle, sont capables de produire du complexe et de toujours le complexifier.
2. Mais si l'esprit humain et son projet technologique prend le relais, au motif que ce qui a été sélectionné n'est pas satisfaisant, où puisera-t-il la capacité d'engendrer du complexe ? Jamais en particulier l'esprit humain ou la raison ne pourront concevoir des ordres aussi complexes que ceux qui sont sélectionnés par l'évolution.

La critique nanotechnologique de l'évolution naturelle et biologique souffre apparemment du même défaut structurel majeur ».

Technologiquement, on est encore loin de l'alliance nanotechnologies-biotechnologies. Ce qui n'empêche pas certains d'aller plus loin et d'envisager une convergence supplémentaire avec les sciences de l'information et cognitives : la convergence NBIC.

LA CONVERGENCE NBIC

« Si les sciences cognitives peuvent le penser
Les nanotechnologies peuvent le construire
Les biotechnologies peuvent l'implanter
Et les technologies de l'information peuvent le surveiller et le contrôler. »

En juin 2002, la *National Science Foundation* américaine publie un rapport officiel intitulé « Converging Technologies for Improving Human Performances ». Ce rapport est à l'origine du mouvement de convergence de quatre champs d'investigation majeurs : Nanotechnologies, Biotechnologies, sciences de l'Information, sciences Cognitives. Cette convergence est désignée sous l'acronyme NBIC. Certains n'hésitent pas à l'associer à un changement radical de civilisation.

La convergence NBIC est un programme ambitieux, qui remet à l'honneur l'ancien idéal de réunifier les sciences. Selon Mihail Roco, un des chefs de file du NBIC : « Il y a un demi-millénaire, les chefs de file de la Renaissance maîtrisaient plusieurs domaines à la fois. Aujourd'hui, en revanche, la spécialisation a séparé les arts et l'ingénierie, et nul ne peut maîtriser plus qu'un tout petit fragment de la créativité humaine. Les sciences sont parvenues à un tournant où elles doivent s'unifier pour continuer d'avancer rapidement. La convergence des sciences peut initier une nouvelle renaissance, incorporant une conception holiste de la technologie fondée sur des outils transformateurs, sur les mathématiques des systèmes complexes et sur une analyse causale du monde physique unifiée depuis l'échelle nano jusqu'à l'échelle planétaire. »

Il s'agit aussi d'accélérer la fertilisation croisée entre les quatre disciplines, afin d'obtenir un effet de synergie qui produira du nouveau, de l'inédit, quelque chose de plus que la somme des ingrédients de départ.

Ces technologies en convergence vont permettre l'unification des sciences et des techniques, le bien-être matériel et spirituel universel, l'interaction pacifique et mutuellement avantageuse entre les humains et les machines intelligentes, la disparition complète des obstacles à la communication généralisée, en particulier ceux qui résultent de la diversité des langues, l'accès à des sources d'énergie inépuisables, la fin des soucis liés à la dégradation de l'environnement.

Pour les promoteurs du NBIC, divers avantages pour l'humanité sont mis en avant :

- les développements des implants laissent envisager d'hybrider le corps avec la machine pour étendre les sens naturels de l'homme et ses performances en une réalité augmentée : accroissement des sensibilités à l'environnement par un échange étendu d'informations avec le cerveau, mais aussi de performances mnésiques ou de calcul par l'adjonction d'unités logiques ;

- les nanorobots devraient devenir nos manufactures, nos dépolluants, nos fournisseurs d'énergie, nos remèdes. Ils finiraient par s'hybrider avec nos écosystèmes pour donner une nature amicale pour l'homme, sans maladie, moins hostile, au service de son bien-être et de ses désirs ;
- certains pensent que l'homme sera apte à construire des nanorobots pour réparer les dommages des maladies et du vieillissement et ce jusqu'à l'immortalité, espoir qui motive entre autres les candidats à la cryogénie ;
- selon le transhumanisme, l'espèce humaine n'a pas atteint son stade final et il appartient désormais à la technique, prolongement « naturel » de l'évolution, de donner toute la plasticité nécessaire au corps pour évoluer, habiter d'autres lieux, d'autres chimies et ce bien au-delà des réalités augmentées.

Il s'agit donc d'aller plus loin que de soigner ou de protéger l'individu. Il s'agit de transformer l'individu, de l'améliorer. Le rêve à l'œuvre ici ne se limite pas à l'homme bionique. Il est plus radical encore. Il s'agit de devenir Dieu avec tous les risques que cela suppose. Heureusement, nous en sommes encore loin.

2

La structure atomique et la cohésion

Les particules dont la taille est comprise entre 1 et 100 nm possèdent des propriétés physico-chimiques particulières. Ces *nanoparticules* sont dans un état intermédiaire entre le solide et la molécule. Dans les nanoparticules, le nombre d'atomes en surface, N_s, n'est pas négligeable par rapport au nombre d'atomes présents dans le cœur de la particule, N_{part}. Ainsi, une particule sphérique, dont le rayon est égal à r distances interatomiques, est caractérisée par le rapport $N_s/ N_{part} = 3/r$. Une particule de rayon $r = 50$ (soit environ 10 nm) contient donc environ 0,5 million d'atomes, dont 6 % se trouvent en surface. Dans ces conditions, il est évident que la surface joue un rôle dans l'établissement de nombre des propriétés des nanoparticules. Étant donné que les méthodes expérimentales et théoriques existent ou sont en cours d'élaboration pour le contrôle de la taille et de la forme des nanoparticules, il ne faut pas être devin pour se rendre compte que l'on se dirige vers la synthèse de particules aux propriétés spécifiques choisies.

Les propriétés particulières des nanoparticules résultent de la diminution de leur taille. Depuis Haüy, au début du XIXe siècle, on sait que l'on peut décrire les cristaux comme un assemblage périodique d'entités microscopiques (qu'il appelait « molécules intégrantes »). La forme géométrique de ces « molécules intégrantes » et la manière dont on découpe les assemblages par des plans (les faces cristallographiques) déterminent la forme des cristaux. Aujourd'hui, on sait que ces « molécules intégrantes » sont elles-mêmes des assemblages d'atomes. Il en résulte une corrélation entre les formes observées des cristaux et leur structure atomique. Chaque face cristallographique est caractérisée par un arrangement d'atomes ; lequel détermine des propriétés aussi diverses que la tension superficielle ou la réactivité chimique du cristal. Lorsque la taille diminue à l'échelle du nanomètre, des structures géométriques particulières apparaissent : nanotubes, amas compacts ou vides (fullerènes), polyèdres réguliers.

À cette échelle, les effets quantiques dominent et dépendent non seulement de l'arrangement des atomes (comme dans les molécules), mais aussi de la taille et de la forme des nanoparticules. En 1967, Ino et Owaga ont démontré que les formes et structures des nanoparticules peuvent être différentes de celles des cristaux. La raison principale est le rôle joué par la surface. En effet, les forces d'interaction entre atomes y sont différentes des forces en volume, ce qui affecte la cohésion des particules.

Dans l'état cristallin, les positions des atomes ne sont pas rigoureusement fixes. L'agitation thermique conduit à une vibration coordonnée des atomes autour de leur position d'équilibre. Lorsque l'on atteint la température de fusion, les mouvements deviennent désordonnés et un changement de phase apparaît. On sait, depuis les travaux de Pawlov, en 1909, que la température de fusion diminue avec la taille des nanoparticules. Cette variation résulte de l'influence de la surface sur la cohésion des nanoparticules. Des travaux ont montré depuis que les diagrammes de phase des nanoparticules diffèrent de ceux des solides. Dans certains cas, des structures cristallographiques ne sont pas observées dans les nanoparticules, alors que d'autres, métastables dans l'état solide, sont stables dans les nanoparticules.

Lorsque la taille des nanoparticules décroît dans l'échelle du nanomètre, leur forme peut fluctuer. Cela est dû au fait que l'énergie des nanoparticules peut présenter plusieurs minima locaux, correspondant à des arrangements atomiques différents. Une légère excitation – causée par le faisceau d'un microscope électronique, par exemple – peut être suffisante pour induire des transitions de structure des nanoparticules.

Dans de nombreuses applications, il est nécessaire de stabiliser la structure atomique des nanoparticules. Par exemple, les propriétés électroniques et optiques de nanoparticules de semi-conducteurs dépendent de la structure cristalline et de la forme. Pour des applications en nanoélectronique, il est donc essentiel de travailler avec des particules dont la forme et la taille sont bien déterminées et ne fluctuent pas. Dans certains cas, on peut stabiliser la structure en passivant la surface avec une couche extérieure, organique ou autre.

La question de la stabilité structurelle des nanoparticules est, on le voit, cruciale pour le développement futur des nanotechnologies. Dans ce chapitre, nous allons d'abord rappeler les caractéristiques principales des surfaces des solides. Cela nous permettra de comprendre leur rôle dans la cohésion des nanoparticules.

Le passage de l'état solide à celui de nanoparticule n'est pas abrupt. Pour le voir, nous utiliserons d'abord l'approche thermodynamique, dans laquelle on suppose que le concept macroscopique de tension superficielle reste valable. Cette approche, dite *top-down* (de haut en bas), est intéressante, car elle permet de comprendre les facteurs essentiels qui dictent la cohésion des nanoparticules, libres ou enrobées, voire contraintes lorsqu'elles sont encapsulées dans une matrice solide. Si la thermodynamique est justifiée lorsque le nombre d'atomes dans la nanoparticule est grand, elle ne s'applique pas pour les plus petites particules.

Les nanoparticules étant intermédiaires entre le solide et la molécule, nous effectuerons ensuite le chemin inverse, partant de l'atome pour atteindre la nanoparticule. C'est l'approche dite *bottom-up* (de bas en haut). Cela nous introduira aux problèmes des amas, des fullerènes et des nanotubes. Les amas d'atomes peuvent présenter des formes qui dépendent du nombre d'atomes qu'ils contiennent.

SURFACES ET INTERFACES

Dans les nanoparticules, le nombre d'atomes en surface est comparable à celui des atomes dans le cœur. La surface y joue donc un rôle important. Aussi est-il nécessaire d'appréhender les concepts liés à la surface et aux interfaces, avant d'étudier les nanosystèmes en détail.

Si la science des surfaces n'est pas neuve, elle est importante, car tout solide ou liquide est en contact avec l'extérieur via sa surface. L'existence des interfaces modifie localement les propriétés de la matière et c'est par les interfaces que la matière interagit avec son environnement. D'où l'intérêt de la science des surfaces et interfaces dans de nombreux secteurs, comme l'électronique, la catalyse hétérogène, les détergents, la corrosion, la photographie, la lubrification, la biologie. Avec les nanotechnologies, la science des surfaces prend un nouvel intérêt.

D'abord, nous l'avons dit ci-dessus, le nombre d'atomes à la surface des nanoparticules n'est pas négligeable par rapport au nombre total d'atomes. L'aire spécifique (aire de la surface par unité de volume) y est donc très grande. Ensuite, la croissance des nanoparticules se fait souvent à partir de quelques atomes, éventuellement eux-mêmes déposés sur une surface. Les méthodes de croissance des nanoparticules sont donc aussi des phénomènes de surface.

Rarement isolées, les nanoparticules sont en contact plus ou moins intime avec leur environnement. Il s'agit encore d'un phénomène lié aux surfaces et interfaces. Enfin, les diverses interactions sont aussi responsables de nombre de propriétés physiques et chimiques des nanoparticules, d'où l'intérêt d'une bonne appréhension des propriétés des surfaces et interfaces.

La tension superficielle

Un des concepts fondamentaux de la science des surfaces est celui de tension superficielle ou d'énergie libre de surface, γ. Les liaisons interatomiques sont affectées par la création d'une surface, certaines étant supprimées, d'autres modifiées. Le résultat net est un accroissement de l'énergie moyenne des atomes présents près de la surface. La tension superficielle est définie comme étant l'énergie à fournir pour créer une surface d'aire unité A, à température T, volume V et potentiel chimique constants μ :

$$\gamma = (\partial H / \partial A)_{T,V,\mu} \qquad (2.1)$$

où H est l'énergie libre de Helmholtz du système considéré.

On peut également décrire la tension superficielle comme étant une force par unité de longueur. Ces deux définitions, complémentaires, peuvent être utilisées indifféremment.

En première approximation, la tension superficielle est proportionnelle au nombre de liaisons interatomiques coupées à la surface considérée, multiplié par le nombre d'atomes par unité d'aire. Dans le cas d'un solide cristallin, le nombre de liaisons coupées est fonction de la face cristallographique considérée. On en conclut que la tension superficielle dépend aussi de la face cristallographique.

Pour créer une surface, il faut fournir un travail. Le travail à fournir pour séparer deux parties d'un même matériau et obtenir une surface d'aire double de l'aire unité est appelé le travail de cohésion, W_c :

$$W_c = 2\gamma \tag{2.2}$$

Le travail à fournir pour séparer deux matériaux A et B et obtenir deux surfaces d'aire unité de A et de B est le travail d'adhésion, W_{ad} :

$$W_{ad}(AB) = \gamma_A + \gamma_B - \gamma_{AB} \tag{2.3}$$

où γ_A, γ_B et γ_{AB} sont respectivement les tensions superficielles de A et de B, et la tension interfaciale entre A et B. L'équation (2.3) est appelée équation de Dupré.

Forme des cristaux

La tension superficielle varie avec l'orientation de la face cristallographique des cristaux. Cette anisotropie est telle que la forme d'équilibre d'un cristal est contrôlée par les valeurs des tensions superficielles des différentes faces cristallographiques. La forme des cristaux est importante en nanotechnologie. L'anisotropie des cristaux peut être étudiée via ce que l'on appelle un « γ-*plot* », obtenu comme suit.

À partir d'une origine arbitrairement choisie, *O*, on trace un vecteur dans la direction **n** (définie par ses angles polaire, θ, et azimutal, ϕ), de longueur égale à l'énergie de la surface libre, $\gamma(\mathbf{n})$, pour une surface perpendiculaire à **n**. La non-sphéricité des γ-*plots* reflète l'anisotropie des γ. $\gamma(\mathbf{n})$ possède des minima dans les directions $\mathbf{n_0}$ correspondant aux surfaces les plus denses. Les surfaces correspondant à des directions voisines des $\mathbf{n_0}$ montrent une succession de marches et de terrasses. Si l'on appelle β l'énergie par unité de longueur d'une marche, on obtient, aux alentours de $\mathbf{n_0}$:

$$\gamma(\mathbf{n}) = \gamma(\mathbf{n_0}) + \beta|\theta|/d \qquad (2.4)$$

où θ est l'angle entre **n** et $\mathbf{n}_0$, et *d* est la distance entre les plans le long de $\mathbf{n}_0$. $|\theta|/d$ est la densité de marches. Dès lors, $d\gamma/d\theta$ présente une discontinuité en $\theta = 0$ et le γ-*plot* montre des points de rebroussement dans les directions correspondant aux $\mathbf{n}_0$, comme illustré par la figure 2.1.

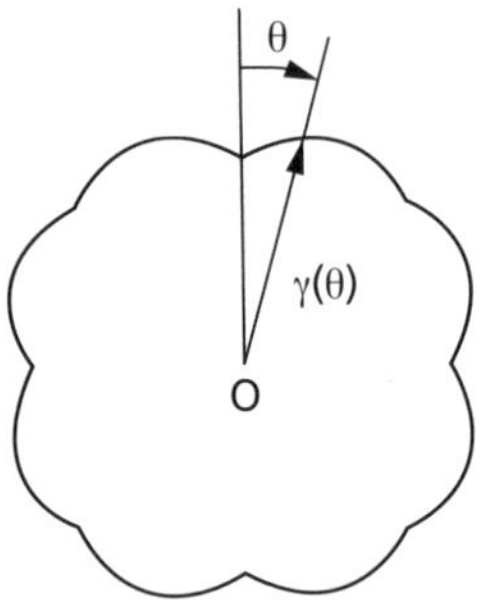

Figure 2.1

Exemple de γ-*plot*.

Pour un cristal limité par une surface *S*, la forme d'équilibre doit minimiser l'énergie de surface, c'est-à-dire :

$$F_s = \iint \gamma(\mathbf{n})\, dS \quad \text{à volume constant} \qquad (2.5)$$

Lorsque γ est isotrope, la forme d'équilibre est évidemment une sphère. Lorsque γ est anisotrope, la forme d'équilibre n'est plus une sphère, mais une forme géométrique polyédrique. La forme exacte est obtenue par ce que les cristallographes connaissent comme la *construction de Wulff*. Un exemple bidimensionnel est montré sur la figure 2.2.

Lorsque la température augmente, des fluctuations thermiques apparaissent. Les γ-*plots* montrent des angles moins acérés. La construction de Wulff devient moins pointue et la surface peut devenir rugueuse.

La construction de Wulff s'applique aussi bien aux cristaux microscopiques, qu'à l'échelle des nanoparticules.

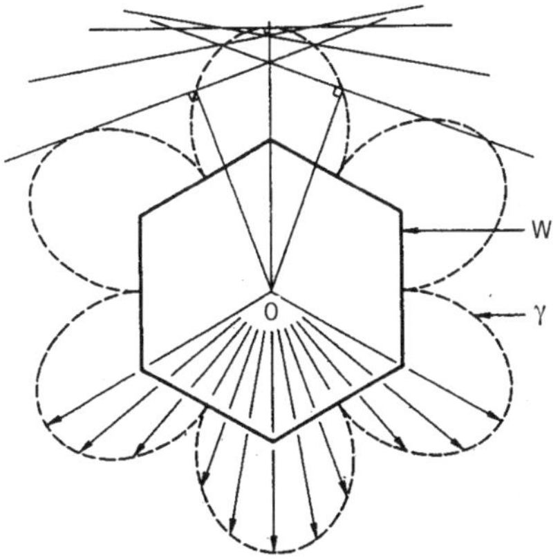

Figure 2.2

Construction de Wulff montrant comment déterminer, à deux dimensions, la structure d'un cristal à partir des valeurs de γ.

Gouttes et angles de contact

Souvent, les cristaux ne sont pas isolés, mais déposés sur un substrat, sur une surface. Dans ce cas, l'angle entre le substrat et la face extérieure de ce qui y est déposé dépend des valeurs des différentes tensions superficielles.

Soit θ, l'angle de contact (comme illustré par la figure 2.3). La relation entre cet angle et les tensions superficielles des matières en contact est donnée par l'équation de Young :

$$\gamma_A = \gamma_{AB} + \gamma_B \cos\theta \tag{2.6}$$

Lorsque $\theta \neq 0$, il y a formation d'une goutte sur le substrat. Lorsque $\theta = 0$, il y a étalement et formation d'une couche monomoléculaire.

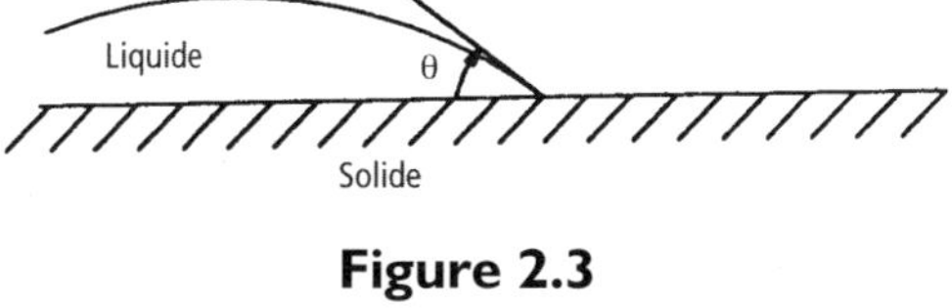

Figure 2.3

Angle de contact d'une goutte.

Pour décrire le phénomène d'étalement, on définit généralement le coefficient d'étalement, σ :

$$\sigma_{AB} = \gamma_B - \gamma_A - \gamma_{AB} = \gamma_A\,(1 + \cos\theta) \qquad (2.7a)$$

$$\sigma_{AB} = W_{ad}\,(AB) - W_c(A) \qquad (2.7b)$$

Lorsque $\sigma_{AB} > 0$, il y a étalement de A sur le substrat B. Lorsque $\sigma_{AB} < 0$, il y a formation d'une goutte sur le substrat.

Croissance de films sur un substrat

En nanotechnologie, plusieurs techniques employées pour la synthèse de nanosystèmes impliquent une croissance sur un substrat. La question de la croissance de films date des années 1920, mais son intérêt n'a jamais cessé depuis. L'avènement des nanotechnologies repose aussi sur ces travaux.

Lorsque des atomes interagissent avec un substrat, un film s'y forme. Trois types principaux de modes de croissance des films sont observés, connus par les noms de leurs principaux investigateurs. Il s'agit : 1) du mécanisme de Volmer-Weber, dit « en îlots » ; 2) du mécanisme de Frank-Van der Merwe, dit « en couches » ; 3) du mécanisme de Stranski-Krastanov. Ces mécanismes sont illustrés par la figure 2.4.

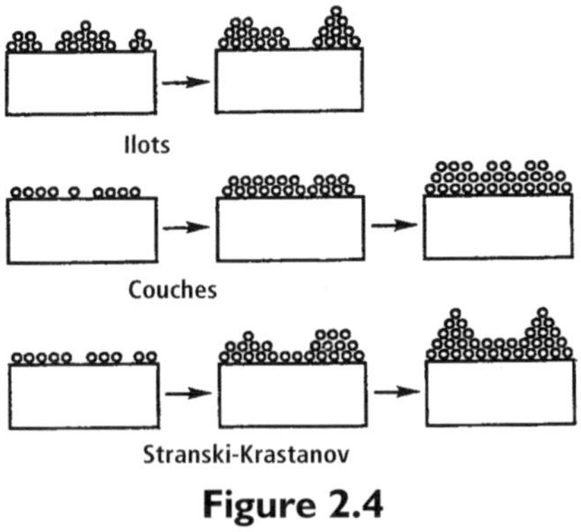

Figure 2.4

Mécanismes de croissance de films minces sur un substrat.

Le mécanisme de Volmer-Weber est observé lorsque les noyaux les plus petits se forment (on dit qu'il y a nucléation), puis croissent, pour former des îlots, ce qui se produit lorsque les atomes ou les molécules déposées sont plus fortement liés entre eux qu'avec le substrat. C'est le cas de nombreux métaux sur des substrats isolants, voire de graphite ou de mica.

Le mécanisme opposé (Frank-Van der Merwe) a lieu lorsque les atomes ou molécules déposés interagissent beaucoup plus fortement avec le substrat qu'entre eux. Dès lors, il y a formation de couches successives. Ce mécanisme est particulièrement important dans le cas de la croissance épitaxique de semi-conducteurs.

Le mécanisme de Stranski-Krastanov est intermédiaire entre les deux précédents. Après formation d'une ou de quelques couches monomoléculaires, la croissance bidimensionnelle est remplacée par une croissance tridimensionnelle avec formation d'îlots. Ceci peut se passer lorsque des contraintes se créent lors de la croissance épitaxique des premières couches sur le substrat, à cause notamment de désaccords entre les mailles cristallines. Les contraintes s'accumulent d'abord, puis sont évacuées par la croissance d'îlots tridimensionnels. Ce mode de croissance, très commun, est observé dans des systèmes métal-semi-conducteur et métal-métal.

Les mécanismes de croissance de films sont bien évidemment importants pour la croissance de nanoparticules et autres nanosystèmes. Ils s'appliquent aussi lorsque des atomes s'agglomèrent le long d'une marche cristallographique, lors de la synthèse de nanofils, par exemple.

Phénomènes d'adhésion

À l'échelle atomique, dans la section précédente, l'interaction directe entre atomes en contact joue le rôle prépondérant. Lorsque les atomes ou molécules sont séparés de plusieurs distances interatomiques, d'autres phénomènes se produisent, utiles pour décrire l'adhésion dans les systèmes nanoscopiques. À cette échelle, les forces d'adhésion l'emportent sur celles de la gravitation terrestre. À l'échelle submicronique, deux types principaux d'interaction sont importants, en plus des interactions interatomiques habituelles : l'interaction de Van der Waals et l'effet Casimir.

L'interaction de Van der Waals

L'adhésion entre un solide et un autre solide (ou un liquide) est due à des forces interatomiques. Les principales forces responsables de l'adhésion sont les forces de Van der Waals. Le potentiel d'interaction interatomique de Van der Waals est donné par :

$$\varepsilon = -\, C/r^6 \qquad (2.8)$$

où C est une constante positive et r est la distance interatomique.

L'interaction entre deux plaques, séparées d'une distance x, est obtenue par une somme sur toutes les interactions atome-atome. On obtient :

$$\varepsilon_{\text{plaque-plaque}} = -\,\pi n^2 C/12x^2 = -\,H/12\pi x^2 \qquad (2.9)$$

où n est la concentration atomique et H est la constante dite de Hamaker. Pour des solides, H est de l'ordre de 10^{-19} J dans l'air, et de 10^{-20} J dans l'eau.

La force d'attraction entre les plaques est donnée par la dérivée de $\varepsilon_{\text{plaque-plaque}}$ par rapport à x, soit :

$$F(x) = H/6\pi x^3 \qquad (2.10)$$

La valeur exacte de $F(x)$ dépend de la forme des deux objets en interaction. Quelques exemples sont repris dans le tableau 2.1. L'interaction de Van der Waals est observée lorsque la séparation entre objets est inférieure à environ 10 nm.

Tableau 2.1

Interaction de Van der Waals pour quelques objets.

Objets	Interaction de Van der Waals
Deux plaques infinies	$-\,H/12\pi x^2$
Deux plaques d'épaisseur d	$-\,(H/12\pi)[x^{-2} + (x + 2d)^{-2} - 2\cdot(x + d)^{-2}]$
Deux sphères de rayon r, dont les distances centre à centre sont $R = s\cdot r$	$-\,(H/6)[2\cdot(s^2 - 4)^{-1} + 2\cdot s^{-2} + \ln(s^2 - 4) - \ln(s^2)]$

Effet Casimir

Un autre effet qui peut être important, l'effet Casimir, résulte de la quantification du champ électromagnétique. L'électrodynamique quantique établit que, pour chaque mode du champ de rayonnement, les niveaux d'énergie associés sont également espacés, comme pour tout oscillateur harmonique. Chaque niveau est associé à un nombre entier de photons. Le traitement quantique de l'oscillateur harmonique indique que le niveau fondamental possède une énergie finie, non nulle. Pour le champ électromagnétique dans l'espace « libre », il y a un nombre infini de modes de rayonnement. En présence de deux plaques parallèles, parfaitement conductrices, seules les ondes longitudinales avec des nœuds sur chaque surface sont supportées. Le résultat net est que l'énergie fondamentale est modifiée. Cette modification d'énergie est interprétée en termes d'un abaissement de l'énergie potentielle lorsque les plaques se rapprochent. Il en résulte une force d'attraction entre les plaques conductrices.

Cette force est proportionnelle à l'aire des plaques. La force par unité de surface (donc une pression) entre deux plaques conductrices « infinies » séparées de x est donnée par :

$$P = \pi^2 \hbar c / 240 x^4 \qquad (2.11)$$

Pour $x = 10$ nm, $P = 1{,}25$ atm. Il s'agit donc d'un effet important. Lorsque les plaques ne sont pas parfaitement conductrices, P est à modifier par un facteur dépendant de la constante diélectrique des matériaux.

Travail d'adhésion

Nous avons précédemment défini le travail d'adhésion entre deux surfaces, en terme des tensions superficielles des interfaces en cause (équation de Dupré). Le travail d'adhésion est aussi le travail effectué par les forces d'attraction entre surfaces.

Le travail d'adhésion est utile, car il distingue deux états : contact et séparation. Ce travail est effectué sur une très courte distance. Pour les forces de Van der Waals, 99 % du travail est effectué lorsque les surfaces sont séparées de 1 nm. Pour d'autres types de liaison (ionique, covalente), la distance est encore plus courte. Dès lors, la forme précise de $F(x)$ n'est guère utile pour comprendre de nombreux phénomènes. À cause de l'instabilité liée à l'attraction, elle est même souvent non mesurable.

Le travail d'adhésion permet, grâce à plusieurs méthodes, de calculer l'énergie mécanique nécessaire pour séparer deux surfaces. Ainsi, pour séparer deux sphères identiques de diamètre D et de travail d'adhésion W, il faut une force :

$$F = kWD \qquad (2.12)$$

où k est une constante proche de l'unité. Pour des sphères élastiques, $k = 3\pi/8$. Cette relation est un lien utile entre mécanique (via

F) et chimie (via *W*). En appliquant la même méthodologie à différentes géométries, on peut en déduire des équations d'adhésion décrivant la mécanique de joints adhésifs.

Ce lien entre travail d'adhésion et force de séparation de surfaces permet de comprendre différents effets, comme le collage. Par exemple, une couche de liquide étalée sur une surface en modifie la tension superficielle γ, donc *W*, donc *F*. Si le liquide est mouillant, γ baisse, donc aussi *W*, donc aussi *F*. Si le liquide est non mouillant, γ croît.

Ces effets jouent également un rôle lorsque l'on traite de systèmes à l'échelle du micromètre ou en dessous. En effet, dans cette zone d'interdistances, l'adhésion prédomine sur la gravité. Par exemple, dans le cas des nanomachines, il peut être difficile de séparer deux surfaces mobiles lorsqu'elles sont entrées en contact.

THERMODYNAMIQUE DES NANOPARTICULES

Lorsque l'on désire comprendre l'origine des propriétés des nanosystèmes, la démarche la plus simple consiste à examiner comment leur taille et leur forme influencent ces propriétés. Partir de l'état solide vers la nanoparticule (l'approche *top-down* : de haut en bas) est, historiquement, la première approche qui fut effectuée. L'avantage est que l'on peut partir de concepts bien établis : ceux de la thermodynamique. L'analyse thermodynamique, outre sa simplicité, permet de mettre en évidence des effets importants, comme la variation du diagramme de phase avec la taille des nanoparticules, leur forme, les défauts qu'elles contiennent ou les contraintes auxquelles elles sont soumises.

Description thermodynamique

Une des conditions d'applicabilité de la thermodynamique est que le nombre d'atomes impliqués soit « suffisamment grand ». Qu'est-ce que « suffisamment grand » ? Considérons un cube de côté L avec N atomes par unité de volume. La fluctuation relative de température est $\delta T/T \approx (NL^3)^{-1/2}$, ou $L \approx (\delta T/T)^{-2/3} N^{-1/3}$. Supposons que la temperature soit uniforme lorsque $\delta T/T$ est inférieure à 10^{-3}. Dans les solides et liquides, $N \approx 10^{23}$ cm^{-3}, et $L \approx 20$ nm.

Définitions de la température

En thermodynamique, la température est le paramètre de base. Il est donc utile de se poser la question fondamentale : Qu'est-ce que la température ? Pour les systèmes habituels, il est aisé de définir une température locale. Mais quelle est la taille des régions pour lesquelles on peut définir une température locale ? Il existe trois manières de définir une température locale.

La première est utilisée, par exemple, en dynamique moléculaire. Dans cette méthode, on calcule la position et la vitesse de chaque atome à chaque étape de temps. On calcule alors l'énergie cinétique moyenne, E_c. La moyenne doit être effectuée sur un grand nombre de pas de temps, afin d'aboutir à un résultat statistiquement valable. Les calculs sont purement classiques. La température est donnée par l'expression classique :

$$<E_c> = <mv_i^2>/2 = 3kT/2 \qquad (2.13)$$

La température est définie localement, sur un atome. Cette approche néglige les effets quantiques.

La deuxième définition de la température tient compte des effets quantiques. Les mouvements collectifs des atomes sont décrits à partir de la théorie des phonons. Ceux-ci sont caractérisés par leur pulsation ω(p,q) ; laquelle dépend du vecteur d'onde, q et de la polarisation, p. En mécanique quantique, l'énergie cinétique moyenne est donnée par :

$$<mv_i^2>/2 = \Sigma\{\hbar\omega(q)/[\exp(\hbar\omega(q)/kT) - 1]\} \qquad (2.14)$$

À haute température (bien au-dessus de la température de Debye), les équations classiques et quantiques donnent les mêmes résultats. En dessous ou au voisinage de la température de Debye, les deux définitions de la température donnent des températures différentes.

Une troisième définition consiste à soustraire le mouvement à 0 K de la définition quantique. La discussion du cas précédent reste valable.

Parmi ces trois définitions, laquelle est correcte ? Cela dépend de la taille du domaine où *T* est défini. La définition classique est purement locale. *T* peut être défini pour chaque atome ou rangée d'atomes.

Dans les définitions quantiques, l'échelle de longueur est définie à partir du libre parcours moyen des phonons, l_{ph}. À température ambiante, le libre parcours moyen des phonons dans les matériaux isolants est de quelques nm (2,3 nm pour NaCl, 4 nm pour le quartz). Si deux domaines sont caractérisés par des températures différentes, les distributions de phonons y sont différentes. Un domaine est défini par une distribution de phonons. Dès lors la dimension caractéristique d'un domaine à une température fixée doit être plus grande que l_{ph}. Mais l_{ph} dépend de la fréquence des phonons. Ceux de basse fréquence ont un libre parcours moyen plus grand que ceux de haute fréquence. À haute température, on peut définir un libre parcours moyen. Dans ces cas, la température ne peut pas être fixée sur un atome ou une rangée d'atomes.

Pour la plupart des matériaux à température ambiante, l_{ph} est de l'ordre du nm. Dès lors, T est défini lorsque la particule a des dimensions de l'ordre du nm.

Énergie des nanoparticules

La description thermodynamique des nanoparticules repose sur l'évaluation de leur énergie libre, $G(T)$. Soit N, le nombre d'atomes dans la particule. Pour que la théorie thermodynamique s'applique, il est impératif que N soit suffisamment grand. Nous supposons aussi que la surface de la particule est caractérisée par une valeur unique de la tension superficielle. À une température donnée, l'énergie libre de Gibbs d'une particule libre est donnée par :

$$N \cdot G = N \cdot G_{\infty} + f N^{2/3} \gamma \qquad (2.15)$$

où f est un terme géométrique qui dépend de la forme de la particule. Le terme $(f N^{2/3})$ est égal au nombre d'atomes en surface. γ est la tension superficielle par atome, c'est-à-dire la tension superficielle divisée par le nombre d'atomes en surface. Pour la plupart des matériaux inorganiques, γ est quasiment indépendant de la température, T. G et G_{∞} sont respectivement les énergies de volume par atome de la particule et du matériau volumique, dans une phase donnée.

La stabilité d'une phase par rapport à une autre résulte de la minimisation de l'énergie libre entre les phases considérées. Soient G_i, $G_{i\infty}$, γ_i les énergies libres par atome de la particule, du volume et la tension superficielle, dans la phase – *i*. L'équilibre entre les phases est dicté par :

$$N(G_1 - G_2) = N(G_{1\infty} - G_{2\infty}) + fN^{2/3}(\gamma_1 - \gamma_2) \qquad (2.16)$$

La transition de phase a lieu lorsque $(G_1 - G_2) = 0$. La phase 1 est la phase thermodynamiquement stable lorsque $(G_1 - G_2) < 0$. Lorsque l'on tient compte du terme de surface, il est évident que la température de la transition de la nanoparticule ne correspond pas à celle du volume. Elle dépend de la taille de la particule.

La fusion des nanoparticules sphériques

Parmi les diverses transitions de phase, le cas de la fusion est connu depuis longtemps. Dans le cas des solides inorganiques, la température de fusion T_m est « très supérieure » à la température de Debye du solide. Dès lors, la capacité calorifique du solide est presque constante, et :

$$G_{l\infty} - G_{c\infty} = C - B \cdot T \qquad (2.17)$$

où C et B sont constants pour un matériau donné. Les indices l et *c* concernent le liquide et le solide, respectivement.

Dans la plupart des matériaux solides inorganiques, γ est pratiquement indépendant de la température. Dans ces conditions, la température de fusion de la nanoparticule varie avec son rayon R, comme :

$$T_m = T_{m\infty} + f(\gamma_l - \gamma_c)/B \cdot N^{1/3} = T_{m\infty}\,[1 - \alpha/(2R)] \qquad (2.18)$$

où $T_{m\infty}$ est la température de fusion habituelle. La variation linéaire de T_m avec R^{-1} a été mise en évidence expérimentalement dans le cas de métaux et de semi-conducteurs. Les matériaux inorganiques sont caractérisés par une constante α positive, comprise entre 0,4 et 3,3 nm. Des valeurs caractéristiques sont reprises dans le tableau 2.2.

Plusieurs expressions du paramètre α, basées sur des modèles divers, ont été proposées. La plus connue est l'expression originelle de Pawlow (1909), réévaluée par Hanszen en 1960 :

$$\alpha = 4V_s[\gamma_{sv} - \gamma_{lv}(\rho_s/\rho_l)^{2/3}]/(H_m R) \qquad (2.19)$$

où V_s est le volume molaire du cristal, γ et ρ sont respectivement l'énergie interfaciale par unité d'aire et la masse volumique, les indices *s*, *l* et *v* décrivent les phases solide, liquide et vapeur, H_m est l'enthalpie molaire de fusion.

Pour la plupart des métaux cubiques, $\gamma_{sv} - \gamma_{lv} \approx \gamma_{sl}$, et $\rho_s \approx \rho_l$. Dès lors :

$$\alpha = 4 V_s \gamma_{sl} / (H_m R) \tag{2.20}$$

Tableau 2.2

Température de fusion habituelle ($T_{m\infty}$) et coefficient (calculé et mesuré) de variation de la température de fusion de quelques éléments.

Élément	$T_{m\infty}$ (K)	α (nm)	α_{exp} (nm)
Ag	1234	1,27	
Al	933	1,14	0,6
Au	1336	0,92	0,96
Co	1768	1,00	
Cr	2148	1,05	
Cu	1356	1,02	
Ge	1210,6	2,30 3,33	
In	429,4	1,95	0,974
Mo	2883	0,98 1,58	
Pb	600,6	0,98 1,40	1,048
Pd	1825	0,88 1,43	
Si	1683	1,88	
Sn	505,1	1,57	1,476

En introduisant cette relation dans l'équation (2.18), on retrouve l'équation dite de Gibbs-Thomson.

Dans les équations précédentes, on voit le rôle de la tension interfaciale. Dès lors, lorsque la nanoparticule est entourée d'une couche de nature différente de celle du cœur (comme un oxyde à la surface d'une particule métallique) ou lorsque la particule est enfermée dans une matrice, la tension interfaciale est différente de celle de la particule libre ; en conséquence, la variation de la température de fusion avec la taille diffère de celle de la particule libre. Cela a été mis en évidence dans le cas de particules de plomb ou d'indium dans une atmosphère contenant de l'oxygène. Dans ces cas, la variation de T_m avec R est moins importante que pour la particule pure.

Lorsque la particule est enfermée dans une matrice, la variation de T_m est donnée par :

$$T_m / T_{m\infty} = 1 - [3V(\gamma_{sm} - \gamma_{lm})/R - \Delta E]/H_m \qquad (2.21)$$

avec $V = (V_s + V_l)/2$ où V_l est le volume molaire du liquide. γ_{sm} et γ_{lm} sont les énergies interfaciales entre le solide et la matrice et entre le liquide et la matrice. ΔE est la différence de densité d'énergie entre le solide et le liquide. Lorsque ΔE est négligeable, T_m peut être inférieure ou supérieure à $T_{m\infty}$, selon le signe de $(\gamma_{sm} - \gamma_{lm})$.

Fusion de nanoparticules non sphériques

Les nanoparticules n'ont pas toujours une forme sphérique. Par exemple, lorsqu'elles sont synthétisées par irradiation laser pulsée d'une cible métallique, des nanoparticules métalliques sous forme de cylindres ou de plaques peuvent apparaître. Dans ces cas, à volume constant, l'aire des surfaces est plus grande que dans le cas des particules sphériques. Dès lors, la variation de T_m avec la taille de la particule est plus importante que dans le cas sphérique.

Dans les équations précédentes, on a supposé que les différentes phases sont caractérisées par chacune une seule valeur de la tension superficielle. Lorsque la taille des nanoparticules descend en dessous d'environ 2 nm, elles tendent à former des polyèdres réguliers (icosaèdre, dodécaèdre, etc.). De plus, à de telles dimensions, la plupart des atomes constituant la nanoparticule sont en surface. Dans ces conditions, il est évident que la notion de tension superficielle n'a plus de sens. D'autres arguments doivent être invoqués, comme on le verra dans la suite.

Diagrammes de phase des nanoparticules

Si la température de fusion est fonction de la taille des nanoparticules, il est évident qu'il doit en être de même des diagrammes de phase des matériaux non mono-atomiques. Dans le cas des systèmes binaires, l'énergie libre de Gibbs d'un mélange mécanique est donnée par :

$$g_m = x_1 h_1 + x_2 h_2 - T(x_1 s_1 + x_2 s_2) \qquad (2.22)$$

où x_1 et x_2 sont les fractions atomiques des éléments 1 et 2 ; h_i et s_i sont les enthalpies et entropies correspondantes. L'entropie du système s'accroît du fait du mélange par une composante configurationnelle de mélange :

$$\Delta s_m = -k(x_1 \ln x_1 + x_2 \ln x_2) \quad (2.23)$$

Lorsque les interactions entre les atomes 1 et 2 sont les mêmes que dans les composants purs, la solution est dite idéale, et l'énergie libre de Gibbs est :

$$g_{id} = g_m - T\Delta s_m = x_1\mu_1 + x_2\mu_2 \quad (2.24a)$$

$$\mu_i = h_i - Ts_i - kT\ln x_i \quad (2.24b)$$

Étant donné que l'entropie de mélange ne dépend que du nombre total d'atomes 1 et 2 du système, la présence de la surface ne modifie pas Δs_m. Seuls les h_i sont modifiés par la surface, via les tensions superficielles γ_i. Lorsqu'il n'y a pas de ségrégation superficielle, l'énergie de la particule est donnée par :

$$g_{part} = g_{id} + x_1 g_{surf,1} + x_2 g_{surf,2} = x_1\mu_{part,1} + x_2\mu_{part,2} \quad (2.25a)$$

$$\mu_{part,i} = \mu_i + g_{surf,i} \quad (2.25b)$$

Supposons qu'il y ait un total de N atomes dans la particule, et que x et $(1 - x)$ sont les proportions relatives des atomes 1 et 2, respectivement. Alors :

$$Ng_{part} = x(N\mu_1 + fN^{2/3}\gamma_1) + (1 - x)(N\mu_2 + fN^{2/3}\gamma_2)$$
$$= Ng_{id} + fN^{2/3}\Gamma(x) \quad (2.26a)$$

$$\Gamma(x) = x\gamma_1 + (1 - x)\gamma_2 \quad (2.26b)$$

On peut, comme précédemment, établir les conditions d'équilibre entre les phases liquide et solide :

$$N(g_{part,s} - G_{part,L}) = N(g_{id,s} - g_{id,L}) + fN^{2/3}(\Gamma_s(x) - \Gamma_L(x))$$
$$(2.27)$$

où les indices s et L portent respectivement sur les phases solide et liquide.

Dans les systèmes binaires, la transition solide-liquide est définie par les courbes liquidus-solidus. Les courbes liquidus-solidus de solutions idéales sont calculées à partir des équations simultanées obtenues en exprimant l'égalité des potentiels chimiques des deux phases :

$$kT\ln(x_{solidus}/x_{liquidus}) = C_1(1 - T/T_{m,1}) \quad (2.28a)$$

$$kT\ln[(1 - x_{\text{solidus}})/(1 - x_{\text{liquidus}})] = C_2\,(1 - T/\,T_{m,2}) \quad (2.28b)$$

où x_{solidus} et x_{liquidus} définissent les courbes solidus et liquidus à T fixé. $T_{m,1}$ et $T_{m,2}$ sont les températures de fusion respectives des éléments 1 et 2.

Lorsque la taille des particules varie, $T_{m,1}$ et $T_{m,2}$ varient comme donné dans l'équation (2.18). Il n'y a aucune indication que la chaleur latente de fusion varie avec *R*. On peut donc combiner les équations (2.18) et (2.28) pour évaluer les courbes solidus-liquidus des nanoparticules. L'exemple de la solution idéale Ge-Si est montré sur la figure 2.5.

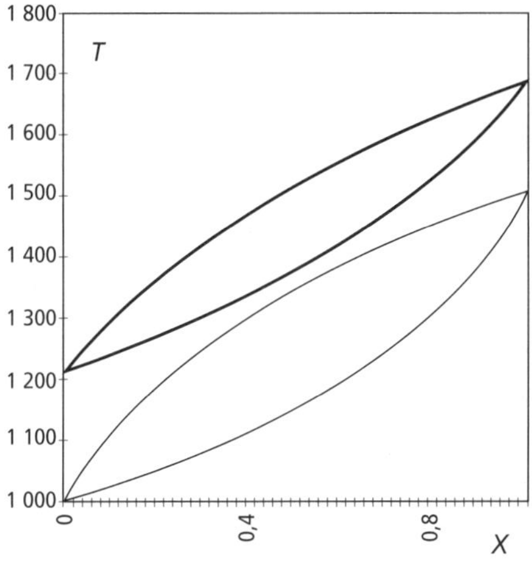

Figure 2.5

Diagramme de phase.

Diagramme de phase du système $Ge_{1-x}\,Si_x$ du système massique (trait gras) et de la nanoparticule contenant 10^6 atomes (trait fin), d'après : M. Wautelet *et al.*, *Nanotechnology*, vol. 11 (2000), 6.

On s'aperçoit que la forme générale des courbes liquidus-solidus est conservée lorsque la taille diminue. Néanmoins, à une concentration x donnée, les décroissances de courbes solidus et liquidus sont différentes. Par exemple, dans le cas de la figure 2.5, à $x = 0{,}5$, la courbe liquidus décroît de 1 510 K pour le volume à 1 345 K pour la nanoparticule (soit une décroissance de 11 %), alors que la courbe solidus passe de 1 375 K à 1 145 K (soit une décroissance de 17 %). Les courbes solidus-liquidus sont donc déformées.

Différents modèles théoriques existent, qui prédisent des déformations différentes des courbes solidus-liquidus.

De plus, pour une température fixée entre le point de fusion le plus élevé du volume et la température de fusion la plus basse de la nanoparticule, le diagramme de phase de la nanoparticule est très différent de celui du matériau massique. Cela implique que les concentrations relatives des phases solide et liquide sont différentes dans la nanoparticule et dans le matériau massique.

Un autre effet vient modifier le comportement du diagramme de phase avec la taille de la nanoparticule : la ségrégation de surface. Il y a ségrégation de surface lorsque la stœchiométrie de la surface diffère de celle du matériau massique. Dans certaines nanoparticules (par exemple Ni – Al), on a observé un comportement différent de celui de l'alliage massique. Ceci provient notamment du fait que la surface voit s'agglomérer les défauts structurels dus à des déviations de stœchiométrie. Les structures ne sont pas des cristaux parfaits, mais les nanoparticules se présentent comme constituées d'un cœur très ordonné, entouré d'un manteau désordonné, dans lequel les déviations de la stœchiométrie idéale viennent se concentrer. La ségrégation de surface conduit à une nouvelle répartition des atomes entre le cœur et le manteau (la surface).

Dans notre système binaire A_xB, avec N atomes, $Nx/(1 + x)$ sont des atomes A et $N/(1 + x)$ des atomes B. Pour autant que la forme géométrique reste constante, le nombre d'atomes à la surface de la nanoparticule est :

$$N_s = fN^{2/3} \quad (2.29)$$

La composition de la surface est $A_{xs}B$. Le nombre d'atomes dans le cœur est donc égal à :

$$N_b = N - N_s = N - fN^{2/3} \quad (2.30)$$

La composition du cœur est $A_{xb}B$.

L'effet de la ségrégation de surface est introduit via l'énergie de ségrégation E_{segr} :

$$x_s = x_b \cdot \exp(E_{segr}/kT) = S \cdot x_b \quad (2.31)$$

Introduisant la conservation du nombre d'atomes A et B, et en supposant que la surface soit composée d'une seule couche atomique, on aboutit à :

$$2S \cdot x_b = -(1 + S - R) + [(1 + S - R)^2 + 4Sx]^{1/2} \quad (2.32a)$$

$$R = S(1 + x) + fN^{-1/3}(1 - S)(1 + x) \qquad (2.32b)$$

De ces équations, on déduit que x_b (la stœchiométrie du cœur) et x_s (la stœchiométrie de la surface) dépendent de N et de x, à T et E_{segr} fixés. Les compositions dépendent aussi de la forme géométrique de la particule, via le terme f.

Un exemple de l'effet de la ségrégation de surface sur le diagramme de phase de solutions idéales est montré sur la figure 2.6. On voit que, en comparaison du matériau massique, les courbes solidus-liquidus du cœur et de la surface sont déplacés. Il est important de noter que, malgré des formes différentes des courbes solidus-liquidus pour le cœur et la surface, il n'y a pas de différence dans leurs températures de fusion, mais une nette variation de composition.

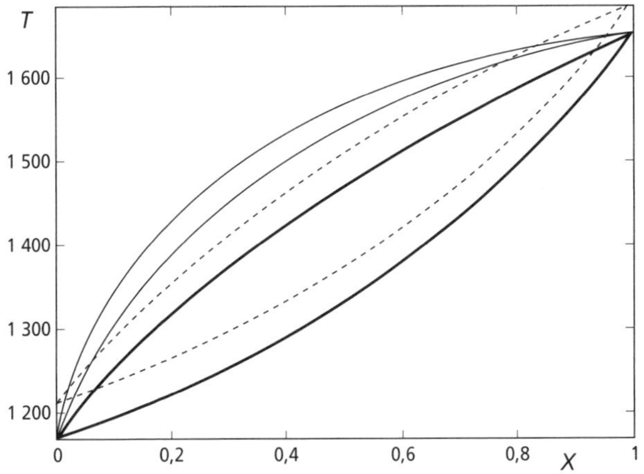

Figure 2.6

Diagramme de phase.

Diagramme de phase du système $Ge_{1-x}Si_x$ du système massique (trait en pointillé), de la nanoparticule contenant 10^6 atomes (trait gras) et de sa surface (trait fin continu) en présence de ségrégation de surface, d'après : R. Vallée *et al.*, *Nanotechnology*, vol. 12 (2001), 68.

Effets des contraintes

Dans la plupart des nanotechnologies, les particules ne sont pas isolées, mais liées à une matrice (par exemple inorganique) ou en contact intime avec un autre matériau. C'est le cas notamment en nanoélectronique, où les puits quantiques responsables des propriétés électroniques croissent au milieu d'une matrice semi-conductrice, par croissance épitaxique. C'est ainsi que l'on observe des nano-agglomérats de In(Sb, As) dans InAs, de (In, Ga)Sb dans GaSb, de (Cd, Zn, Mn)Se dans (Zn, Mn)Se, etc. Souvent, ces nano-agglomérats sont comprimés dans la matrice, à cause notamment des différences de maille entre les nano-agglomérats et la matrice.

Lorsque les particules sont comprimées dans un environnement donné, il faut introduire un terme nouveau dans l'expression de l'énergie libre de la particule. Ce terme supplémentaire peut se mettre sous la forme :

$$G_{pr} = B \cdot \delta V \tag{2.33}$$

où δV est le changement de volume atomique résultant des contraintes. B est une constante proportionnelle à la compressibilité du matériau. Introduisant ce terme dans l'énergie totale de la nanoparticule, et reprenant le raisonnement des paragraphes précédents, on s'aperçoit que le diagramme de phase des nanoparticules est modifié par rapport au cas de la particule libre.

Lorsque l'on tient aussi compte des orientations possibles des interfaces, on comprend que le problème ne peut être résolu de manière unique. On observe la coexistence, dans une même matrice, de domaines de structure atomique et de tailles différentes, orientés différemment. De plus, les différences d'énergie libre entre les diverses structures possibles sont généralement faibles, de telle sorte que des changements de structures peuvent avoir lieu via des traitements thermiques relativement doux. Des phases nouvelles peuvent même apparaître. La connaissance de ces phases est primordiale, car l'arrangement atomique dicte les propriétés physico-chimiques (notamment électroniques) des nanosystèmes.

La stabilité des nanoparticules

Un des paramètres importants pour la détermination des effets de taille sur le diagramme de phase des nanoparticules est la tension interfaciale. Lorsque la nanoparticule est recouverte d'une couche de nature différente, la tension interfaciale est différente de celle de la nanoparticule libre. Il en résulte que le diagramme de phase est modifié. Une des conséquences est qu'il est possible de stabiliser une phase cristalline plutôt qu'une autre en la recouvrant d'une couche de composition déterminée.

On le voit, le problème de la cohésion des nanoparticules n'est pas une simple transposition du cas de la matière ordinaire. De nombreux mécanismes influencent le diagramme de phase des nanoparticules : la taille, la forme exacte, les contraintes, l'environnement chimique sont les facteurs essentiels.

Lors de la synthèse des nanoparticules, plusieurs étapes se font souvent dans des conditions de non-équilibre thermodynamique. La manière dont les états de non-équilibre évoluent vers des états d'équilibre thermodynamique influence aussi la stabilité à long terme des nanosystèmes.

DE L'ATOME À LA NANOPARTICULE

L'approche thermodynamique est valable lorsque le nombre d'atomes dans la nanoparticule est suffisamment grand, c'est-à-dire supérieur à plusieurs milliers. En dessous de ce nombre, le concept de tension superficielle n'est plus applicable. Afin de comprendre les propriétés de ces systèmes, il est utile d'effectuer le chemin inverse de celui des paragraphes précédents, c'est-à-dire partir de l'atome pour aller vers la molécule, puis l'amas et la nanoparticule. C'est l'approche *bottom-up* (de bas en haut).

Les amas d'atomes

Lorsque plusieurs atomes sont réunis, on obtient des molécules. À partir de quelles dimensions peut-on dire que l'on passe d'une molécule à une nanoparticule ? Dans la suite, nous considérons des assemblages constitués d'un seul type d'atomes. En outre, nous supposons que les interactions interatomiques sont décrites par un potentiel du type de Lennard-Jones :

$$V_{LJ}(r) = -2/r^6 + 1/r^{12} \qquad (2.34)$$

où r est la distance interatomique.

Lorsque le nombre N, d'atomes augmente, l'arrangement géométrique des atomes varie. Les atomes se groupent en amas (*clusters* en anglais). Quelques exemples sont montrés sur la figure 2.7.

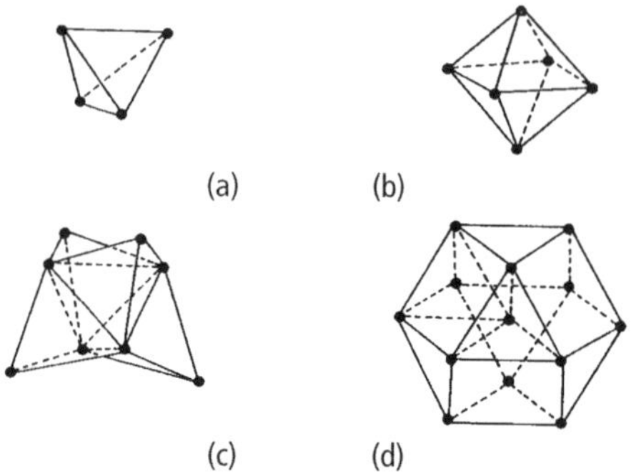

Figure 2.7

Structure atomique de quelques amas.

(a) $N = 4$: tétraèdre ; (b) $N = 6$: octaèdre ; (c) $N = 8$: tétraèdre maclé ; (d) $N = 13$: cuboctaèdre.

Lorsque N est suffisamment grand, plusieurs arrangements géométriques sont possibles pour la même valeur de N. Par exemple, lorsque $N = 6$, deux minima locaux de l'énergie totale apparaissent. Ils correspondent à une structure stable (l'octaèdre), et une structure métastable (la tripyramide).

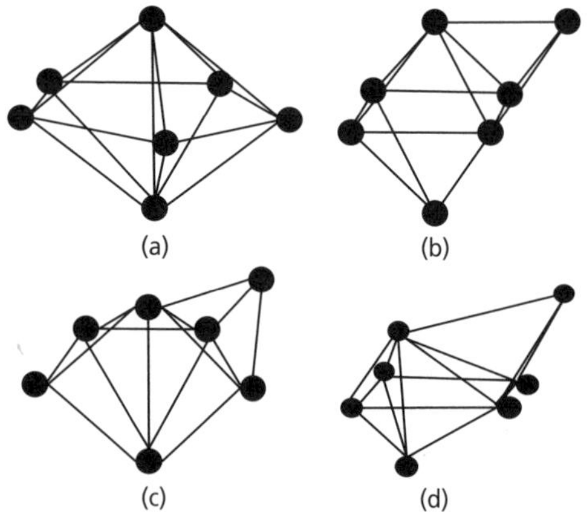

Figure 2.8

Structures atomiques stables et métastables des amas de 7 atomes.

(a) bipyramide pentagonale ; (b) octaèdre plus un ; (c) structure tordue ; (d) groupement de tétraèdres.

Lorsque $N = 7$, le nombre de minima locaux est de quatre, correspondant aux structures montrées sur la figure 2.8. Ce nombre de minima locaux croît rapidement avec N, comme l'indique le tableau 2.3.

Tableau 2.3

Nombre de minima locaux de l'énergie totale d'une particule de N atomes.

N	6	7	8	9	10	11	12	13
	2	4	8	18	57	145	366	988

Les différents minima locaux sont caractérisés par des énergies totales situées dans une zone relativement faible. De nombreux états métastables présentent des énergies très proches de celle du niveau fondamental. Si ces écarts d'énergie sont comparables à l'énergie thermique, kT (T est la température du système, k est la constante de Boltzmann), on peut supposer qu'il y aura des fluctuations thermiques de la structure atomique. La présence de nombreux états métastables à la même (ou presque la même) énergie est aussi une indication que l'énergie d'excitation peut être dispersée dans de nombreux états, et y être stockée pendant un temps assez long. Ce qui indique aussi, comme Berry l'a montré dans les années 1990, que les températures de fusion et de solidification des petites particules peuvent être différentes.

Ces raisonnements sont confirmés par la théorie. La variation de l'énergie totale de ces particules avec la température est calculée par des méthodes de dynamique moléculaire. Dans le cas d'amas avec N aussi petit que 13, par exemple, on a ainsi montré que les températures de fusion et de solidification sont différentes. À basse température, l'amas est « solide » : les positions des atomes fluctuent peu. À haute température, il est « liquide » : les longueurs moyennes des liaisons interatomiques fluctuent très fort autour des positions d'équilibre. Pour les températures intermédiaires, les états « solide » et « liquide » coexistent. Lorsque l'on part d'une température basse et que l'on chauffe le système, la fusion a lieu à une température déterminée. Par contre, si l'on part d'une haute température à laquelle l'amas est fondu, et que l'on refroidit le système, la solidification a lieu pour une température différente de la température de fusion. Il est important de noter que ces résultats nous montrent qu'il est possible de définir des états « solide » et « liquide » pour ces très petites particules.

Dans ces amas, la température de fusion est plus faible que dans le matériau massique, ce qui confirme la tendance observée précédemment dans les nanoparticules. Néanmoins, lorsque la taille grandit jusque $N \approx 100$, un autre phénomène apparaît. Une équipe allemande a montré sur des mesures des grains de sodium contenant de 70 à 200 atomes que la température de fusion n'est pas fixée ; elle semble varier avec la forme des grains. De plus, les auteurs ont montré que la chaleur latente de fusion varie avec la taille du grain. Dès lors, ils concluent que, à cette taille, la fusion résulte de plusieurs faits interdépendants, comme la taille, mais aussi l'arrangement atomique, voire la structure électronique.

Les nanoparticules

Lorsque la taille des particules augmente avec N atteignant quelques centaines, le calcul des propriétés atomiques devient difficile, de par les temps de calcul nécessaires. Les expériences montrent que des phénomènes intéressants ont cependant lieu.

Les nombres magiques

Un premier phénomène a été observé dans les années 1980. Un faisceau de particules de sodium est produit par expansion adiabatique d'un gaz d'argon et de sodium évaporé. Après ionisation des particules de sodium, l'examen du spectrographe de masse montre qu'il y a des anomalies d'abondance pour des tailles $N = 8, 20, 40, 58, 92$. Ces nombres sont appelés *nombres magiques*. Un nombre magique correspond à une taille spécifique d'amas où on trouve une anomalie d'abondance dans le spectre de masse. Ceci est une indication que des amas de ces tailles sont relativement stables, comparés à ceux d'autres tailles. On a montré théoriquement que les nombres magiques sont associés à la structure en couche des électrons de valence du Na, qui se meuvent indépendamment dans un potentiel effectif de symétrie sphérique. Il est intéressant de noter que ce problème est semblable à celui de la structure en couches des noyaux atomiques.

Des nombres magiques sont aussi observés dans des particules de métaux bivalents (Cd, Zn) et trivalents (Al), ainsi que des ions de métaux de transition (Cu, Ag, Au).

Les fullerènes

Des nombres magiques apparaissent aussi dans le cas du carbone, mais leur interprétation est différente. Étant donné l'importance des particules de carbone et leurs dérivés, attardons-nous sur ce cas.

En 1985, Kroto et al. vaporisent du graphite par laser, dans une enceinte remplie d'hélium, et ils mesurent le spectre de masse du carbone. Ils observent que des particules comportant 60 et 70 atomes sont exceptionnellement stables. Après quelques tâtonnements, ils arrivent à la conclusion que la particule a une structure en cage fermée, faite d'un assemblage de pentagones et d'hexagones, comme montré sur la figure 2.9.

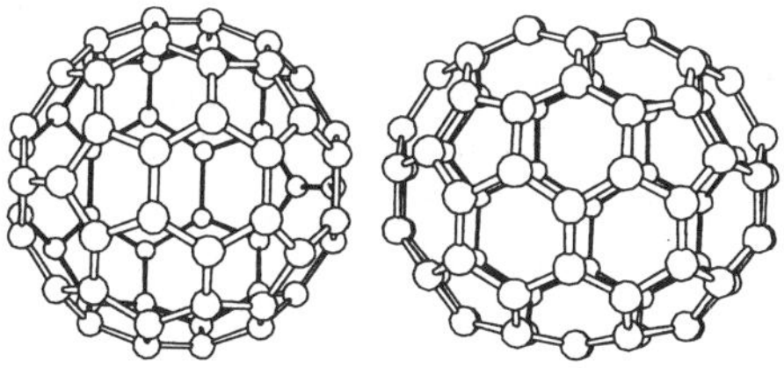

Figure 2.9

Structures du C_{60} et du C_{70}.

Cette structure a été baptisée *fullerène*, du nom de l'architecte R. Buckminster Fuller, qui construisait des dômes formés de pentagones et d'hexagones. Depuis Kroto, des méthodes permettant de fabriquer des quantités utilisables et commercialisables de fullerènes ont été mises au point.

Les fullerènes forment une nouvelle forme allotropique du carbone, avec le graphite et le diamant. Dans le graphite, les électrons extérieurs se présentent sous forme d'orbitales hybrides, planes sp^2. Les atomes de carbone sont arrangés en plans constitués d'hexagones. Dans le diamant, les électrons extérieurs se présentent sous forme d'orbitales hybrides sp^3. Les atomes de carbone sont au centre de tétraèdres formés d'autres atomes de carbone identiques. Dans les fullerènes, ils sont en hybridation mixte, du fait de la courbure de leur structure. C'est le rapport entre le nombre des pentagones (toujours 12) et le nombre d'hexagones, qui régit les propriétés des divers fullerènes.

Géométrie des fullerènes

Les fullerènes ont la forme de polyèdres convexes. Un polyèdre convexe, avec la topologie d'une sphère, peut être caractérisé par les polygones qui recouvrent sa surface. Ceux-ci, au nombre de F, ont, au total, S sommets et A arêtes. Il existe une relation entre ces trois nombres, appelée relation d'Euler :

$$S - A + F = 2 \qquad \text{(G.1)}$$

Le nombre 2 correspond à la topologie d'une sphère. Pour un tore, ce nombre est 0. Si on cherche à construire un polyèdre avec H hexagones et P pentagones, alors :

$$F = H + P \qquad \text{(G.2)}$$

$$2A = 6\,H + 5\,P \qquad \text{(G.3)}$$

$$3S = 6\,H + 5\,P \qquad \text{(G.4)}$$

Le facteur 2 dans (G.3) provient du fait qu'une arête est commune à deux polygones. De même, le facteur 3 dans (G.4) provient de ce qu'un sommet est commun à trois polygones. En reportant ces équations dans (G.1), on obtient :

$$P = 12 \qquad \text{(G.5)}$$

La valeur de H dépend des conditions que l'on se donne pour S.

Dans le fullerène C_{60}, les 60 atomes sont équivalents. Ce n'est pas le cas dans le C_{70}, où les atomes sont répartis en cinq catégories, suivant le type de liaisons avec les voisins, dans les rapports 1 : 1 : 1 : 2 : 2. Le C_{70} a la forme d'un ballon de rugby. Quant aux autres C_N, des formes stables existent pour N = 180, 240, …, 540, …

Les fullerènes étant des assemblages atomiques creux, on peut y introduire des atomes étrangers, notamment métalliques (La, Ni, Na, K, Rb, Cs). Les molécules de fullerène peuvent aussi s'arranger selon un réseau cristallin.

Le C_{60} est une molécule presque sphérique, mais qui présente la particularité de posséder des axes d'ordre cinq. Il est donc impossible de paver l'espace avec de telles molécules. À température ambiante, les molécules de C_{60} s'arrangent selon une structure cubique à faces centrées. Dans cette structure, il semble que les molécules de C_{60} tournent librement, indépendamment les unes des autres. Lorsque la température diminue, un changement de phase vers une structure cubique simple a lieu vers 250 K.

Dans la structure cristalline, on peut aussi introduire des atomes étrangers (K, Rb...). Certains des composés ainsi obtenus sont supraconducteurs à basse température. Ainsi, la température de Curie de K_3C_{60} est de 19 K, celle de Rb_3C_{60} de 28 K, celle de Cs_2RbC_{60} de 33 K.

Les nanotubes

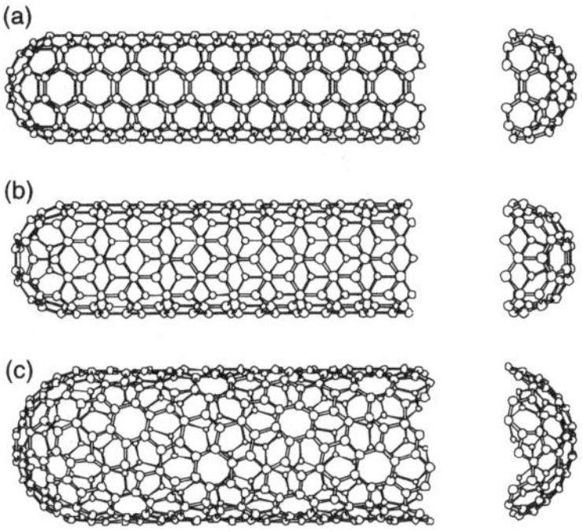

Figure 2.10

Nanotubes.

En enroulant une feuille de graphène (une monocouche d'un cristal de graphite) sur elle-même, et en fermant chaque bout par une demi-molécule de C_{60}, on obtient des nanotubes, de trois formes possibles.

Le carbone se présente aussi sous la forme de nanotubes. Les nanotubes de carbone peuvent être considérés comme des feuillets, de largeur atomique, enroulés sur eux-mêmes et fermés aux deux extrémités. Le diamètre de ces nanotubes est de un à quelques nanomètres. Leur longueur peut aller de 10 à 100 μm.

Les nanotubes sont des structures cylindriques, basées sur le réseau hexagonal du graphite. Trois types de nanotubes sont connus, selon la manière dont les feuilles de carbone bidimensionnelles s'enroulent. Ces nanotubes sont appelés *chaise, zigzag* et *chiraux* (figure 2.10). On observe aussi des nanotubes multiparois, formés de l'enroulement coaxial de plusieurs feuillets de carbone.

Structure des nanotubes de carbone

Les nanotubes de carbone résultent de l'enroulement de monocouches de graphite, encore appelées feuilles de graphène.

Deux grandeurs définissent la géométrie des nanotubes : le diamètre, d_N, et l'angle chiral, θ.

La circonférence du nanotube s'exprime en fonction du vecteur chiral, $\mathbf{C}_h = n\,\boldsymbol{a}_1 + m\,\boldsymbol{a}_2$, qui relie deux sites cristallographiques équivalents d'une feuille de graphène (figure 2.11).

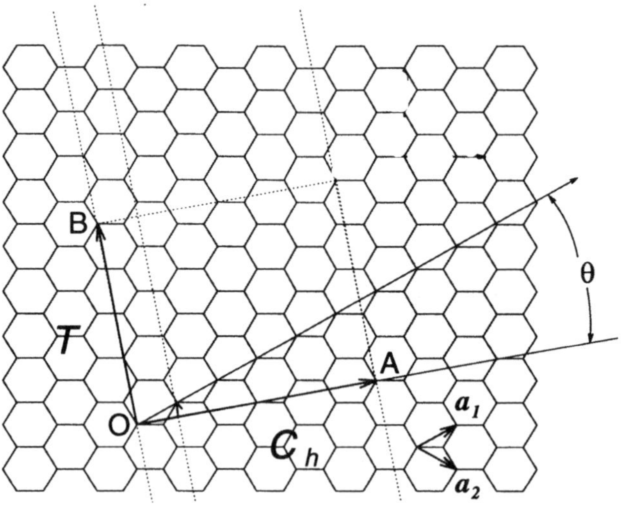

Figure 2.11

Éléments définissant la structure d'un nanotube sur une feuille de graphène.

L'angle chiral, θ, est l'angle entre le vecteur chiral et le vecteur $\boldsymbol{a}_1$ du réseau hexagonal du graphène. Le vecteur chiral est noté à partir de la paire de nombres entiers (n, m). L'intersection de **OB** avec le premier point rencontré du réseau de graphène détermine le vecteur de translation fondamental unidimensionnel du nanotube. Le cylindre définissant le nanotube est obtenu en joignant les deux extrémités du vecteur $\mathbf{C}_h$. Les angles des liaisons interatomiques sont légèrement déformés par rapport au graphène, à cause de la courbure du nanotube. Dans la notation (n, m), les vecteurs $(n, 0)$ et $(0, m)$ donnent lieu à un nanotube en zigzag, les vecteurs

(n, n) à une structure chaise et les autres vecteurs (n, m) à une structure chirale. Le diamètre du nanotube est donné par :

$$d_N = a_C \sqrt{3}\ (m^2 + mn + n^2)^{1/2} / \pi$$

et l'angle chiral par :

$$\theta = \arctan(\sqrt{3}\, n/(2m + n)).$$

Les propriétés électroniques et structurales de ces nanotubes sont remarquables, ce qui justifie le nombre de travaux qui leur sont consacrés. Ils peuvent être métalliques ou semi-conducteurs, en fonction du nombre d'hexagones sur la circonférence et de l'orientation des hexagones par rapport à l'axe du nanotube. Ils présentent également une excellente résistance mécanique.

Remplissage des nanotubes

Les nanotubes de carbone sont creux. Peu après leur découverte, l'idée a rapidement jailli de les remplir avec différentes substances. Ainsi, les nanotubes pourraient servir de nano-éprouvettes ou de nanoréservoirs. À l'opposé, la paroi extérieure pourrait être recouverte d'un matériau à transporter voire d'un catalyseur, vu sa grande surface spécifique.

Pour de telles applications, il est nécessaire de comprendre les propriétés de mouillage des nanotubes. Ce sont ces propriétés qui gouvernent la capacité d'un liquide à couvrir spontanément la surface extérieure du nanotube, ou à y entrer par capillarité, etc. La capillarité est un indicateur des propriétés de mouillage. Elle est décrite par l'équation de Young-Laplace :

$$\Delta p = (2\,\gamma / r)\cos\theta \qquad (2.35)$$

Dans cette relation, Δp est la différence de pression à travers l'interface liquide-vapeur dans le capillaire. γ est la tension superficielle du liquide et θ est l'angle de contact entre le ménisque et le liquide. Le rayon de courbure du ménisque est r.

Le liquide est envoyé directement dans le capillaire lorsque $\Delta p > 0$, soit $\theta < \pi/2$. En fait, il est difficile de prédire théoriquement lorsqu'un liquide s'introduit ou non dans le nanotube. Expérimentalement, on constate que les liquides avec une tension superficielle basse pénètrent dans le nanotube de carbone. Quelques exemples sont repris dans le tableau 2.4.

Tableau 2.4

Propriétés de mouillage des nanotubes de quelques substances liquides, d'après : T.W. Ebbesen, *Physics Today*, June 1996, p. 31.

Substance	Tension superficielle (mN/m)	... pénètre dans le nanotube ?
HNO_3	43	Oui
S	61	Oui
Cs	67	Oui
Rb	77	Oui
V_2O_5	80	Oui
Se	97	Oui
Te	190	Non
Pb	470	Non
Hg	490	Non
Ga	710	Non

Formes géométriques d'amas non creux

Revenons aux assemblages non creux d'atomes. Lorsque la taille augmente pour atteindre quelques centaines d'atomes, des formes géométriques régulières peuvent apparaître. Les plus fréquentes et qui sont aussi les plus intéressantes sont illustrées par la figure 2.12.

Il s'agit du cuboctaèdre, de l'icosaèdre, du décaèdre régulier, du décaèdre en étoile, du décaèdre tronqué de Marks et du décaèdre « arrondi ». La première forme, générique de l'assemblage cubique à faces centrées, possède plusieurs variantes. Les décaèdres sont des dérivés de la même forme. Ils correspondent à une des formes le plus souvent observées, car très stables. Ces formes géométriques se retrouvent avec de nombreux métaux, ainsi que le silicium.

La structure icosaédrique est observée pour des particules de dimensions comprises entre 1 et 100 nm. Lors de leur analyse par microscopie électronique, les icosaèdres peuvent s'aligner différemment, selon les circonstances expérimentales. Dès lors, des calculs d'images sont nécessaires pour une identification complète des particules et de leur orientation.

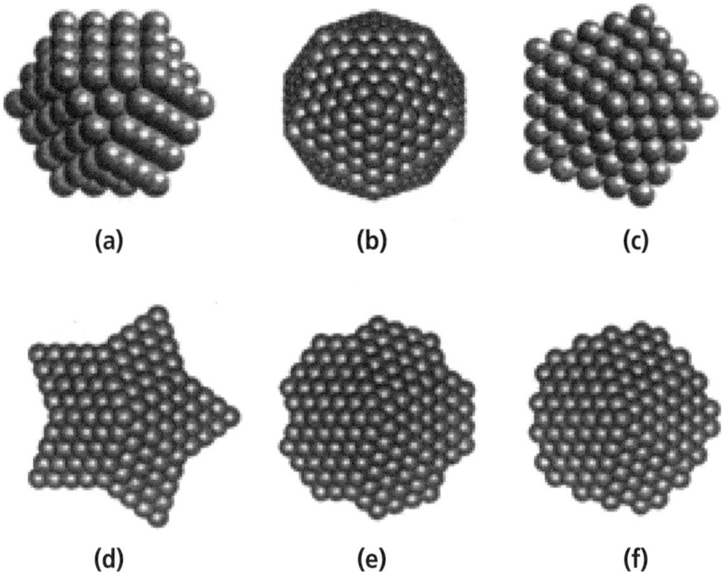

Figure 2.12

Formes d'amas le plus souvent observées.

(a) cuboctaèdre ; (b) icosaèdre ; (c) décaèdre régulier ; (d) décaèdre en étoile ; (e) décaèdre de Marks ; (f) décaèdre arrondi. D'après Yacaman *et al.*, 2001, American Institute of Physics.

Les orientations peuvent dépendre de plusieurs facteurs, dont l'interaction avec le substrat ou la présence de défauts et de contraintes. Il en est de même des autres formes géométriques, qui dépendent aussi des détails de préparation.

Comme dans le cas des plus petites particules, la stabilité relative des différentes formes est importante. Néanmoins, étant donné le nombre important d'atomes, les calculs des énergies totales correspondant aux différentes formes sont longs. De tels calculs ont été effectués par les équipes de Landman et de Yacaman.

Les structures les plus stables correspondent aux décaèdres tronqués : l'étoile, le décaèdre arrondi et le décaèdre de Marks. Pour les particules les plus petites, l'icosaèdre et le décaèdre régulier sont plus stables que les structures cubiques à faces centrées. Quand la taille augmente, les structures décaédriques tronquées restent stables, alors que l'icosaèdre et le décaèdre régulier sont moins favorisés.

Cependant, les énergies totales sont tellement proches que, dans un échantillon donné, une distribution statistique des différentes structures peut être observée, spécialement pour les plus petites particules.

De plus, les méthodes de fabrication des nanoparticules sont telles que leur croissance a généralement lieu dans des conditions hors d'équilibre thermodynamique. Dès lors, on observe une distribution diversifiée des formes des nanoparticules. C'est le cas lors des croissances en phase vapeur. Par contre, avec les méthodes colloïdales, plus lentes, une forme peut être favorisée par rapport aux autres.

De même qu'avec les grosses particules, des tensions internes sont présentes au cours de la croissance des nanoparticules. Les mécanismes de disparition des tensions doivent aussi intervenir lors de la détermination des formes exactes des nanoparticules. Dans le cas de particules décaédriques, des modèles élastiques indiquent que plusieurs mécanismes sont possibles : a) formation de dislocations ; b) formation d'un système de fines couches parallèles « jumelles » (*twinned*) dans une des sections du décaèdre ; c) séparation de l'axe pentagonal en deux (ou plus) déclinaisons partielles ; d) déplacement de l'axe pentagonal à la périphérie de la particule. Ces différents mécanismes ont été observés expérimentalement.

Fluctuations de forme

Lorsque les nanoparticules sont chauffées et/ou soumises à l'action d'un faisceau d'électrons (dans les microscopes électroniques), on observe des variations continues de formes. En 1987, deux chercheurs japonais, S. Iijima et T. Ichihashi ont réalisé une expérience élégante, qui a été le point de départ de nombreuses recherches sur le sujet. Ils ont observé, au microscope électronique, un grain d'or d'environ 2 nm de diamètre et ont suivi son comportement par enregistrement vidéo, avec une résolution temporelle de 1/

60 seconde. Le grain contient environ 460 atomes. Différentes formes sont observées à des temps différents. On y voit des cuboctaèdres, qui résultent d'un cristal cubique à faces centrées. Il y a aussi des icosaèdres, que l'on ne rencontre jamais comme structures locales de cristaux périodiques. On remarque encore la présence de grains presque sphériques, semblables à des gouttes de liquide.

Il est donc clair que, à cette échelle, la structure du grain fluctue continuellement. Le grain ne se comporte donc ni comme un solide, ni comme un liquide. D'autres auteurs ont, depuis, observé de tels comportements pour divers matériaux. La fluctuation entre structures différentes semble donc un phénomène inhérent au comportement microscopique des petites particules.

Plusieurs interprétations de ce phénomène sont proposées. Pour les uns, les nanoparticules fondent complètement par le chauffage résultant de l'interaction avec les électrons, puis recristallisent sous diverses structures. Pour les autres, étant donné les faibles écarts des énergies totales des formes différentes et les faibles énergies d'activation, les fluctuations sont aisées entre formes différentes. Ce phénomène a été baptisé *quasi-fusion.* Il n'est pas actuellement possible de privilégier l'une de ces deux interprétations.

Comme on s'en aperçoit, la cohésion des nanoparticules est un vaste domaine de recherches. Il est cependant primordial, car les propriétés physiques et chimiques des nanosystèmes dépendent de la forme exacte des particules et de l'arrangement des atomes.

3

La structure électronique des nanosystèmes

Les particules dont la taille est comprise entre 1 et 100 nm possèdent des propriétés physico-chimiques particulières. Ces nanoparticules sont dans un état intermédiaire entre le solide et la molécule. Dans un solide cristallin, les électrons occupent des bandes d'énergie continues. Le calcul de ces bandes d'énergie est simplifié par le fait que l'arrangement des atomes est périodique. C'est le domaine de la physique de l'état solide. La largeur, la séparation, l'occupation des bandes d'énergie électronique déterminent les propriétés électriques, optiques et magnétiques des solides.

À l'autre extrémité des dimensions, la densité d'état électronique des atomes et des molécules est discrète. Les niveaux d'énergie électronique sont calculés par les techniques bien connues de la physique atomique et moléculaire, ainsi que de la chimie quantique. Cela demande des ordinateurs puissants, car les calculs sont longs et complexes. Et plus le nombre d'atomes est grand, plus les ordinateurs doivent être puissants. Calculer les propriétés de nanoparticules comportant plusieurs centaines d'atomes est impossible.

Quant aux nanosystèmes, les simplifications de calculs de ces deux extrêmes ne sont plus possibles. On est alors conduit à introduire un concept de nanocristal idéal, appelé *puits quantique* qui va permettre d'appréhender les propriétés particulières des nanosystèmes.

Dans une première partie, nous allons d'abord rappeler quelques notions essentielles du comportement des électrons dans la matière.

LES ÉLECTRONS DANS LA MATIÈRE

Le comportement des électrons dans la matière est régi par la mécanique quantique.

L'électron dans un puits de potentiel unidimensionnel

Commençons par le cas le plus simple, à savoir celui d'un électron qui se déplace dans un potentiel unidimensionnel. Un électron de masse m est enfermé dans un segment de longueur a limité par des barrières infiniment hautes. Le comportement de l'électron est décrit par sa fonction d'onde, $\psi_n(x)$, solution de l'équation de Schrödinger (indépendante du temps) :

$$H\psi_n(x) = [-(\hbar^2/2m)\partial^2/\partial x^2 + U(x)]\,\psi_n(x) = E_n\psi_n(x) \qquad (3.1)$$

H est l'opérateur hamiltonien du système. $U(x)$ est le potentiel vu par l'électron, de masse m. E_n sont les valeurs propres de l'énergie de l'électron, dépendant de la forme et de la profondeur de $U(x)$. Le potentiel $U(x)$ est décrit par :

$$U(x) = 0,\ \text{pour}\ |x| \leq a/2\ ;\ U(x) = \infty,\ \text{pour}\ |x| > a/2 \qquad (3.2)$$

Dans ces équations, a est la largeur du puits de potentiel. Le comportement de l'électron est décrit dans tous les cours de mécanique quantique élémentaire. Les fonctions d'onde sont données par :

$$\psi_n(x) = A\cos(2\pi x/\lambda_n) \qquad (3.3a)$$

$$\lambda_n = 2a/n \qquad (3.3b)$$

Les électrons occupent des niveaux d'énergie discrets, donnés par :

$$E_n = (\pi^2\hbar^2/2ma^2)\,n^2 \qquad (3.4)$$

Les premiers niveaux d'énergie et les fonctions d'onde associées sont montrés sur la figure 3.1.

La séparation entre les niveaux d'énergie voisins croît avec le nombre quantique n :

$$\Delta E_n = E_{n+1} - E_n = (\pi^2\hbar^2/2ma^2)\,(2n+1) \qquad (3.5)$$

Puisque $U(x) = 0$ dans le puits de potentiel, l'équation (3.4) donne les valeurs de l'énergie cinétique de l'électron. À partir des relations entre l'énergie cinétique, la quantité de mouvement p, et le nombre d'onde k :

$$E = p^2/2m\ ;\ p = \hbar k \qquad (3.6)$$

on déduit que p et k ont des valeurs discrètes.

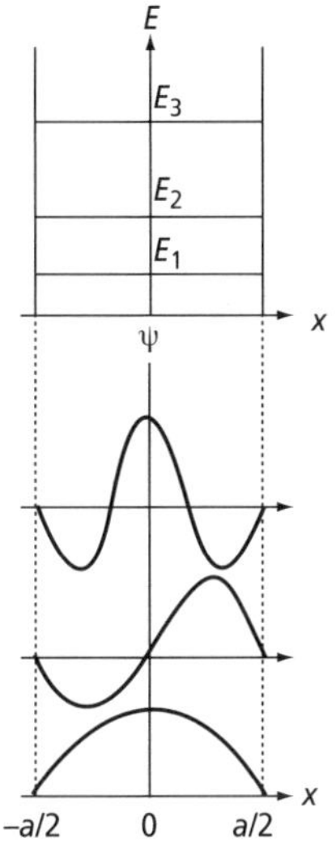

Figure 3.1

Électron libre dans une boîte aux parois infiniment hautes.

Trois premiers niveaux d'énergie et fonctions d'onde d'un électron libre dans une boîte aux parois infiniment hautes, de largeur a. Les niveaux d'énergie sont numérotés d'après le nombre quantique n.

Lorsque la hauteur du puits de potentiel a une valeur finie, U_0, les fonctions d'onde ne s'annulent pas aux bords du puits, mais décroissent exponentiellement dans la région classiquement interdite. Étant donné la signification quantique de la fonction d'onde, cela signifie que l'électron a une probabilité non nulle de se trouver en dehors de la région du puits de potentiel. Cette probabilité croît lorsque n croît. Le nombre n de niveaux d'énergie se trouvant dans le puits de potentiel est donné par la relation :

$$a(2mU_0)^{1/2} > \pi\hbar\,(n - 1) \qquad (3.7)$$

La position absolue des niveaux d'énergie est un peu plus faible lorsque U_0 est fini que dans le cas infini, parce que la longueur d'onde effective de l'électron est un peu plus étendue. Les états caractérisés par $E_n > U_0$ sont associés à un mouvement infini et forment le continuum d'états.

Pour fixer les idées, considérons le cas d'un électron libre se trouvant dans un puits de potentiel infini de largeur $a = 1$ nm. On calcule : $E_1 = 0{,}094$ eV ; $E_2 = 0{,}376$ eV ; … Pour comparaison, rappelons que, à la température ambiante, $kT = 0{,}025$ eV. Si la transition de E_1 vers E_2 se fait par absorption de photon, la longueur d'onde correspondante est égale à $\lambda = 4\,394$ nm, dans l'infrarouge moyen.

L'électron dans un puits de potentiel sphérique

L'hamiltonien décrivant le comportement d'une particule dans un potentiel de symétrie sphérique est de la forme :

$$H = [-(\hbar^2/2m)\,\Delta + U(r)] \tag{3.8}$$

où $r = \sqrt{(x^2 + y^2 + z^2)}$. Le cas le plus simple est celui d'un puits de potentiel sphérique avec des barrières infinies :

$$U(r) = 0, \text{ pour } r \leq a\,;\ U(r) = \infty, \text{ pour } r > a \tag{3.9}$$

Dans ce cas, les niveaux d'énergie sont donnés par :

$$E_{nl} = \hbar^2\, \chi_{nl}^2 / 2ma^2 \tag{3.10}$$

Dans cette équation, χ_{nl} sont les racines des fonctions de Bessel sphériques, avec n étant le numéro de la racine, et l, l'ordre de la fonction. Lorsque $l = 0$, ces valeurs sont égales à πn, et les valeurs de l'énergie correspondent à celles du cas de la barrière de potentiel à une dimension.

Lorsque la hauteur du puits de potentiel a une valeur finie, U_0, les valeurs propres de l'énergie sont peu différentes du cas du potentiel infini, pour autant que :

$$U_0 >> \hbar^2/8ma^2 \tag{3.11}$$

Lorsque

$$U_0 = \pi^2\hbar^2/8ma^2 \tag{3.12}$$

seul un état existe dans le puits : $E_1 = U_0$. Lorsque $U_0 < U_{0\,\text{min}}$, il n'y a aucun état dans le puits de potentiel. Ceci est une différence majeure entre les cas tri- et monodimensionnel.

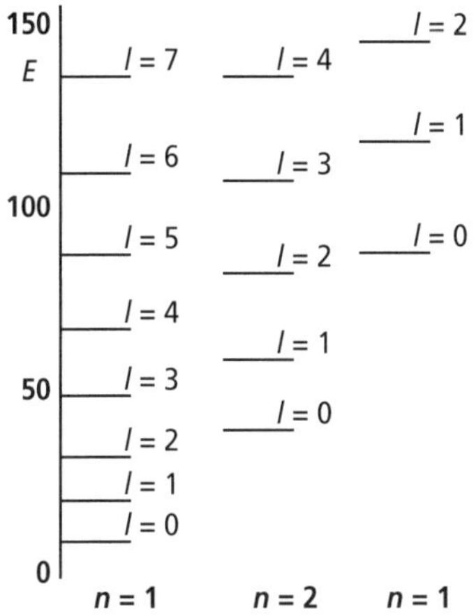

Figure 3.2

Niveaux d'énergie d'une particule dans un puits de potentiel de symétrie sphérique, avec des barrières infinies.

Les états sont classés en fonction du nombre quantique principal n, et du nombre quantique orbital l. Chaque état est dégénéré $(2l + 1)$ fois.

L'électron dans l'atome d'hydrogène

L'atome d'hydrogène est le plus simple système quantique réel. Un électron de masse m se meut autour d'un proton de masse M_p. L'équation de Schrödinger de l'atome d'hydrogène est donnée par :

$$H = -(\hbar^2/2\,M_p)\Delta_p - (\hbar^2/2m)\,\Delta_e - e^2\,/\,|\,\boldsymbol{r}_p - \boldsymbol{r}_e\,| \qquad (3.13)$$

Dans cette équation, $\boldsymbol{r}_p$ et $\boldsymbol{r}_e$ sont respectivement les vecteurs positions du proton et de l'électron. Les niveaux d'énergie de l'électron, calculés dans tous les traités élémentaires de mécanique quantique, sont donnés par :

$$E_n = -\mathrm{Ry}/n^2 \qquad (3.14)$$

où

$$\mathrm{Ry} = e^2/2a_B\ ;\ a_B = \hbar^2/\mu e^2 \qquad (3.15)$$

Ry, la constante de Rydberg, correspond à l'énergie d'ionisation de l'état fondamental de l'atome d'hydrogène. a_B est le rayon de Bohr de l'atome d'hydrogène. μ est la masse réduite du système proton-électron :

$$\mu = m\,M_p\,/(\,m + M_p) \qquad (3.16)$$

Le rapport $\mu/m = 0{,}9995$ dans le cas de l'atome d'hydrogène.

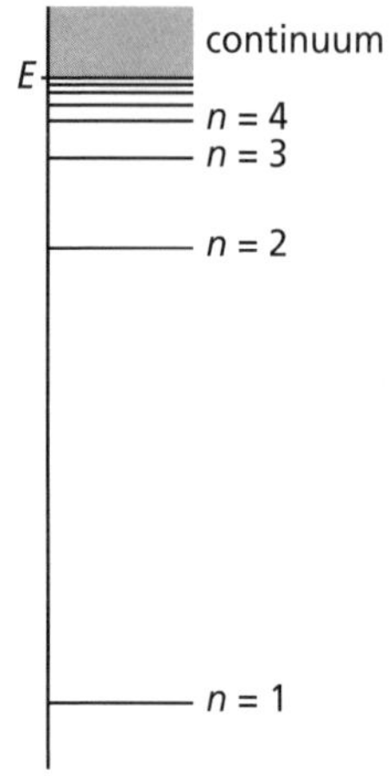

Figure 3.3

Niveaux d'énergie de l'électron dans l'atome d'hydrogène.

L'expression de l'énergie est valable dans d'autres systèmes dans lesquels une particule circule autour d'une autre, de charge opposée. Dans ce cas, la masse réduite peut être très différente de celle de l'atome d'hydrogène, comme nous le verrons dans le cas de l'exciton.

L'électron dans un potentiel périodique

Lorsqu'il se déplace dans un cristal, un électron perçoit un potentiel périodique. Considérons le cas d'un système unidimensionnel. Le potentiel vu par l'électron est décrit par :

$$U(x) = U(x + \mathrm{a}) \tag{3.17}$$

Ce potentiel est invariant lors de toute translation d'une distance *a*. Comme il est démontré dans tous les manuels de physique de l'état solide, le comportement des électrons est alors décrit par une fonction d'onde, $\Psi(x)$, qui satisfait au théorème de Bloch :

$$\Psi(x) = \exp(\mathrm{i}kx)\, u_k(x) \; ; \; u_k(x) = u_k(x + \mathrm{a}) \tag{3.18}$$

Cette équation dit que la fonction d'onde associée à un hamiltonien avec un potentiel périodique est une onde plane, modulée par une fonction possédant la même période que le potentiel. On s'aperçoit également que les fonctions d'onde dépendent du nombre d'onde, *k*. En d'autres termes, la fonction d'onde et les niveaux d'énergie associés ne dépendent que de k. Les nombres d'onde, k_1 et k_2, tels que :

$$k_1 - k_2 = (2\pi/a)n, \; n = \pm 1, \pm 2, \pm 3 \qquad (3.19)$$

sont équivalents. Il s'agit d'une conséquence directe de la symétrie de translation du système. On peut donc tout décrire en se plaçant dans un intervalle des k de largeur $2\pi/a$. Cet intervalle définit ce que l'on appelle la *zone de Brillouin.*

La quantité $p = \hbar k$ est appelée *moment cristallin* ou quantité de mouvement de l'électron dans le système. Il diffère de la quantité de mouvement par une loi de conservation particulière : il est conservé à une valeur $2\pi\hbar/a$ près.

Le spectre d'énergie de l'électron dans un potentiel périodique est décrit par une fonction $E(k)$. Lorsque le potentiel est constant ($U(x) = 0$), l'électron est dit libre et :

$$E(k) = \hbar^2 k^2/2m \qquad (3.20)$$

Lorsque $U(x) \neq 0$, $E(k)$ diffère évidemment du cas de l'électron libre, comme on le voit sur la figure 3.4.

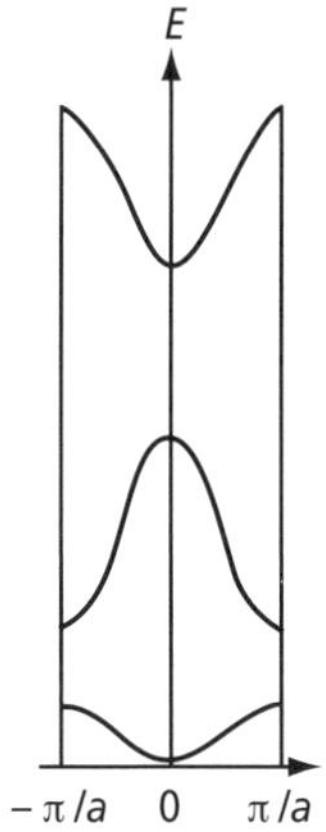

Figure 3.4

Électron dans un réseau linéaire.

Énergie en fonction du vecteur d'onde k, pour un électron appartenant à un réseau linéaire, de paramètre a, avec $U(x) \neq 0$.

Néanmoins, on l'exprime généralement selon :

$$E(k) = \hbar^2 k^2/2m^*(k) \qquad (3.21)$$

Le terme $m^*(k)$ est appelé *masse effective* de l'électron. Souvent, on peut considérer que $m^*(k)$ est constante. Ceci est vrai près d'un extremum de $E(k)$, où on peut écrire :

$$m^{*-1} = (1/\hbar^2)\,(d^2E/dk^2)_{k=0} \qquad (3.22)$$

Cette masse effective détermine la réaction de l'électron à une force extérieure, F, via :

$$F = m^*\gamma \qquad (3.23)$$

où γ est l'accélération.

En examinant le cas de la figure 3.4, on s'aperçoit que, près de la limite de la zone de Brillouin, la masse effective est plus faible que celle de l'électron libre. Un électron soumis à un potentiel périodique peut donc paraître « plus léger » qu'un électron libre. Parfois, il peut aussi paraître « plus lourd ». Il peut même avoir une masse effective négative, lorsqu'il a une énergie proche d'un maximum de $E(k)$. Cette masse effective négative n'est pas un artefact, mais une propriété importante d'une particule qui interagit simultanément avec un potentiel périodique et une force extérieure. Une masse effective négative signifie que la quantité de mouvement de la particule décroît sous l'action de la force extérieure.

Le raisonnement peut être aisément étendu au cas d'un potentiel tridimensionnel, correspondant au cas d'un solide cristallin.

Comme nous venons de le voir, le spectre énergétique d'un électron consiste en des bandes d'énergie séparées par des bandes interdites. Les propriétés électroniques des solides sont déterminées par la manière dont les bandes d'énergie sont occupées et par la valeur absolue de la bande interdite entre la dernière bande remplie et la première bande vide. Lorsqu'un cristal possède une bande d'énergie non remplie, son comportement est métallique. Si, à $T = 0$, toutes les bandes sont soit pleines, soit vides, le cristal se comporte comme un isolant électrique ou un semi-conducteur. La dernière bande occupée est appelée *bande de valence*, alors que la première vide est appelée *bande de conduction*. La séparation entre le minimum de la bande de conduction et le maximum de la bande de valence est appelée *bande interdite*, E_g. Selon la valeur absolue de E_g, le cristal sera soit isolant soit semi-conducteur. Lorsque $E_g <$ 4 eV, il s'agit d'un semi-conducteur.

Électron, trou et exciton

Un électron libre est caractérisé par sa charge – e, son spin $^1/_2$, sa masse m, et sa quantité de mouvement $\hbar k$. Dans un cristal semiconducteur ou isolant, un électron peut être transféré du haut de la bande de valence vers le bas de la bande de conduction, par exemple du fait de l'agitation thermique à $T \neq 0$. Lorsqu'un électron se trouve dans la bande de conduction, il est décrit par sa charge – e, son spin $^1/_2$, sa masse effective $m_e{}^*$, et sa quantité de mouvement $\hbar k_e$. Seuls la charge électrique et le spin sont donc conservés par rapport à l'électron libre.

Lorsqu'un électron est envoyé de la bande de valence vers la bande de conduction, il y laisse un état libre, que l'on appelle un *trou.* Ce trou se comporte comme une particule (une quasi-particule) caractérisée par sa charge + e, son spin $^1/_2$, sa masse effective (positive) $m_h{}^*$, et sa quantité de mouvement $\hbar k_h$.

En utilisant les concepts d'excitations élémentaires, on peut considérer l'état fondamental d'un cristal comme un *état du vide* : il n'y a ni électron dans la bande de conduction ni trou dans la bande de valence. Quant au premier état excité, il correspond à la création d'une paire électron-trou : un électron dans la bande de conduction et un trou dans la bande de valence. Une transition de l'état fondamental au premier état excité a lieu sous l'action d'une perturbation extérieure, comme l'absorption d'un photon d'énergie $h\nu$ (ν est la fréquence de l'onde électromagnétique associée au photon ; la quantité de mouvement du photon est $\hbar k_{ph}$). Dans ce cas, il y a conservation de l'énergie et de la quantité de mouvement :

$$h\nu = E_g + E_{cin,e} + E_{cin,h} \qquad (3.24a)$$

$$\hbar k_{ph} = \hbar k_e + \hbar k_h \qquad (3.24b)$$

Dans le domaine du visible, la quantité de mouvement du photon est négligeable, et nous avons une transition dite verticale. La transition inverse – l'annihilation de la paire électron-trou et l'émission d'un photon – est aussi possible.

Une paire électron-trou se comporte comme l'électron et le proton de l'atome d'hydrogène avec les différences suivantes :

– le proton est remplacé par un trou, de masse égale à sa masse effective, $m_h{}^*$;

– l'électron est caractérisé par sa masse effective, m_e^*;
– les deux se meuvent dans un milieu dont la constante diélectrique est celle du cristal, $\varepsilon \neq 1$.

Un électron et un trou interagissent comme un proton et un électron dans l'atome d'hydrogène. Ils forment une quasi-particule, que l'on appelle *exciton*. Dès lors, de manière semblable au cas de l'atome d'hydrogène, l'exciton est caractérisé par le rayon de Bohr de l'exciton :

$$a_B^* = \varepsilon\hbar^2/\mu e^2 = (\varepsilon m/\mu) \times 0{,}053 \text{ nm} \qquad (3.25)$$

μ est la masse réduite de la paire électron-trou :

$$\mu^{-1} = m_e^{*-1} + m_h^{*-1} \qquad (3.26)$$

L'exciton est aussi caractérisé par l'énergie de Rydberg de l'exciton :

$$\text{Ry}^* = e^2/2\varepsilon a_B^* = (\mu/m\varepsilon^2) \times 13{,}6 \text{ eV} \qquad (3.27)$$

La masse effective de la paire électron-trou est plus petite que la masse de l'électron, alors que la constante diélectrique est plus grande que celle du vide. C'est la raison pour laquelle le rayon de Bohr de l'exciton est sensiblement plus grand et l'énergie de Rydberg beaucoup plus petite que les valeurs correspondantes de l'atome d'hydrogène. Dans les semi-conducteurs, le rayon de Bohr de l'exciton est typiquement de l'ordre de 1 à 10 nm, alors que son énergie de Rydberg est de 1 à 100 meV. Les paramètres caractéristiques des excitons de quelques semi-conducteurs sont donnés dans le tableau 3.1 (page suivante).

Dans un semi-conducteur, l'énergie de la bande interdite, E_g, correspond à l'énergie minimale requise pour créer un électron et un trou, non liés. Les niveaux d'énergie correspondant à un exciton sont donc situés juste en dessous de la bande interdite. Les niveaux d'énergie des excitons sont donnés par la relation ($M = m_e^* + m_h^*$) :

$$E_n(k) = E_g - \text{Ry}^*/n^2 + \hbar^2k^2/2M \qquad (3.28)$$

Dans cette relation, dans le membre de droite, sont inclus successivement la bande interdite, l'ensemble des niveaux d'énergie du type de l'atome d'hydrogène et l'énergie cinétique du centre de masse de l'exciton. Comme les paires électron-trou non liées, les excitons peuvent être créés par absorption de photons.

Tableau 3.1

Paramètres caractéristiques des excitons de quelques semi-conducteurs.

	Bande interdite E_g (eV)	Rydberg de l'exciton Ry* (meV)	Rayon de Bohr de l'exciton a_B* (nm)
Si	1,17	15	4,3
GaAs	1,518	5	12,5
CdSe	1,84	16	4,9
CdS	2,583	29	2,8
ZnSe	2,82	19	3,8
AgBr	2,684	16	4,2
CuBr	3,077	108	1,2
CuCl	3,395	190	0,7

De zéro à trois dimensions

Dans les semi-conducteurs, la longueur d'onde de de Broglie d'un électron, λ_e, et celle d'un trou, λ_h, ainsi que le rayon de Bohr de l'exciton, a_B^*, peuvent être considérablement plus grands que la constante du réseau, a.

Dès lors, il est possible de créer une structure mésoscopique pour laquelle une, deux ou trois dimensions sont comparables ou plus petites que λ_e, λ_h et a_B, mais supérieures à a. Dans ces structures, les excitations élémentaires seront soumises à un confinement quantique, résultant dans un mouvement fini le long de l'axe du confinement et infini dans les autres directions.

Dans le cas du confinement selon une dimension, on obtient une structure à deux dimensions, que l'on appelle *quantum well* en anglais. Lorsque le confinement a lieu selon deux directions, la structure résultante est unidimensionnelle et appelée fil quantique (*quantum wire*). Lorsque le mouvement des électrons, des trous et des excitons est restreint dans les trois dimensions, le système est dit à zéro dimension et est appelé puits quantique (*quantum dot*).

Dans les structures confinées à une et deux dimensions, les quasi-particules (à faible concentration) peuvent être vues comme un gaz d'électrons semblable au cas tridimensionnel. La densité d'états des électrons et des trous peut se mettre sous la forme générale :

$$\rho(E) \sim E^{d/2-1} \qquad (3.29)$$

où d est la dimension du système, et l'énergie est mesurée à partir du bas de la bande de conduction pour les électrons, et du haut de la bande de valence pour les trous. À trois dimensions, $\rho(E)$ est proportionnelle à la racine carrée de l'énergie. Lorsque $d = 2$ et 1, des sous-bandes discrètes apparaissent, à cause de l'effet du confinement. La densité d'état est donnée par l'équation précédente dans chaque sous-bande. Lorsque $d = 0$, les niveaux d'énergie sont discrets.

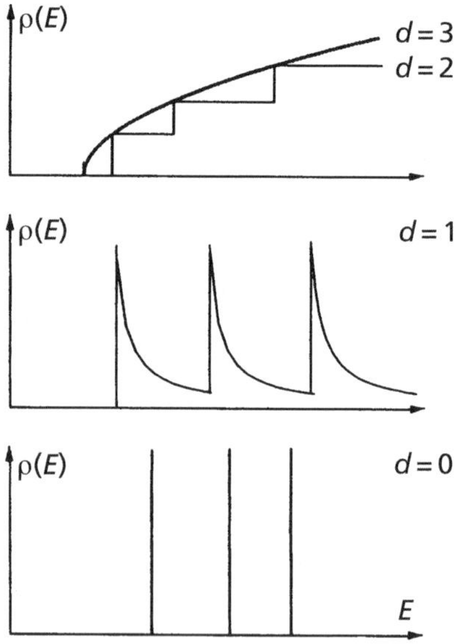

Figure 3.5

Formes des densités d'états électroniques pour différentes dimensions.

Il s'agit là de structures idéales. Dans la réalité, lorsque l'on fabrique de telles structures, des inhomogénéités et/ou des défauts apparaissent, qui donnent lieu à nombre de nouvelles propriétés.

DU SOLIDE À LA NANOPARTICULE

La nanoparticule la plus simple consiste, idéalement, en un cristal de petite taille, de forme sphérique ou cubique, aussi appelé *puits quantique*. Bien que n'existant pas dans la nature, la notion de puits quantique permet d'appréhender les caractéristiques fondamentales des nanoparticules.

Pour aller du solide cristallin à la nanoparticule, nous allons d'abord considérer que les quasi-particules possèdent les mêmes propriétés que dans un solide infini, que nous allons modifier en incluant les effets dus aux bords de la nanoparticule. Étant donné que les paramètres spatiaux des quasi-particules (longueur d'onde de de Broglie et rayon de Bohr de l'exciton) sont plus grands que la dimension de la maille cristalline de la plupart des semi-conducteurs, nous pouvons considérer que la nanoparticule comporte un grand nombre d'atomes et peut être traitée comme un cristal macroscopique, en ce qui concerne les propriétés du réseau, mais comme une boîte quantique pour les quasi-particules. On peut dès lors considérer que les électrons et les trous se comportent comme étant caractérisés par une masse effective égale à celle du solide infini. C'est ce que l'on appelle l'approximation de la masse effective.

Afin d'appréhender les effets du confinement quantique, nous allons considérer le cas le plus simple, à savoir celui d'une boîte de symétrie sphérique, avec des électrons et des trous de masses effectives isotropes.

Le confinement faible

Le régime de confinement faible correspond au cas où le rayon de la particule, a, est faible, mais néanmoins plusieurs fois plus grand que le rayon de Bohr de l'exciton. Dans ce cas, la quantification du mouvement du centre de masse de l'exciton a lieu. Partant de la loi de dispersion de l'exciton dans un cristal, nous remplaçons l'énergie cinétique de l'exciton libre par une expression tirée du mouvement d'une particule dans un potentiel de symétrie sphérique :

$$E_{nml} = E_g - \mathrm{Ry}^*/n^2 + \hbar^2 \chi_{ml}^2 / 2Ma^2 \qquad (3.30)$$

L'exciton est caractérisé par le nombre quantique n décrivant les états dus à l'interaction coulombienne électron-trou (1S ; 2S, 2P ; 3S, 3P, 3D ; ...), et deux autres nombres quantiques, m et l, décrivant les états dus au mouvement du centre de masse de l'exciton en présence d'une barrière de potentiel extérieure (1s, 1p, 1d,..., 2s, 2p, 2d, ...).

L'énergie de l'état le plus bas ($n = 1$, $m = 1$, $l = 0$) est donnée par :

$$E_{1S1s} = E_g - Ry^* + \pi^2\hbar^2 / 2Ma^2$$
$$= E_g - Ry^*[1 - (\mu/M)(\pi a_B^*/a)^2] \qquad (3.31)$$

Le premier exciton est donc caractérisé par un déplacement vers les hautes énergies de :

$$\Delta E_{1S1s} = (\mu/M)(\pi a_B^*/a)^2 Ry^* \qquad (3.32)$$

Ce déplacement est faible par rapport à Ry*, pour autant que $R >> a_B$. C'est ce qui justifie le terme « confinement faible ».

En tenant compte du fait que l'absorption d'un photon ne peut créer qu'un exciton de moment angulaire nul, le spectre d'absorption consiste en des raies correspondant aux états de $l = 0$. Le spectre d'absorption peut alors se déduire des valeurs des énergies de l'exciton, avec $\chi_{m0} = \pi m$:

$$E_{nm} = E_g - Ry^*/n^2 + (\hbar^2 \pi^2 / 2Ma^2) m^2 \qquad (3.33)$$

L'électron et le trou « libres » ont les spectres d'énergie :

$$E^e{}_{ml} = E_g + \hbar^2 \chi_{ml}^2 / 2m_e^* a^2 \qquad (3.34a)$$
$$E^h{}_{ml} = \hbar^2 \chi_{ml}^2 / 2m_h^* a^2 \qquad (3.34b)$$

Dès lors, l'énergie supplémentaire des états les plus bas de l'électron et du trou est :

$$\Delta E_{1s1s} = E^e{}_{1s} + E^h{}_{1s} - E_g = \pi^2\hbar^2 / 2\mu a^2 = Ry^*(\pi a_B^*/a)^2 \qquad (3.35)$$

qui est beaucoup plus petite que Ry*.

Le confinement fort

La condition pour avoir un confinement fort est : $a << a_B$. Dans ce cas, l'électron et le trou confinés n'ont pas d'état lié, et l'énergie cinétique du point zéro de l'électron et du trou est beaucoup plus grande que la valeur de Ry*. L'interaction de Coulomb entre l'électron et le trou peut être négligée, et on peut considérer, en première approximation, que les mouvements de l'électron et du trou ne sont pas corrélés. Dès lors, chaque particule possède le spectre d'énergie donné par l'équation (3.34). Ce spectre d'énergie est illustré par la figure 3.6.

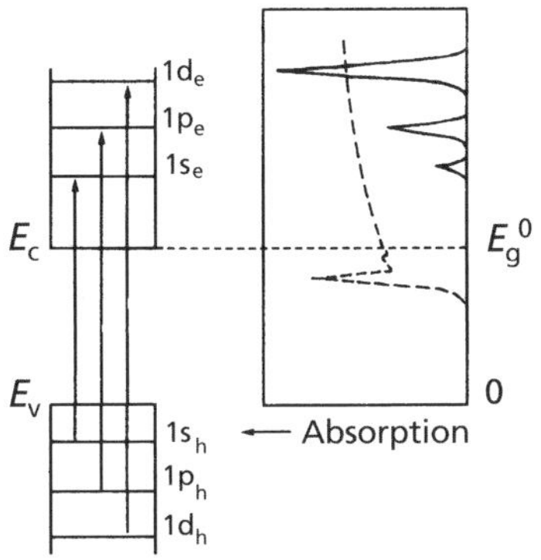

Figure 3.6

Propriétés optiques d'un puits quantique sphérique idéal.

À gauche, les niveaux d'énergie des électrons et des trous correspondent à ceux d'une particule dans une boîte aux parois de hauteur infinie. Les règles de sélection optiques permettent des transitions entre états d'électrons et de trous de mêmes nombres quantiques. Dès lors, le spectre d'absorption optique (à droite) se réduit à des raies discrètes, alors que celui du matériau massique (trait en pointillé) correspondant est continu.

Les règles de sélection des transitions optiques indiquent que seules sont permises des transitions entre des états de l'électron et du trou de mêmes nombres quantiques principaux et orbitaux. Dès lors, le spectre d'absorption optique consiste en un ensemble de raies discrètes données par :

$$E_{nl} = E_g + \hbar^2 \chi_{nl}^2 / 2\mu a^2 \qquad (3.36)$$

C'est la raison pour laquelle les puits quantiques dans la limite du confinement fort sont parfois appelés atomes artificiels ou hyperatomes.

Cependant, il ne faut pas perdre de vue que l'électron et le trou sont confinés dans un espace comparable à celui de l'exciton du cristal infini. Dès lors, on ne peut traiter l'électron et le trou indépendamment l'un de l'autre. Dans le problème, il faut inclure l'hamiltonien à deux particules, incluant les termes d'énergie cinétique, le potentiel de Coulomb et le confinement. On aboutit à l'expression suivante de l'énergie de l'état fondamental de la paire électron-trou :

$$E_{1s1s} = E_g + \pi^2\hbar^2 /2\mu a^2 - 1{,}786\ e^2/\varepsilon a \qquad (3.37)$$

Le dernier terme du membre de droite décrit l'interaction coulombienne effective. Ce terme n'est pas négligeable et est plus important que le terme correspondant du matériau cristallin massique. C'est la principale différence du puits quantique par rapport au cristal et aux systèmes à une et deux dimensions, pour lesquels l'énergie de Coulomb d'une paire électron-trou libre est nulle.

Tenant compte des différents termes, l'énergie fondamentale de l'exciton (définie comme la différence avec l'énergie de la bande interdite du matériau massique) est donnée par :

$$E_{1s1s} = E_g + \pi^2(a_B/a)^2\ \mathrm{Ry}^* - 1{,}786\ (a_B/a)\ \mathrm{Ry}^* - 0{,}248\ \mathrm{Ry}^* \qquad (3.38)$$

Cette énergie dépend du rayon a de la particule. Cette variation de l'énergie de l'exciton se traduit par un déplacement vers les hautes énergies (déplacement « vers le bleu ») du seuil d'absorption optique des semi-conducteurs lorsque la taille de la nanoparticule diminue. Quelques exemples sont montrés sur la figure 3.7.

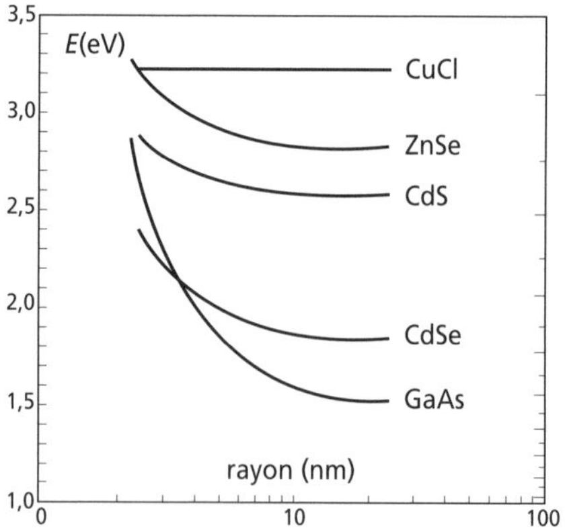

Figure 3.7

Énergie du seuil d'absorption optique de quelques semi-conducteurs, en fonction du rayon de la nanoparticule.

Lorsque le rayon de la particule est plus grand que 20 nm, le seuil d'absorption optique correspond à celui du matériau massique. Lorsque le rayon est inférieur à environ 2 nm, l'approximation de la masse effective n 'est plus toujours valable.

L'approche utilisée jusqu'ici suppose que l'électron et le trou sont caractérisés par des propriétés (masse effective...) identiques à celles du solide cristallin. Cette approche donne une vision semi-quantitative des propriétés des nanoparticules. Pour une description plus précise, il est nécessaire de tenir explicitement compte des effets de taille sur les propriétés électroniques, ainsi que de la forme réelle des particules. Dans la réalité, les nanoparticules sont généralement incluses dans une matrice (semi-conducteur, polymère, etc.), dont l'effet est de modifier la barrière de potentiel au bord de la particule. Le spectre énergétique des excitons ainsi que les règles de sélection optiques peuvent en être modifiés.

PROPRIÉTÉS OPTIQUES DES NANOPARTICULES MÉTALLIQUES

Les propriétés optiques des nanoparticules métalliques sont dominées par l'excitation collective des électrons de conduction résultant de l'interaction avec le rayonnement électromagnétique. Ces propriétés sont observées dans les particules d'Au, Ag et Cu, à cause de la présence d'électrons de conduction. Le champ électrique du rayonnement incident provoque l'apparition d'un dipôle électrique dans la particule. Pour contrebalancer cet effet, une force se crée dans la nanoparticule, à une fréquence de résonance unique.

La fréquence d'oscillation dépend de plusieurs facteurs, dont la taille et la forme de la nanoparticule, et la nature du milieu environnant. Dans le cas de nanoparticules non sphériques, la fréquence d'oscillation dépend de l'orientation du champ électrique. Dès lors, deux types d'oscillations, transverse et longitudinale, sont possibles. De plus, lorsque les particules sont suffisamment proches les unes des autres, des interactions entre elles ont lieu, qui modifient les résultats obtenus.

Les propriétés optiques de systèmes dilués de nanoparticules sphériques, de rayon R, sont décrites par la théorie de Mie. La section efficace d'extinction, σ_{ext}, est donnée par la relation :

$$\sigma_{ext} = (24\pi^2 R^3 \varepsilon_m{}^{3/2}/\lambda) \{\varepsilon''/[(\varepsilon' + 2\varepsilon_m)^2 + \varepsilon''^2]\}$$

où $\varepsilon = \varepsilon' + i\varepsilon''$ la constante diélectrique complexe du métal et ε_m, la constante diélectrique du milieu environnant.

Les systèmes dilués de nanoparticules sont caractérisés par de fortes variations de leur couleur en fonction de leur taille, de leur forme et de la nature du milieu environnant. L'explication provient du dénominateur de l'équation précédente, qui prédit l'existence d'un pic d'absorption lorsque $\varepsilon' = -2\varepsilon_m$. Dans ce cas, la bande d'absorption du métal est « concentrée » dans une bande étroite de plasmon de surface.

Dans le cas de nanoparticules allongées, il faut tenir compte de la polarisation de la lumière par rapport aux axes de symétrie du système.

PROPRIÉTÉS ÉLECTRIQUES : LE BLOCAGE DE COULOMB

La taille des nanosystèmes n'affecte pas seulement les niveaux énergétiques des électrons, mais aussi leurs propriétés de transport électrique.

Une nanoparticule traversée par un électron se charge électriquement. Dès lors, elle va se comporter comme un condensateur électrique, et sa capacité électrique doit être prise en compte. Ces effets de charge sont caractérisés par ce que l'on appelle le *blocage de Coulomb* (*Coulomb blockade* en anglais).

Lorsque l'on veut placer un électron supplémentaire sur une nanoparticule, il faut lui fournir une énergie :

$$E_{add} = \Delta E + e^2/C \quad (3.39)$$

où ΔE est la différence d'énergie entre les niveaux énergétiques du système à N et à $N + 1$ électrons, et C est la capacité de la nanoparticule.

Le comportement électrique de la nanoparticule est illustré par la figure 3.8.

Lorsque la différence de potentiel appliquée entre les extrémités de la nanoparticule est telle que le niveau de Fermi de la source est inférieur au niveau correspondant à la particule avec $(N + 1)$ électrons, il n'y a pas de conduction électrique à travers la nanoparticule. Celle-ci est possible lorsque la différence de potentiel appliquée V, est suffisante pour que le niveau de Fermi de la source soit en coïncidence avec le (ou au-dessus du) niveau d'énergie de la particule avec (N + 1) électrons.

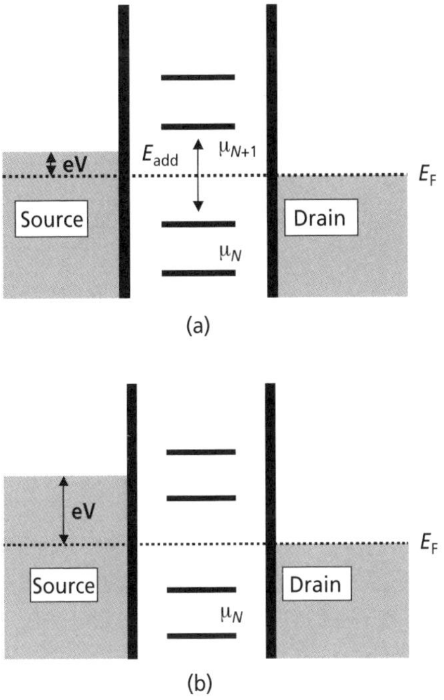

Figure 3.8

Blocage de Coulomb.

QUANTIFICATION DE LA CONDUCTIVITÉ ÉLECTRIQUE

Lorsque le libre parcours moyen des électrons (supérieur à quelques dizaines de nm à température ambiante) est très inférieur au diamètre des nanoparticules, la théorie classique de la diffusion des électrons ne s'applique pas. La théorie applicable aux nanoparticules été donnée par Landauer en 1957.

Le résultat remarquable de la théorie est que la conductivité électrique est quantifiée. Le « quantum de conductivité » est donné par :

$$G_{qu} = (e^2/\pi\hbar) = 8.10^{-5}\ \Omega^{-1} \qquad (3.40)$$

La conséquence de cet effet est que la caractéristique I-V d'une nanoparticule (ou d'une jonction moléculaire) est quantifiée (voir chapitre 4).

Les propriétés électroniques des nanosystèmes sont donc différentes de celles de la matière aux échelles supérieures. Ce sont ces propriétés qui en font des éléments aux propriétés physiques et chimiques nouvelles.

4

L'électronique moléculaire

Quand Gordon Moore co-fonda INTEL, le fabricant de processeurs électroniques, en 1968 avec Robert Noyce, il fit la prédiction que le nombre de transistors gravés sur les microprocesseurs d'ordinateurs doublerait tous les deux ans (figure 4.1). Cette loi, répandue par la presse sous le nom de la loi de Moore, régit le monde de la microélectronique jusqu'à l'heure actuelle et traduit depuis près de trente ans l'augmentation continue de la puissance des ordinateurs. Jugeons-en par le fait que le premier microprocesseur d'INTEL (INTEL 4004), construit en 1971, contenait quelques 2250 transistors alors que les processeurs PENTIUM 4 accumulent chacun plus de 42 millions de transistors sur une surface de quelques centimètres carrés.

L'assemblage spécifique d'un grand nombre de composants électroniques pour créer un dispositif réalisant une fonction bien précise (par exemple, calculer dans le cas de microprocesseurs ou stocker une information dans le cas de mémoires) porte le nom de circuit intégré. De nos jours, les circuits intégrés sont habituellement fabriqués sur des galettes de silicium en définissant à l'aide de faisceaux de lumière (par un procédé appelé *photolithographie*) les emplacements prévus pour chaque composant. L'évolution au fil des ans des performances des ordinateurs se déroule en parallèle avec une miniaturisation progressive de la taille des composants qui atteint maintenant le dixième de micromètre. Cet accroissement progressif de la complexité des circuits a donné naissance à la seconde loi de Moore indiquant que le coût de fabrication des microprocesseurs double à chaque génération ; la ligne de production de la prochaine génération de processeurs INTEL devrait ainsi coûter près de 2,5 milliards d'euros.

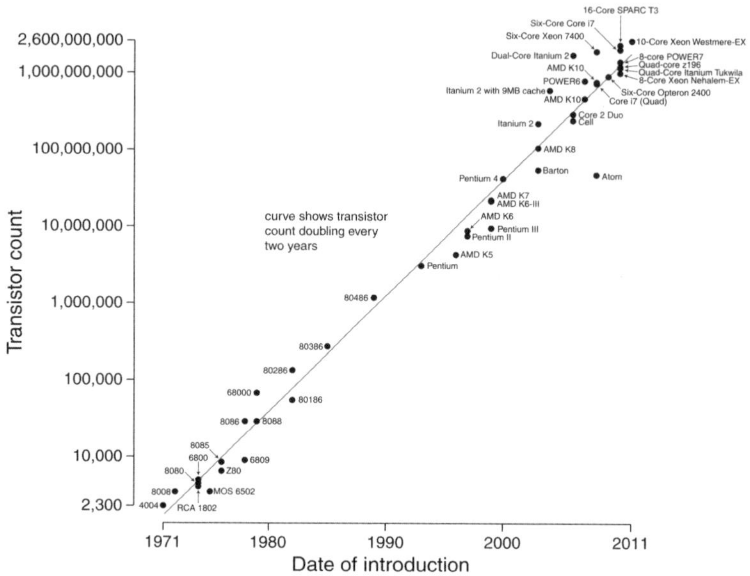

Figure 4.1

Loi de Moore (http://en.wikipedia.org/wiki/Moore's_law).

L'avenir du silicium semble être mis en question pour les années à venir car il deviendra de plus en plus difficile d'évoluer suivant la ligne directrice dictée par la loi de Moore. Cette déviation sera gouvernée non seulement par des critères économiques mais aussi par des limitations technologiques. En effet, comme la résolution du procédé de photolitographie dépend de manière critique de la longueur d'onde du rayonnement utilisé, une miniaturisation accrue des circuits actuels implique une source fiable et une manipulation extrêmement complexe de rayonnements ultraviolets ou de rayons X de basse énergie. Les projections des performances actuelles pour 2010 suggèrent également que la réduction en taille des transistors impliquerait alors que seulement quelques électrons seraient responsables du rôle d'interrupteur de courant électrique joué par un transistor. Ceci laisse entrevoir la possibilité d'erreur statistique dans un traitement binaire (0 ou 1) de l'information. De nouvelles approches doivent donc être développées pour évoluer de la microélectronique vers la nanoélectronique et pour fabriquer l'ordinateur de demain. L'une d'entre elles vise à utiliser des molécules en lieu et place du silicium, définissant ainsi le domaine naissant de l'*électronique moléculaire.* Dans ce contexte, de nombreuses équipes de recherche à travers le monde tentent à l'heure actuelle de démontrer que des composants électroniques traditionnels (tels que des fils conducteurs, des diodes ou des transistors) peuvent être construits en impliquant une seule molécule ou, de manière plus réaliste, un nombre limité de molécules.

Une approche moléculaire offre de nombreuses perspectives attrayantes :

- à l'inverse des semi-conducteurs inorganiques, les molécules organiques ont des propriétés aisément modulables par ingénierie moléculaire, en modifiant par exemple la taille des molécules, la nature de leur squelette ou en introduisant des substituants ;
- en outre, les molécules peuvent être dotées de la faculté de s'auto-assembler, c'est-à-dire de créer spontanément des structures hautement organisées dans l'espace qui leur est réservé ;
- utiliser des molécules peut également conduire à une diminution de près de deux ordres de grandeur (soit un facteur 100) de la taille des composants actuels.

Nous nous proposons dans ce chapitre de décrire l'émergence du domaine de l'électronique moléculaire, en particulier les différents types de composants développés à l'échelle moléculaire qui pourraient être impliqués dans les circuits intégrés de demain.

LES FILS MOLÉCULAIRES

Les jonctions mécaniques

Les composants électroniques les plus simples d'un circuit intégré sont les connexions permettant de transporter le courant d'un élément à l'autre (entre deux transistors par exemple). À ce titre, le groupe du Professeur Mark Reed (Yale University) fut l'un des premiers à démontrer que des molécules organiques conjuguées linéaires peuvent conduire le courant entre deux contacts métalliques et se comporter donc comme des fils électriques moléculaires. Pour ce faire, une jonction moléculaire formée par deux pointes d'or séparées par une distance variable de l'ordre de seulement quelques dixièmes de nanomètre est réalisée par rupture mécanique contrôlée (figure 4.2). L'idée, illustrée par la figure 4.2b, est de rompre localement un filament d'or de quelques nanomètres de diamètre, collé sur un substrat flexible, en pliant progressivement ce dernier à l'aide d'un matériau piézoélectrique (matériau changeant de dimensions suite à l'application d'une différence de potentiel). Des molécules de benzènedithiol en solution sont alors mises en contact avec la jonction mécanique réalisée et s'adsorbent sur l'une des pointes métalliques grâce à la formation d'une liaison covalente entre les atomes d'or et l'atome de soufre de la molécule (accompagnée de l'élimination de l'atome d'hydrogène du groupement thiol SH). Enfin, dans une dernière étape, la taille de la jonction moléculaire est progressivement réduite par action inverse du piézoélectrique pour arriver à la situation où une seule molécule peut être attachée simultanément aux deux électrodes métalliques (figure 4.2b).

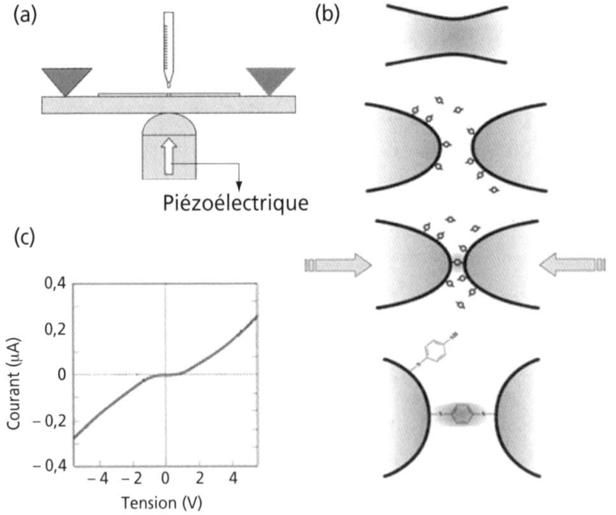

Figure 4.2

Jonctions mécaniques.

(a) Formation d'une jonction mécanique à l'aide d'un matériau piézoélectrique. (b) Formation d'une jonction mécanique à l'aide de l'insertion d'une molécule de benzènedithiol entre les deux pointes d'or. (c) Courbe *I*/*V* généralement obtenue pour cette jonction. Cette dernière est basée sur les données publiées dans l'article de Reed *et al.* (*Science*, vol. 278, p. 252, 1997).

À ce stade, il devient alors possible de mesurer le courant traversant la molécule en fonction de la différence de potentiel appliquée entre les deux contacts, comme illustré par la figure 4.2c. Cette dernière montre que des courants de l'ordre du microampère transitent à travers la molécule pour des différences de potentiel de quelques volts et que ce courant n'évolue pas linéairement en fonction de la tension appliquée. Les propriétés électriques des jonctions moléculaires s'écartent donc de la loi d'Ohm fréquemment utilisée dans les circuits électriques traditionnels, stipulant que le rapport entre la tension V et le courant I est une constante appelée la résistance R du circuit :

$$R = V / I \tag{4.1}$$

Les mesures expérimentales démontrent que la résistance de la jonction est fonction de la différence de potentiel appliquée et est typiquement de l'ordre de quelques mégaohms (MΩ).

L'apport des microscopies à haute résolution

Une autre approche élégante développée en particulier par le groupe du Professeur Paul Weiss (Pennsylvania State University) repose sur l'utilisation de la microscopie à balayage à effet tunnel (STM, *Scanning Tunneling Microscopy*). Cette technique fut développée au début des années 1980 par Gerd Binnig et Heinrich Rörher à IBM Zurich et leur valut le prix Nobel de Physique en 1986. Elle consiste à amener une pointe métallique (typiquement à base de platine et d'iridium) formée de seulement un ou quelques atomes à son extrémité, très près d'une surface conductrice et de mesurer le courant localement entre la pointe et la surface. L'absence de contact direct entre la pointe et la surface oblige les électrons à traverser le vide pour établir le courant entre les conducteurs. Cette propriété remarquable, appelée *effet tunnel*, est très sensible à la séparation entre la pointe et la surface, le courant tunnel décroissant exponentiellement en fonction de la distance. Un lecteur piézoélectrique, un instrument de mesure, évalue la moindre variation avec une précision de 0,1 angström (un cent millième de micromètre) : plus petit qu'un atome ! Le système est relié à un ordinateur qui recompose les informations et donne une image de la surface. La technique STM permet par exemple de caractériser à l'échelle atomique la topographie d'une surface métallique en analysant lors d'un balayage de la surface les déplacements verticaux de la pointe requis pour assurer la mesure d'un courant constant.

Dans le cadre de l'électronique moléculaire, la microscopie STM a été mise à profit pour analyser une surface d'or sur laquelle ont été attachées des molécules conjuguées (un oligomère de paraphénylène éthynylène à trois cycles) entourées par des molécules présentant un squelette carboné saturé (molécules d'alcanethiol), décrites par la figure 4.3. Dans ce cas, la quantité de courant transitant de la pointe vers la surface dépend de manière critique de la nature des molécules situées entre elles. Si un courant constant doit être mesuré entre les deux conducteurs, la pointe devra se rapprocher [s'éloigner] d'autant plus de la surface que la molécule conduit peu [mieux] le courant électrique. Cet effet a clairement été observé par microscopie STM, démontrant ainsi qu'un système conjugué est un bien meilleur fil moléculaire qu'une chaîne saturée.

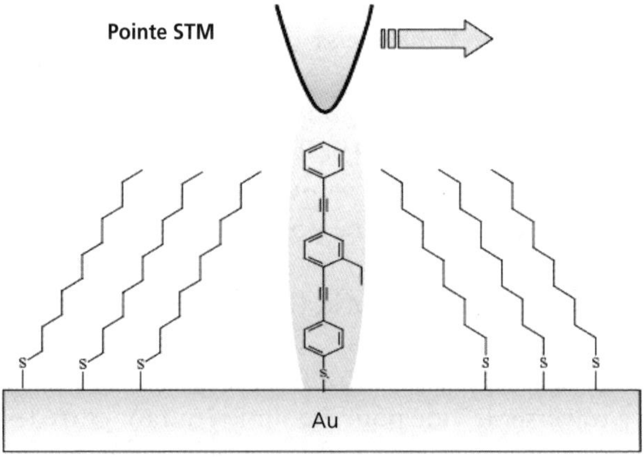

Figure 4.3

Caractérisation des propriétés électriques de molécules conjuguées par microscopie STM.

Le courant à travers une molécule

Décrivons à présent l'origine du courant mesuré dans une jonction moléculaire. Lorsqu'une molécule est mise en contact avec deux électrodes métalliques, l'énergie du niveau de Fermi E_F de ces dernières (à savoir l'énergie des niveaux à la frontière entre la bande de valence BV et la bande de conduction du métal BC) se trouve généralement au sein de la bande interdite BI de la molécule, séparant ses orbitales moléculaires occupées et inoccupées (figure 4.4a). La probabilité d'occupation des niveaux électroniques des bandes de valence et de conduction du métal par des électrons à une température donnée est régie par la fonction de Fermi :

$$f(E) = \frac{1}{\exp\left[\frac{(E - E_F)}{kT} + 1\right]} \tag{4.2}$$

Nous voyons graphiquement (figure 4.4b), à 0 K, que la fonction de Fermi est égale à 1 si $E < E_F$ et 0 si $E > E_F$, impliquant que la bande de valence est complètement remplie et la bande de conduction vide. Certains électrons peuvent être cependant transférés du haut de la bande de valence vers le bas de la bande de conduction à des températures supérieures à 0 K. Dans le cas de la molécule, la forte séparation énergétique (de l'ordre de plusieurs eV) entre les orbitales occupées et inoccupées implique qu'aucune orbitale inoccupée n'est peuplée par effets thermiques dans des conditions de température normales.

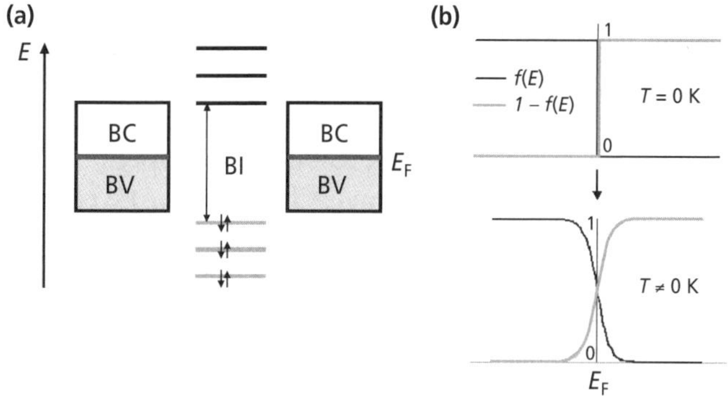

Figure 4.4

Courant à travers une molécule.

(a) Structure électronique d'une jonction moléculaire non polarisée, avec BV et BC les bandes de valence et de conduction du métal, E_F l'énergie du niveau de Fermi, et BI la bande interdite de la molécule. (b) Fonction de Fermi à 0 K et à une température différente de 0 K.

Pour que les électrons traversent la molécule, il est indispensable qu'un niveau occupé d'une électrode soit en résonance (autrement dit possède la même énergie) avec une orbitale inoccupée de la molécule, elle-même en résonance avec un niveau électronique inoccupé de l'autre électrode (chemin 1 de la figure 4.5) ; de manière similaire, le courant peut être également obtenu lorsqu'un niveau inoccupé d'une électrode est en résonance à la fois avec une orbitale occupée de la molécule et un niveau occupé de l'autre électrode, en d'autres termes lorsqu'un trou (c'est-à-dire une place électronique vacante) est initialement injecté dans une orbitale occupée de la molécule puis transféré à son tour dans la bande de valence de la seconde électrode (chemin 2 de la figure 4.5). Ces deux situations ne sont pas observées pour une jonction moléculaire non polarisée, au vu de la structure électronique décrite par la figure 4.4, ce qui explique l'absence de courant à 0 V dans les mesures expérimentales. La seule façon de générer un courant à travers la molécule est donc d'appliquer une différence de potentiel V entre les deux électrodes afin de déstabiliser le niveau de Fermi d'une électrode par $-V/2$ (du côté du pôle positif de la différence de potentiel) et de stabiliser celui de l'autre électrode par $+V/2$ (du côté du pôle négatif), comme illustré par la figure 4.5. Notons que cette évolution symétrique des niveaux de Fermi n'est observée qu'en présence de jonctions parfaitement symétriques.

La figure 4.5 illustre clairement que seules les orbitales moléculaires comprises entre $E_F - V/2$ et $E_F + V/2$ peuvent participer au transport d'électrons (pour les orbitales inoccupées) et de trous (pour les orbitales occupées), à travers la jonction. Le courant transitant à travers une orbitale moléculaire donnée couplée aux orbitales i et j des deux électrodes s'exprime comme :

$$I = \frac{4\pi_e}{\hbar} f(E_i)\,(1 - f(E_j))\; n_i n_j\; T_{ij}^2\; \delta\,(E_i - E_j) \qquad (4.3)$$

où e est la charge de l'électron ; $f(E_i)$ la probabilité d'occupation du niveau i dans la première électrode ; $(1 - f(E_j))$ la probabilité d'inoccupation du niveau j dans la deuxième électrode ; n_i et n_j, les nombres de niveaux électroniques possédant respectivement les énergies E_i et E_j ; $\delta(E_i - E_f)$ le symbole de Kronecker (égal à 0 si E_i et E_j sont différents et 1 si identiques), dont la présence assure la conservation de l'énergie lors d'un transport dit élastique ; T_{ij} un terme de transmission traduisant la force du couplage entre les orbitales de la molécule et des deux électrodes.

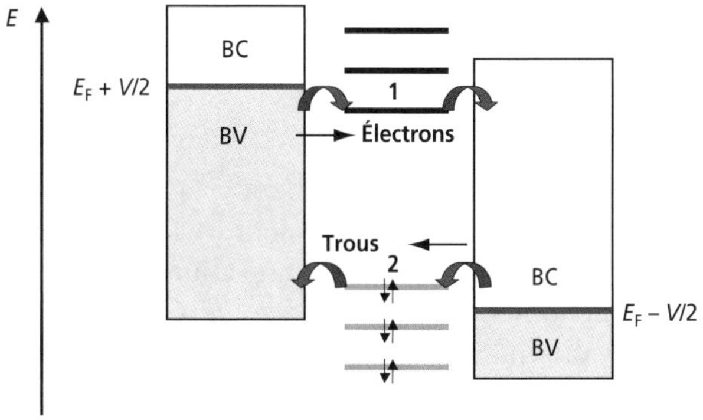

Figure 4.5

Transport du courant à travers une molécule suite à l'application d'une différence de potentiel *V* entre les deux électrodes.

Ce terme de couplage dépend fortement de la force de la liaison entre les atomes de soufre de la molécule et les atomes d'or des électrodes ainsi que de la forme de l'orbitale moléculaire du niveau considéré ; la transmission du courant sera fortement réduite si l'orbitale est localisée sur un segment de la molécule et sera par contre amplifiée pour une orbitale moléculaire délocalisée sur l'ensemble du chemin conjugué de la molécule. Sur cette base, le courant total peut être obtenu en sommant la contribution émanant de chaque orbitale de la molécule ; il sera identique quelle que soit la polarité dans le cas de jonctions parfaitement symétriques tant pour la forme de la molécule que pour la nature des contacts à l'interface métal/molécule. Toute asymétrie conduira à un courant différent pour deux tensions de même valeur mais de polarité opposée, entraînant ainsi un processus de *rectification* que nous décrivons dans la section suivante.

La vision assez simple du transport du courant que nous venons de décrire est à la base de la théorie de Landauer couramment utilisée de nos jours pour calculer le courant à travers une jonction moléculaire en fonction du voltage. Cette approche permet de prendre en compte toute la complexité du problème, liée au fait que les éléments de couplage ainsi que l'énergie et la forme des orbitales de la molécule varient généralement en fonction de la différence de potentiel appliquée ; remarquons pour la suite que l'énergie des orbitales est peu affectée par le champ électrique uniquement si la molécule est parfaitement symétrique et forme des contacts identiques avec les deux électrodes.

Blocage de Coulomb

Lorsqu'un contact très faible s'établit entre la molécule et les électrodes en l'absence de liaisons covalentes, les courbes courant/voltage (*I*/ *V*) adoptent généralement une allure en forme d'escalier reflétant un phénomène dit de *blocage de Coulomb* (figure 4.6). Dans ce cas, le courant ne peut transiter de manière continue entre les deux électrodes et chaque charge injectée sur la molécule y demeure un temps certain. Dans le cas d'un transport dominé par les électrons, la première marche correspond à l'injection d'une charge sur la molécule. L'introduction d'une deuxième charge ne peut se faire aussi facilement vu qu'elle est défavorisée par les processus de répulsion électrostatique entre les deux nouveaux électrons injectés dans la molécule. C'est la raison pour laquelle le courant reste constant jusqu'à une valeur de différence de potentiel compensant l'énergie de répulsion entre les deux charges ; à ce stade, deux électrons peuvent être injectés simultanément, ce qui augmente l'amplitude du courant à une valeur qui sera conservée tant que trois électrons ne pourront être injectés ensemble. En général, les effets de blocage de Coulomb sont d'autant plus détectables dans les courbes *I*/ *V* que la température à laquelle sont effectuées les mesures est faible.

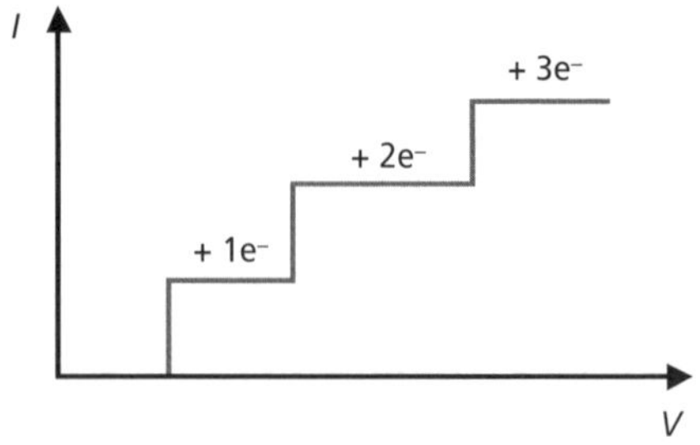

Figure 4.6

Représentation schématique d'une courbe *I*/*V* pour un transport d'électrons à travers une jonction moléculaire en présence d'un blocage de Coulomb.

LES RECTIFICATEURS MOLÉCULAIRES

C'est en 1974 que le Dr Ari Aviram (IBM Research, Yorktown Heights) et le Professeur Mark Ratner (Northwestern University) proposèrent pour la première fois le concept théorique d'un rectificateur moléculaire, équivalent des diodes utilisées de nos jours dans les circuits électriques (par exemple pour transformer un courant alternatif en un courant continu). Cette proposition leur vaut d'être souvent reconnus comme pères fondateurs de l'électronique moléculaire. Le mécanisme de rectification de ces dispositifs se manifeste par l'asymétrie prononcée de la courbe *I*/*V* traduisant le fait que le courant mesuré pour une différence de potentiel donnée varie fortement suivant son signe, comme illustré par la figure 4.7.

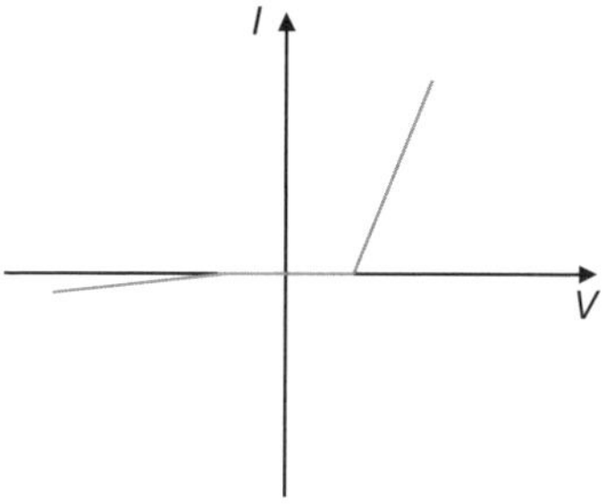

Figure 4.7

Représentation schématique du phénomène de rectification dans une diode.

Le principe d'obtention de rectificateurs moléculaires suggéré par Aviram et Ratner consiste à placer dans une jonction métallique une molécule formée d'un segment conjugué donneur d'électrons π, connecté à un segment accepteur d'électrons π par le biais d'une courte chaîne saturée. Dans cette molécule, le caractère accepteur de l'un des segments se traduit par une forte stabilisation énergétique de ses niveaux électroniques HOMO (*Highest Occupied Molecular Orbital*) et LUMO (*Lowest Unoccupied Molecular Orbital*) par rapport à ceux du segment donneur ; il est donc envisageable que les niveaux HOMO du donneur et LUMO de l'accepteur soient tous deux à proximité du niveau de Fermi des électrodes métalliques (figure 4.8).

Partant de cette situation d'équilibre, l'application d'une faible différence de potentiel en sens passant permet alors de moduler les niveaux de Fermi des deux électrodes pour injecter un électron dans la LUMO de l'accepteur, retirer un électron de la HOMO du donneur (c'est-à-dire y injecter un trou) et promouvoir un courant à travers la jonction en transférant l'électron injecté dans la LUMO de l'accepteur vers la place vacante libérée dans la HOMO du donneur. Notons que les énergies des niveaux HOMO et LUMO des deux segments évoluent également en fonction de la différence de potentiel appliquée, suivant la même direction que le niveau de Fermi de l'électrode adjacente ; ce comportement s'explique par le fait que chaque segment est localisé à proximité d'une électrode et n'occupe donc pas une position parfaitement symétrique dans la jonction moléculaire.

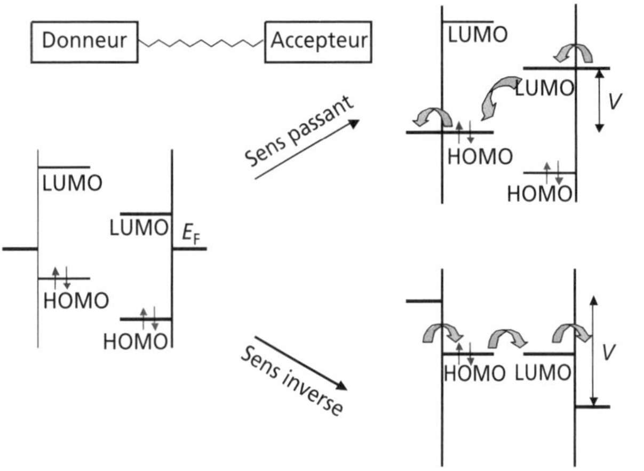

Figure 4.8

Rectificateur moléculaire.

Structure électronique d'une jonction contenant une molécule formée par un segment donneur d'électrons π et un segment accepteur d'électrons π, et du passage du courant à travers la molécule pour une polarisation en sens passant et en sens inverse.

À l'opposé, une différence de potentiel nettement supérieure est requise en polarisation inverse pour générer un courant suite à l'activation d'une résonance entre la HOMO du donneur et la LUMO de l'accepteur. Cette asymétrie est donc à l'origine de la rectification attendue pour ce type de dispositifs (figure 4.8).

Ce n'est qu'au début des années 1990 que les groupes du Professeur Roy Sambles (Exeter University) et du Professeur Robert

Metzger (University of Alabama) découvrirent une molécule donnant apparemment lieu au mécanisme de rectification suggéré par Aviram et Ratner : la molécule d'hexadécylquinolinium tricyanoquinodiméthanure (figure 4.9), où la rotation de l'unité vinylénique centrale induite par des effets stériques permet de découpler les segments donneur et accepteur d'électrons π. Un taux de rectification maximum proche de 26:1 (correspondant au rapport de l'intensité du courant pour les deux polarisations) fut obtenu pour cette molécule à 1,5 V à température ambiante. Cependant, force est de constater, au vu de récentes études, que le mécanisme d'Aviram-Ratner n'est pas à l'origine de la rectification observée ; cette dernière résulte en fait du positionnement asymétrique de la partie conjuguée de la molécule au sein de la jonction en raison de la présence de la chaîne alkyle $C_{16}H_{33}$. De plus, le courant mesuré pour une monocouche était particulièrement faible ($< 10^{-6}$ A), traduisant la difficulté de transporter le courant à travers la partie saturée de la molécule et démontrant donc le peu d'intérêt que suscite cette molécule dans le domaine de la nanoélectronique. La plupart des rectifications observées dans les dispositifs actuels émanent en réalité de l'absence de contacts symétriques aux deux électrodes ou de l'asymétrie de la molécule au sein de la jonction. La recherche de nouvelles structures moléculaires conduisant à des taux de rectification et à des courants élevés reste donc un sujet d'actualité.

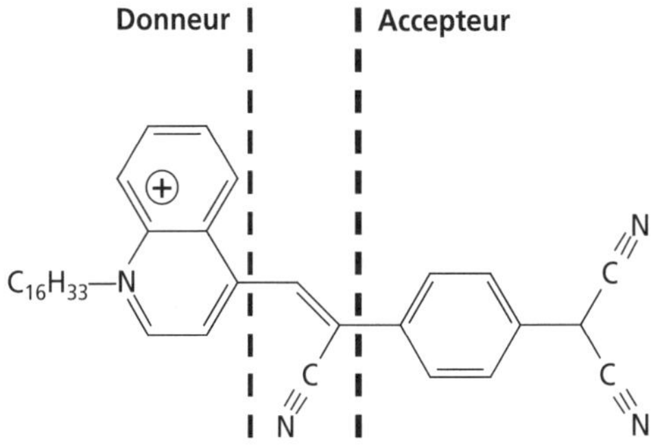

Figure 4.9

Structure chimique de la molécule d'hexadécylquinolinium tricyanoquinodiméthanure.

TRANSISTORS MOLÉCULAIRES

Les transistors sont de nos jours les briques de construction de l'ensemble des circuits intégrés, où ils sont combinés de manière spécifique pour développer des portes logiques servant à traiter une information reçue sous forme d'un signal binaire. À l'inverse des diodes, les transistors comportent trois électrodes métalliques. Dans la géométrie dite « à effet de champ », les transistors sont généralement construits en déposant sur une première électrode métallique (appelée *porte*), une couche isolante, suivie d'une couche semi-conductrice contactée par deux autres électrodes métalliques (appelées *source* et *drain*) (figure 4.10). Un transistor fonctionne comme un interrupteur en contrôlant le courant électrique transitant entre la source et le drain par le biais de la différence de potentiel appliquée entre la porte et la source. Les performances d'un transistor se jugent d'une part sur le rapport entre le courant mesuré dans les états ON et OFF (généralement supérieur à 10^6), ainsi que sur la vitesse de basculement d'un état à l'autre ; cette dernière est liée à la mobilité des porteurs de charge dans le semi-conducteur et gouverne de manière ultime la vitesse d'exécution des circuits intégrés. Dans le domaine de l'électronique moléculaire, les développements récents les plus spectaculaires sont l'œuvre du groupe du Professeur Cees Dekker (Université de Delft) qui est parvenu en premier à fabriquer un transistor moléculaire basé sur un nanotube de carbone (figure 4.10).

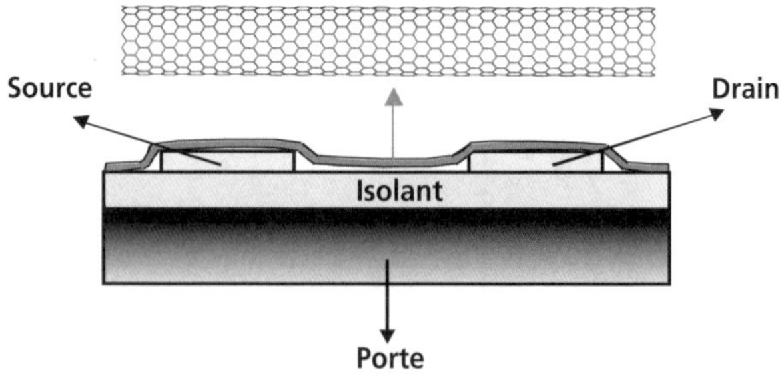

Figure 4.10

Structure chimique d'un nanotube de carbone et de l'architecture type d'un transistor.

Les nanotubes de carbone ont été développés pour la première fois en 1991 par le Dr Sumio Iijima (NEC Fundamental Research Laboratory). Ces tubes sont formés par un grand nombre de cycles benzéniques fusionnés et ressemblent à un plan de graphite qui aurait été enroulé ; le diamètre d'un tube varie en général de 1 à 2 nanomètres pour des longueurs pouvant atteindre plusieurs micromètres. Plusieurs tubes peuvent également être imbriqués les uns dans les autres à l'image des poupées russes, donnant ainsi naissance à des nanotubes à parois multiples (figure 4.11). Ces matériaux suscitent actuellement un intérêt considérable tant pour leurs propriétés mécaniques (ils possèdent un module de Young supérieur à celui de l'acier, ce qui traduit leur haute résistance mécanique) que pour leurs propriétés électriques. De fait, les nanotubes de carbone peuvent être métalliques ou semi-conducteurs selon leur diamètre et la nature du reploiement du feuillet graphitique.

Pour réaliser le premier transistor moléculaire à base d'un nanotube de carbone fonctionnant à température ambiante, le groupe du Professeur Dekker a initialement défini par des techniques de lithographie classique deux électrodes (source et drain) de platine sur une couche isolante de SiO_2, déposée sur la porte du dispositif faite à base de silicium dopé ; le nanotube de carbone est ensuite déposé entre les deux électrodes à partir d'une solution. Dans ce dispositif, la quantité de courant transitant entre la source et le drain à travers le nanotube (sur une longueur d'environ 140 nm correspondant à la séparation entre les deux électrodes) peut être fortement modulée par l'application d'une différence de potentiel entre la source et la porte. La démonstration de cet effet transistor, permettant de commuter le nanotube entre un régime isolant et un régime conducteur, fut un pas crucial dans le domaine de l'électronique moléculaire, rendant enfin concevable le souhait de miniaturisation des circuits intégrés actuels.

L'intérêt suscité par les nanotubes de carbone ne se limite cependant pas à l'effet transistor. Ces matériaux semblent également d'excellents candidats pour la fabrication de fils moléculaires ; des études expérimentales récentes montrent à ce titre que les orbitales moléculaires sont complètement délocalisées le long du tube, favorisant ainsi le transport des charges, et que des effets de blocage de Coulomb sont observables à très basse température (avec une séparation de quelques mV entre les différents sauts de courant). De plus, en raison de leur très bonne stabilité thermique, le courant maximal que peut transporter un nanotube sans être dégradé est bien supérieur à celui atteint par des fils de cuivre ou d'or. Un autre attrait des nanotubes de carbone repose sur la possibilité d'obtenir un processus de rectification en joignant au sein d'un tube une zone métallique et une zone semi-conductrice ; la création d'une telle jonction intramoléculaire peut être obtenue par l'introduction délibérée de défauts chimiques (un cycle à 5 et un cycle à 7 carbones) au sein du nanotube (figure 4.11).

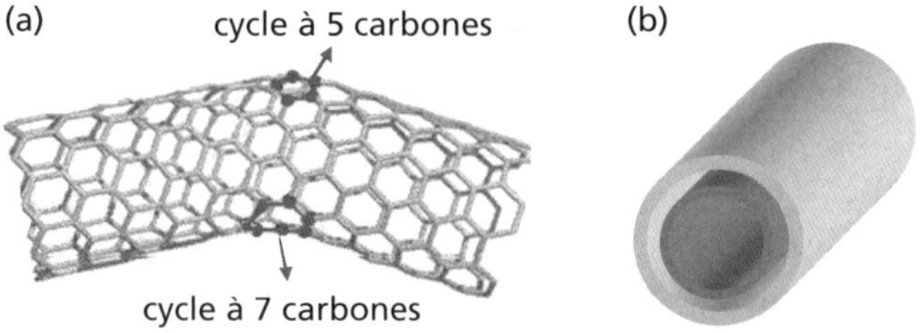

Figure 4.11

Formation d'une jonction intramoléculaire au sein d'un nanotube (a). Structure d'un nanotube à multiples parois (b).

Les nanotubes n'offrent cependant pas que des avantages. Leur synthèse conduit généralement à un vaste mélange de tubes, variant par leur diamètre et leurs propriétés électriques, et par le nombre de tubes imbriqués les uns dans les autres. Il est donc indispensable de caractériser et de trier l'ensemble des tubes avant utilisation au sein d'un dispositif, ce qui représente une sévère limitation pour un développement à grande échelle. Ce problème est par contre évité pour des molécules conjuguées de petite taille qui peuvent être synthétisées en plusieurs milliards d'exemplaires identiques ; c'est la raison pour laquelle de nombreuses recherches visent à l'heure actuelle à impliquer ces molécules au sein de transistors de taille nanométrique. Notons encore que le positionnement adéquat des nanotubes sur les électrodes n'est pas forcément garanti lors de la fabrication du transistor et requiert par exemple l'utilisation de pointes de microscopes à haute résolution pour déplacer les tubes vers la position souhaitée. Il sera donc important dans le futur de développer des stratégies visant à insérer de manière naturelle les matériaux semi-conducteurs (molécules ou nanotubes) dans l'espace séparant les électrodes.

DIODES MOLÉCULAIRES À EFFET TUNNEL RÉSONANT

Le développement de composants électroniques traditionnels (tels que des fils moléculaires, des diodes ou des transistors) à l'échelle moléculaire a également révélé la possibilité de concevoir des dispositifs irréalisables en microélectronique traditionnelle, notamment des diodes à effet tunnel résonant. Ces diodes sont des jonctions moléculaires caractérisées, en plus de leur rectification, par l'apparition d'un pic de courant intense et étroit dans les courbes *I*/*V* (figure 4.12) ; ce comportement se démarque de l'évolution habituellement observée, à savoir une augmentation du courant pour une différence de potentiel croissante. Cette caractéristique, appelée NDR (*Negative Differential Resistance*), est susceptible d'être exploitée au sein d'un nouveau type d'interrupteurs électriques où la transition entre les états passant et bloquant est induite par la différence de potentiel appliquée aux bornes de la jonction. Notons que ce comportement singulier fut initialement observé pour des dispositifs à base de matériaux inorganiques exploitant à la fois des effets de résonance entre niveaux électroniques et des processus de transfert de charge par effet tunnel (voir *infra*), rationalisant ainsi la terminologie de diodes à effet tunnel résonant.

La première diode moléculaire à effet tunnel résonant fut démontrée par le groupe du Professeur Mark Reed en fabriquant un nanopore (cavité creusée au sein d'un matériau inorganique par bombardement d'ions) couvert à ses extrémités par deux électrodes d'or et en y insérant des oligomères à trois cycles de phénylène éthynylène substitués sur le cycle central par des groupements nitro et amino (figure 4.12). À 60 K, ce dispositif montre un pic NDR intense à 2 V, associé à un courant mille fois supérieur au courant de base mesuré autour du pic (1 nA *vs* 1 pA). Le comportement NDR ne persiste pas à température ambiante pour cette molécule. Par contre, ce comportement singulier est observé à température ambiante pour la molécule ne présentant qu'un groupement nitro sur le cycle central. À l'inverse, aucun pic de courant n'est observé, quelle que soit la température, pour la molécule non substituée sur le cycle central et pour le dérivé y présentant uniquement un groupement amino.

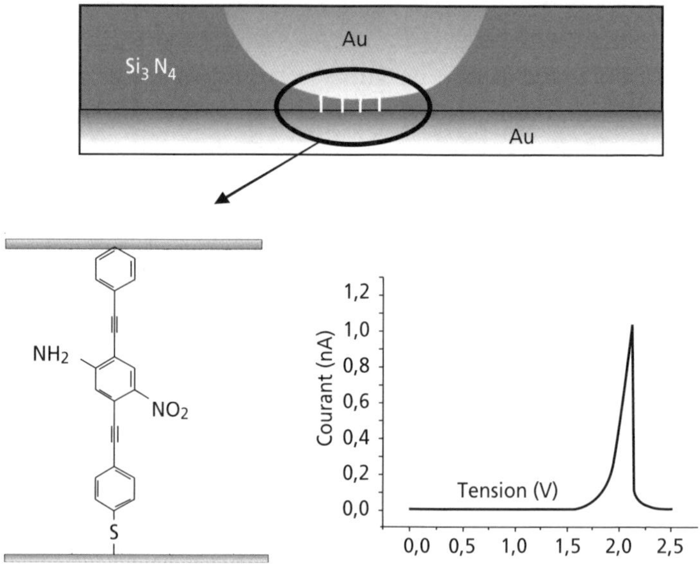

Figure 4.12

Formation d'un nanopore et comportement NDR.

Représentation schématique de la formation d'un nanopore et du comportement NDR observé pour des oligomères de phénylène éthynylène. La courbe est basée sur les données expérimentales publiées par Reed *et al.* (*Science*, Vol. 286, p. 1550, 1999).

L'origine de ce pic de courant est loin d'être comprise et fait l'objet de nombreuses interprétations différentes au sein de la communauté scientifique. Un mécanisme envisageable est étroitement lié au fait que les orbitales moléculaires ne seraient pas délocalisées sur l'ensemble du squelette conjugué. Considérons ici à titre d'exemple une molécule où le niveau LUMO [LUMO+1] est localisé sur sa partie gauche [droite], comme illustré par la figure 4.13, et supposons que la différence de potentiel soit telle que les électrons sont susceptibles de traverser la molécule de la gauche vers la droite. La différence de potentiel va permettre initialement d'injecter un électron dans la LUMO de la molécule, sans donner toutefois naissance à un courant intense à travers la jonction vu l'absence de délocalisation du niveau électronique. L'augmentation de la tension va conduire à une déstabilisation [stabilisation] progressive du niveau LUMO [LUMO+1] pour aboutir à une situation critique où les énergies des deux niveaux deviennent égales. À ce stade, les deux niveaux se combinent sous forme constructive et destructive pour former deux orbitales entièrement délocalisées sur la molécule, cette situation favorisant donc un transport efficace du courant à travers la jonction. Cette résonance entre les deux niveaux sera perdue pour un accroissement supplémentaire de la tension, ce qui fera donc chuter le courant.

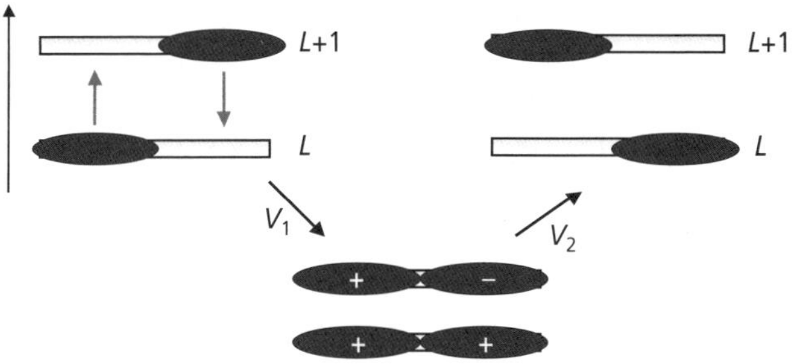

Figure 4.13

Mécanisme possible lié à l'alignement d'orbitales moléculaires sous l'action d'une différence de potentiel pour conduire à un comportement NDR.

Globalement, un courant intense sera donc observé pour une gamme de potentiel très étroite, rationalisant ainsi l'apparition d'un pic dans les courbes *I*/*V*. Dans le cas d'oligomères de phénylène éthynylène, une localisation des orbitales est engendrée par la rotation du cycle central (qui pourrait être induite dans le dispositif par des effets thermiques ou suite à une interaction entre le moment dipolaire de la molécule et le champ électrique généré par la différence de potentiel). Le comportement NDR pourrait donc résulter de l'alignement d'orbitales centrées autour des cycles externes de la molécule, le courant traversant le cycle central par effet tunnel. Seule une recherche plus approfondie permettra de valider ce mécanisme alliant effets de résonance et effets tunnel, à l'image des dispositifs équivalents basés sur des matériaux inorganiques.

MÉMOIRES MOLÉCULAIRES

Une mémoire est un composant électronique formé par la combinaison de différents éléments (typiquement des transistors et des condensateurs) permettant de stocker une information par le biais de charges électriques, de la lire, et de l'effacer à souhait. Grâce aux travaux récents du groupe des Professeurs James Heath et Fraser Stoddart (University of California à Los Angeles), nous savons maintenant que ces mêmes fonctions sont réalisables à l'échelle moléculaire. Cet effet fut découvert en insérant entre deux électrodes métalliques une monocouche de molécules de rotaxane et en mesurant les courbes *I*/*V* de ce dispositif. Un rotaxane est typiquement constitué d'une longue chaîne linéaire le long de laquelle un anneau moléculaire peut glisser, à l'image d'une bague sur un doigt.

À titre d'exemple, la molécule de rotaxane présentée à la figure 4.14 comprend une chaîne linéaire englobant une unité A issue d'un dérivé de la molécule de tétrathiafulvalène, une unité B de dioxynaphtalène et un anneau moléculaire chargé quatre fois positivement construit sur base d'unités bipyridines. À l'état neutre, la molécule est caractérisée par une forte interaction entre l'anneau et l'unité A de la chaîne et par un courant significatif à travers la jonction moléculaire. L'application d'une tension négative oxyde la molécule en prélevant un électron de l'unité A, ce qui engendre le déplacement de l'anneau moléculaire vers l'unité B, suite à l'activation de forces de répulsion coulombienne entre l'anneau et l'unité A à présent chargée positivement. Ce déplacement est accompagné par une chute importante du courant, faisant donc évoluer le dispositif d'un état passant vers un état bloquant. Le courant n'est réinstauré que suite à l'application d'une tension positive conduisant à la réduction de l'unité A et au déplacement inverse de l'anneau moléculaire (figure 4.14).

Nous voyons donc qu'il est possible d'inscrire une information qui change la conductivité électrique du système et de l'effacer tout en réinstaurant le courant initial. De plus, comme les états passant et bloquant sont tous deux susceptibles d'être observés sur une large gamme de potentiels intermédiaires selon le traitement appliqué (phénomène dit d'hystérèse traduisant le fait qu'un balayage en tension de la droite vers la gauche ou en sens opposé ne donne pas la même courbe *I*/ *V*), l'état du dispositif, et donc l'information éventuellement écrite, pourront être lus à tout moment. Ce dispositif moléculaire remplit donc bien les trois fonctions principales d'une mémoire électronique.

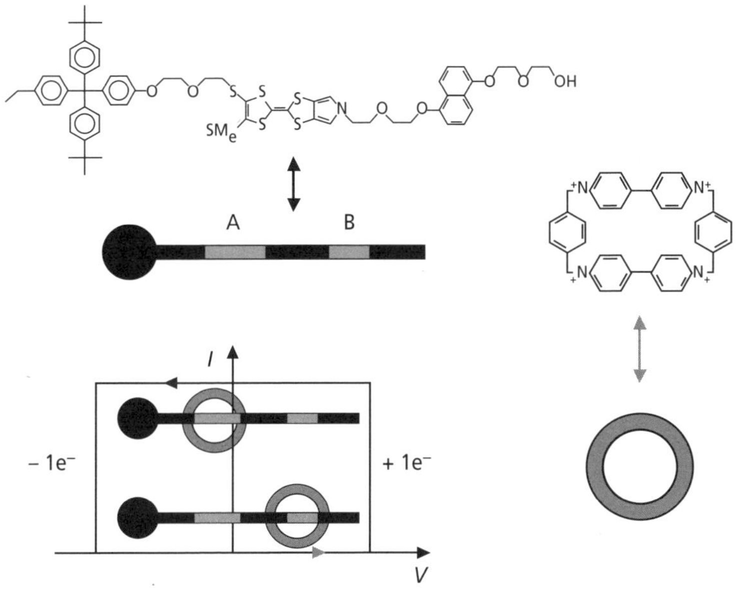

Figure 4.14

Molécule de rotaxane et effet mémoire.

Structure chimique d'une molécule de rotaxane et illustration du mécanisme de l'effet mémoire observé pour une monocouche entre deux électrodes métalliques. Ces résultats ont été décrits en détail par Stoddart *et al.* dans *Accounts of Chemical Research*, Vol. 34, p. 433, 2001.

UN ORDINATEUR BASÉ SUR LA DOUBLE HÉLICE D'ADN

Au-delà de la puce de silicium miniature et de l'électronique moléculaire, il existe certaines conceptions de l'ordinateur de demain beaucoup plus étranges et futuristes. L'ordinateur à ADN en est un exemple. Rappelons que la macromolécule d'ADN, formée de deux chaînes polynucléotidiques enroulées l'une autour de l'autre en forme de double hélice (cette particularité structurale a été mise en évidence par deux biologistes, James D. Watson et Francis H. Crick, en 1953), constitue le système de stockage et de transmission de l'information génétique au sein des cellules. Grâce à son alphabet formé de quatre lettres, les quatre bases nucléiques (à savoir l'adénine, la thymine, la cytosine et la guanine), elle encode au niveau moléculaire toute l'information héréditaire.

Les chaînes d'ADN s'apparient en double hélice en suivant des règles de complémentarité très strictes (une adénine s'apparie toujours par ponts hydrogène avec une thymine et une adénosine avec une guanine, voir figure 4.15a). De plus, plus de mille milliards de chaînes peuvent être contenues dans le volume d'une simple cuiller à café. Pour autant qu'il soit possible d'affecter une opération logique particulière à chaque brin (par exemple, en exploitant l'association des brins complémentaires, voir *infra*), les scientifiques entrevoient la construction d'un « super-ordinateur » pouvant effectuer des milliards de calculs en même temps. L'ordinateur à ADN peut alors être vu comme un super-ordinateur massivement parallèle où les brins d'ADN jouent le rôle de « nanoprocesseurs ».

En 1994, un premier pas important en direction de l'élaboration d'un premier ordinateur à ADN fut réalisé par le Professeur Adleman de l'Université de Californie du Sud, qui utilisa l'ADN pour résoudre le « problème du représentant de commerce en voyage ». La solution du problème revient à déterminer le chemin le plus court entre un certain nombre de villes, tout en ne visitant chaque ville qu'une seule fois. Dans le cas de quelques villes visitées, le problème peut être résolu aisément avec une feuille et un crayon. Toutefois, lorsque le nombre de localités augmente, le nombre de routes potentielles qu'un ordinateur conventionnel doit tester de manière séquentielle (et donc aussi le temps de calcul) croît exponentiellement, ce qui rend prohibitif la résolution du problème pour un nombre élevé de villes.

Adleman résolut le problème en utilisant quelques grammes d'ADN de manière à générer simultanément toutes les solutions du problème. Voici les différentes étapes utilisées dans son algorithme :

- Des chemins aléatoires sont générés entre toutes les villes. Les villes sont codées sous la forme de simples brins d'ADN de séquence bien définie ; les routes sont codées par des brins dont la première moitié est complémentaire à une ville et la seconde complémentaire à une autre ville (figure 4.15b). Tous ces oligonucléotides sont alors mélangés en solution et se combinent selon les règles de complémentarité générant ainsi un grand nombre de solutions aléatoires.
- Les chemins qui satisfont au problème sont sélectionnés. Cette étape, qui est de loin la plus longue (sept jours de travail de laboratoire !), consiste à identifier les produits d'hybridation qui correspondent à des chemins joignant les villes de départ et d'arrivée et passant par toutes les autres villes une seule fois. Un arsenal de techniques complexes de biologie moléculaire (extraction au moyen de gels, utilisation de billes magnétiques, etc.) est utilisé à cet effet.

D'autres chercheurs ont suggéré qu'un ordinateur à ADN, basé sur des structures robustes où les brins d'ADN sont fixés sur une surface métallique plutôt que flottant en solution, pourrait s'avérer plus performant. C'est ainsi que de l'ADN fixé à une surface d'or a été utilisé pour résoudre un problème similaire à la question du représentant de commerce en voyage. Dans ce problème, la solution doit satisfaire simultanément à un certain nombre de clauses logiques, chacune composée de plusieurs variables. La procédure est la suivante. Chaque élément d'information est codé sous la forme d'un oligonucléotide de séquence particulière (voir figure 4.15c). Dans un premier temps, tous les brins simples d'ADN correspondant à toutes les solutions possibles sont fixés sur une surface d'or traitée. Ensuite, des oligonucléotides d'ADN permettant de remplir la première clause sont ajoutés et s'apparient avec certains brins en surface, créant ainsi des doubles brins d'ADN à la surface du métal ; les brins simples restants, qui ne satisfont pas la première condition, sont quant à eux détruits par des enzymes. La surface est alors chauffée de manière à éliminer les segments d'ADN complémentaires, puis nettoyée ; de nouveaux brins d'ADN, solutions de la deuxième clause, sont alors déposés et s'apparient avec les brins de surface complémentaires. Ce cycle est répété pour chacune des clauses du problème, de manière à ce qu'à la fin du processus ne figurent plus en surface que les séquences satisfaisant l'ensemble des conditions.

D'un point de vue pratique, il est impératif de contrôler la localisation des brins d'ADN qui seront sollicités, pour déterminer quel ADN a réagi à quelle sollicitation. Déposer de l'ADN n'importe où sur la surface de la puce ne permettrait pas de distinguer les différents signaux (c'est comme si on essayait de distinguer dans une foule compacte une personne qui répond à l'appel de son nom, alors que des milliers de noms sont appelés en même temps). Depuis 2009, des chercheurs d'IBM et du *California Institute of Technology (Caltech)* se sont associés pour mettre au point une technologie qui permet de placer à un endroit précis de la surface une nanostructure d'ADN de structure bien définie. D'une part, il est possible de choisir la forme (triangle, carré, étoile…) et la taille de ces structures par la sélection des brins d'ADN qui vont s'associer en se repliant ; c'est pourquoi elles sont appelées « origami d'ADN », en référence à l'art japonais de pliage du papier. D'autre part, la composition chimique de la surface de la puce est modifiée ; des pistes y sont créées au moyen d'un très fin faisceau d'électrons. Lorsque la solution contenant l'ADN est mise en contact avec la surface modifiée, les « origami d'ADN » viennent se positionner spontanément sur les pistes, sous l'effet de forces électrostatiques. Ils peuvent alors servir à la construction d'architectures plus complexes.

D'énormes obstacles restent à franchir avant de pouvoir mettre au point le premier ordinateur à ADN. Un des problèmes majeurs rencontrés est lié à la structure complexe de l'ADN et aux erreurs possibles qui y sont associées et qui se traduisent par des calculs erronés dans un ordinateur. Dans la nature, ces erreurs, qui prennent la forme de mutations, sont corrigées automatiquement par nos cellules ; il n'existe pas aujourd'hui de méthodes de correction systématique pour l'ordinateur à ADN. Une autre difficulté, évoquée plus haut, est la nécessité d'effectuer un grand nombre d'opérations longues et complexes pour « lire » la solution finale (même si la génération de toutes les solutions possibles est « instantanée »). En pratique, il est dès lors peu probable que, dans un avenir proche, l'ordinateur à ADN soit utilisé pour effectuer des tâches courantes réalisables au moyen d'ordinateurs conventionnels. Les suggestions pour l'utilisation de l'ordinateur à ADN incluent des questions demandant un traitement massivement parallèle, comme des biosenseurs qui pourraient identifier des éléments pathogènes dans l'environnement ou dans un organisme, par exemple pour détecter des processus biochimiques précurseurs du cancer. Une autre perspective fascinante est d'insérer les séquences d'ADN utilisées pour le calcul dans le génome de bactéries (inoffensives). En se multipliant, les bactéries augmenteraient ainsi les capacités calculatoires parallèles, chaque cellule étant un « processeur » indépendant.

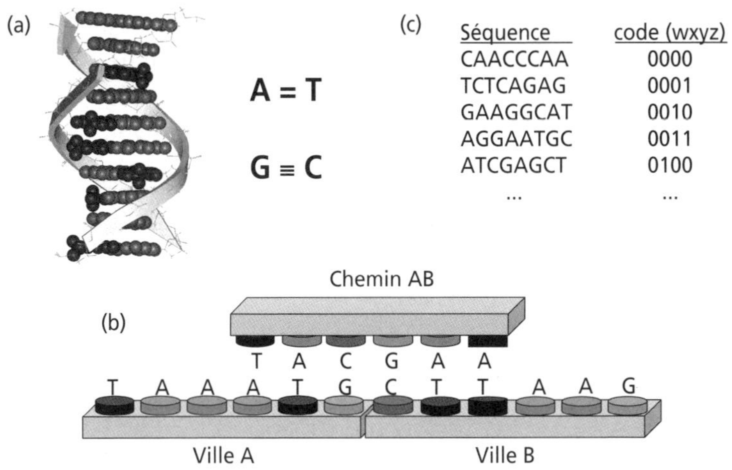

Figure 4.15

L'ordinateur à ADN.

(a) Règles de complémentarité entre bases (A = Adénine, T = Thymine, G = Guanine et C = Cytosine) et structure tridimensionnelle d'une double hélice d'ADN. (b) Représentation schématique du codage des villes et chemins par des brins d'ADN complémentaires dans le problème du voyageur de commerce. (c) Exemple de correspondance entre la séquence d'ADN et un code binaire.

CONCLUSIONS

Nous venons d'illustrer que l'ensemble des éléments constitutifs des circuits intégrés actuels sont maintenant réalisables à l'échelle moléculaire. Cela signifie-t-il que l'ordinateur du futur sera moléculaire ou biologique ? La chose n'est pas établie et seuls les développements à venir nous apporteront la réponse. Il est cependant certain que de nombreux problèmes restent à résoudre pour concrétiser l'élaboration d'un ordinateur moléculaire ou à ADN. Il est ainsi primordial de développer des stratégies par exemple pour connecter efficacement et de manière reproductible les différents éléments individuels, pour empêcher les interférences entre dispositifs voisins, pour que le dégagement de chaleur ne devienne pas un obstacle insurmontable et pour interfacer les circuits moléculaires/biologiques au monde macroscopique. D'autres technologies sont susceptibles de supplanter le domaine naissant de l'électronique moléculaire et de l'ordinateur à ADN, par exemple des dispositifs où le vecteur de l'information n'est plus la charge de l'électron mais son spin (domaine de la spintronique), ou bien un photon (domaine de la photonique) ou encore un état quantique (domaine du *quantum computing*). Le traitement nano de l'information a donc bien plus qu'un tour dans son sac et bien malin serait celui qui pourrait prévoir son avenir !

5

L'électronique plastique

La plupart des matériaux polymères connus à ce jour se comportent comme de bons isolants électriques. Ainsi, les gaines isolantes des câbles électriques sont constituées pour la plupart de polypropylène. Toutefois, une catégorie particulière de polymères connus sous le nom de polymères conjugués manifeste des comportements électriques tout à fait étonnants. Suite à une simple chimie d'oxydo-réduction qualifiée de dopage chimique, leur conductivité électrique peut être accrue de plusieurs ordres de grandeur et se rapprocher de celle de métaux usuels comme le fer ou le cuivre, ce qui est à l'origine de leur nom évocateur de *métaux plastiques*. Pour l'anecdote, *Synthetic Metals* est le nom d'un journal scientifique international voué à la publication des travaux effectués sur les polymères conducteurs de l'électricité, dont le Professeur Alan Heeger (colauréat du prix Nobel de Chimie en 2000) a longtemps été l'éditeur principal. L'intérêt pour les plastiques conducteurs provient essentiellement de la possibilité de combiner en un seul matériau les propriétés électriques des métaux aux propriétés mécaniques et autres des polymères, à savoir, entre autres, plasticité, légèreté, facilité de mise en œuvre et prix de revient modéré. Un tel potentiel a évidemment suscité des efforts considérables pour la synthèse et le développement de polymères conducteurs de l'électricité en vue d'applications technologiques, dont certaines se sont matérialisées. Citons, par exemple, les films plastiques antistatiques recouvrant les pellicules photographiques produites par la société Agfa-Gevaert SA.

CONJUGAISON DANS LES POLYMÈRES CONDUCTEURS

Avant de décrire la structure électronique à l'origine des propriétés exceptionnelles des polymères conjugués, remontons de quelques décennies dans le temps pour en dresser un bref historique. Bien que plusieurs travaux aient laissé entrevoir la possibilité de conductivités électriques significatives dans les polymères dès les années 1960, on peut raisonnablement affirmer que la découverte en 1973 du caractère métallique du polynitrure de soufre, $(SN)_x$, polymère inorganique, fut un premier pas essentiel dans le développement des matériaux polymères conducteurs. La conductivité électrique de $(SN)_x$ est de l'ordre de 10^3 S/cm, à comparer au 10^5 S/cm pour le cuivre et 10^{-14} S/cm pour le polyéthylène. Il est à noter que le polynitrure de soufre devient même supraconducteur (sa résistivité électrique tombe à zéro) sous une température critique de 0,3 K. Au milieu des années 1970, il fut observé que la conductivité électrique de $(SN)_x$ peut être augmentée d'un ordre de grandeur par exposition à des vapeurs de brome ou à d'autres agents oxydants. Dans ce cas, le matériau polymère se présente sous la forme d'un polycation, la neutralisation de la charge étant assurée par l'incorporation de la forme réduite de l'agent oxydant (Br_3^- dans l'exemple d'une exposition au brome).

C'est la transposition de cette chimie d'oxydo-réduction à un polymère organique conjugué, le polyacétylène (dont la structure est décrite à la figure 5.1), qui a conduit à une première percée décisive dans le domaine des plastiques conducteurs. En 1977, les Professeurs MacDiarmid, Heeger et Shirakawa découvrent que le polyacétylène, de conductivité électrique intrinsèque (à l'état neutre, non dopé) bien inférieure à 10^{-5} S/cm, voit sa conductivité augmenter de plus de huit ordres de grandeur (pour atteindre des valeurs proches de 10^3 S/cm) suite à l'exposition du matériau à des agents oxydants ou réducteurs. Il est important de souligner que cette découverte repose en partie sur la possibilité de disposer, depuis la fin des années 1960, de films minces de polyacétylène de bonne qualité mécanique (alors que précédemment, le polyacétylène se présentait sous la forme d'une poudre noire insoluble et infusible). Cette découverte valut à leurs instigateurs le prix Nobel de Chimie en 2000.

Par la suite, la même chimie d'oxydo-réduction fut appliquée à de nombreux autres matériaux polymères en vue d'en améliorer les propriétés électriques et surtout la stabilité photochimique (le polyacétylène se dégradant rapidement par oxydation à l'air ambiant). Les structures chimiques des principaux polymères conducteurs sont représentées à la figure 5.1. Dans le courant des années 1980, de nombreux progrès furent réalisés en terme de solubilisation des polymères conducteurs dans des solvants organiques communs, via la substitution des chaînes principales par des groupements alkyles ou autres (par exemple, au niveau des noyaux aromatiques du polythiophène). Ces avancées furent déterminantes pour la mise en forme de ces matériaux, habituellement effectuée à partir de solutions de polymères ; c'est, par exemple, le cas du *spin-coating*, où une solution est déposée sur une plaque tournante ; l'étalement de la solution et l'évaporation simultanée du solvant conduisent à la formation de films minces et homogènes.

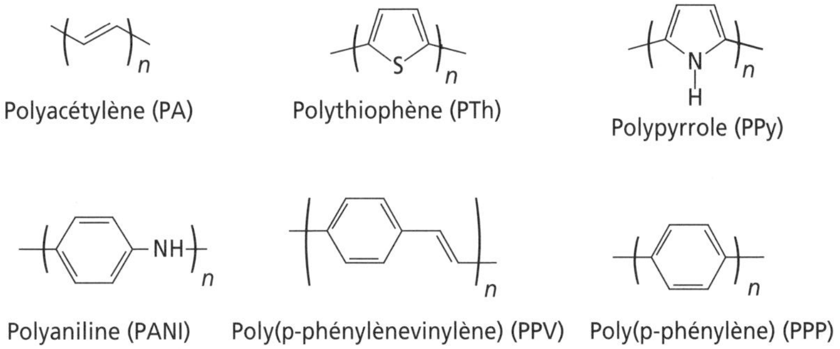

Figure 5.1

Structures chimiques de quelques polymères conjugués.

Une autre découverte remarquable fut annoncée par le groupe du Professeur Friend en 1990. Le premier dispositif électrique émetteur de lumière (une diode électroluminescente) basé sur un polymère conjugué avait vu le jour. Une fois de plus, c'est la conjonction des propriétés propres aux matériaux plastiques et des propriétés inhérentes des polymères conjugués (dans le cas présent, leurs caractéristiques optiques, et plus précisément leur luminescence) qui rend ces matériaux tant attractifs pour de nombreuses applications. En parallèle à leur utilisation dans des systèmes d'affichage, les polymères conjugués peuvent également être exploités comme composants actifs dans des dispositifs aussi divers que des transistors à effet de champ et des cellules solaires. Dans tous ces dispositifs décrits de manière détaillée par la suite, le mode de fonctionnement repose sur le caractère semi-conducteur du polymère conjugué à l'état neutre. Pour comprendre les propriétés électriques, optiques ou même magnétiques des polymères conjugués, il est essentiel de bien disséquer leur structure électronique. C'est l'objet de la section suivante.

STRUCTURE ÉLECTRONIQUE ET COUPLAGE ÉLECTRON-PHONON

Par polymère conjugué, on entend une macromolécule dont le squelette principal est constitué d'atomes de carbone ou d'hétéroatomes portant chacun une orbitale atomique de caractère π. C'est clairement le cas de toutes les structures chimiques de la figure 5.1. Le recouvrement de ces orbitales atomiques π donne lieu à la formation d'orbitales moléculaires π délocalisées tout au long des chaînes, qui confèrent aux polymères conjugués leurs propriétés particulières. Dans le cas idéal de chaînes conjuguées infinies, ces orbitales moléculaires sont infiniment proches en énergie et forment des bandes électroniques continues, ainsi que le prédit le modèle simple d'une particule dans une boîte (voir chapitre 2) ; on parle alors d'une structure de bandes électroniques π. La plus haute bande électronique occupée porte le nom de bande de valence, la plus basse inoccupée de bande de conduction ; ces deux bandes sont séparées par une plage d'énergie interdite aux électrons : la bande interdite. Dans les polymères conjugués à l'état neutre, la largeur de la bande interdite est de l'ordre de 2 à 3 électron-volts (eV), ce qui les place dans la catégorie des semi-conducteurs ou isolants.

De cette description simplifiée, on peut comprendre la facilité avec laquelle les polymères conjugués peuvent être oxydés ou réduits. Rappelons que cette réaction d'oxydo-réduction ou de dopage (chimique ou électrochimique) permet de convertir le matériau polymère de son état neutre, isolant (ou semi-conducteur) électrique à un état chargé ou dopé, conducteur de l'électricité. Comme des électrons de type π peuvent être aisément enlevés ou ajoutés aux chaînes polymères conjuguées, ces derniers présentent des potentiels d'ionisation faibles et/ou des affinités électroniques élevées. De plus, les réactions de dopage n'affectent pas la cohésion de la structure chimique, assurée essentiellement par les électrons σ.

Un autre aspect essentiel à la compréhension des mécanismes de conduction électrique dans les polymères conjugués est le fort couplage existant entre les structures géométrique et électronique, appelé couplage électron-phonon. L'existence d'un tel couplage est d'ailleurs à l'origine de la terminologie utilisée pour décrire les espèces chargées ou excitations neutres dans les systèmes conjugués. Ainsi, l'injection d'un électron (ou d'un trou) au niveau d'une chaîne conjuguée – c'est-à-dire la réduction (ou l'oxydation) de la chaîne – induit une déformation géométrique locale du réseau, donnant lieu à un défaut géométrique qualifié de polaron en physique de l'état solide ; un polaron correspond donc dans le langage des chimistes à un radical-ion (cation si la charge est positive, anion si elle est négative) associé à une déformation géométrique locale (son étendue spatiale est habituellement d'environ 30 Å) de la chaîne. Un bipolaron (deux charges de même signe confinées sur une même région de la chaîne) est formé suite à l'addition d'une seconde charge. Il s'accompagne de modifications géométriques plus prononcées et plus amples.

Il est à noter que ces modifications géométriques entraînent à leur tour une réorganisation de la structure électronique et mènent à l'apparition de niveaux électroniques localisés au sein de la bande interdite originale ; ceux-ci sont impliqués dans de nouvelles transitions optiques, ce qui se traduit par de profonds changements au niveau du spectre d'absorption du matériau dans le visible et, dès lors, de sa couleur. C'est précisément cette propriété de changement de couleur suite au dopage électrochimique qui est à l'origine de l'utilisation de certains polymères conjugués dans des dispositifs électrochromiques. La relaxation locale de la chaîne, ainsi que son impact sur la structure électronique et les propriétés optiques, est illustrée à la figure 5.2 dans le cas d'une chaîne de polythiophène dopée par des agents oxydants. Remarquons que c'est la réorganisation de la structure électronique induite par l'ajout de charges qui permet de stabiliser thermodynamiquement les bipolarons dont la formation est défavorisée par interactions coulombiennes (deux charges de même signe se repoussent !). En effet, la relaxation géométrique et électronique prononcée, associée à la formation de bipolarons, entraîne une stabilisation du système par apparition de niveaux électroniques au sein de la bande interdite qui peut compenser le coût de la répulsion électrostatique.

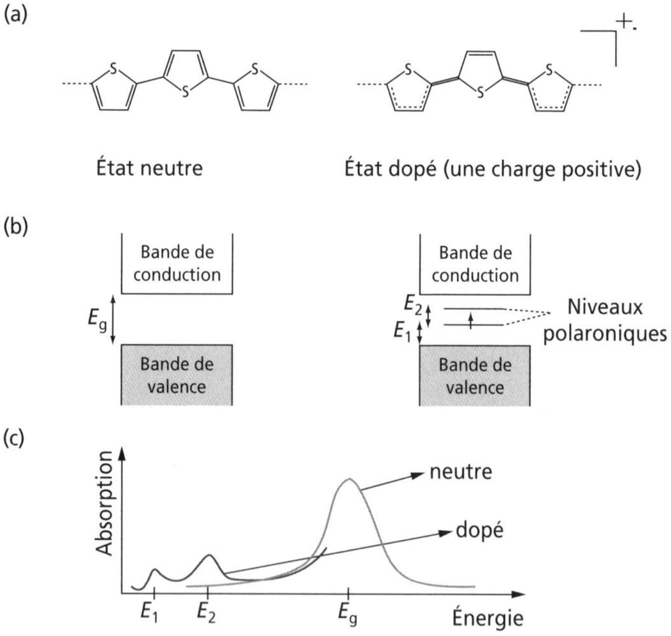

Figure 5.2

(a) Déformations géométriques induites par dopage dans une chaîne de polythiophène. (b) Structure électronique. (c) Spectre d'absorption du polymère à l'état neutre et dopé.

Enfin, il est important de souligner les différences entre mécanismes de génération de charge que nous avons décrits ci-dessus pour les polymères conjugués et ceux des semi-conducteurs inorganiques dopés. Dans ces matériaux, les atomes sont liés de façon covalente dans les trois dimensions. Le réseau est par conséquent beaucoup moins déformable qu'une chaîne polymère (quasi unidimensionnelle) et les modèles de bandes rigides donnent généralement une bonne description de leurs propriétés à l'état solide. Le processus de dopage est obtenu par l'introduction en quantités infimes (de l'ordre du ppm) d'atomes tels que le bore ou le phosphore qui se placent dans le réseau par substitution ou de façon interstitielle. Dans l'exemple du silicium dopé au bore, le bore a un électron de valence de moins que le silicium (trois électrons au lieu de quatre). Ceci crée des niveaux électroniques vides associés au bore légèrement au-dessus de la bande de valence du silicium. Ces niveaux de dopants vides peuvent être peuplés par agitation thermique par des électrons venant de la bande de valence, ce qui provoque l'apparition de trous au sommet de celle-ci et active la possibilité de conduction électrique. Par comparaison, dans une chaîne polymère, les niveaux électroniques à l'intérieur de la bande interdite sont des niveaux intrinsèques au matériau polymère, tandis que les niveaux intrinsèques des agents dopants se trouvent généralement bien en dehors de la bande interdite du polymère et ne participent pas au mécanisme de conduction de manière active.

TRANSPORT DE CHARGE

Si l'attrait suscité par les polymères conjugués reposa initialement sur des applications exploitant leurs propriétés de bons conducteurs de l'électricité, force est de constater que cet intérêt a été progressivement détourné vers des dispositifs impliquant tant des polymères que de courts oligomères ou des molécules et exploitant leurs propriétés semi-conductrices (*i.e.*, ils sont utilisés à l'état neutre dans le dispositif). Un mécanisme clef gouvernant l'efficacité de l'ensemble des applications est le transport des charges électriques au sein de la matrice organique.

La nature des mécanismes de transport de charge au sein de matériaux à base de petites molécules organiques conjuguées à l'état neutre fait encore l'objet de nombreuses études fondamentales à l'heure actuelle. Deux modèles extrêmes sont généralement décrits suivant les conditions expérimentales. Un premier régime de transport repose sur un modèle de bandes. Dans ce cas, les niveaux HOMO (*Highest Occupied Molecular Orbital*) de chaque molécule interagissent pour former une bande de valence de nature intermoléculaire (contrairement à la bande de valence intramoléculaire décrite dans la section précédente pour un polymère conjugué) ; en parallèle, les niveaux LUMO interagissent pour former une bande de conduction (figure 5.3). Dans ce régime, les trous et les électrons sont donc partagés par un grand nombre de molécules (en d'autres termes, leurs fonctions d'onde sont délocalisées sur un grand nombre de molécules).

Le paramètre clef caractérisant le transport est la mobilité des porteurs de charge (μ) définie comme le rapport entre la vitesse (v) des charges et l'amplitude du champ électrique appliqué (F) pour induire leur déplacement : $\mu = v/F$. La mobilité peut être mesurée de différentes façons. Une approche largement exploitée est la technique TOF (*Time-of-Flight*) pour laquelle le matériau organique est pris en sandwich entre deux électrodes métalliques. Des charges sont générées dans la matrice organique par irradiation à proximité d'une électrode ; les électrons ou les trous migrent ensuite à travers le matériau organique suivant le sens de la différence de potentiel appliquée entre les deux électrodes et le temps de transit (t) est mesuré ; connaissant l'amplitude du champ électrique et l'épaisseur du film (d), la mobilité peut être estimée comme $\mu = d/t$ F. Les mobilités obtenues sont souvent affectées par la présence de défauts ou d'impuretés et correspondent donc à une limite inférieure qui sera toutefois celle prévalant dans le dispositif. Une autre approche est d'extraire la mobilité des caractéristiques électriques d'un transistor basé sur le matériau concerné (*vide infra*) ; ces mesures conduisent également à des limites inférieures. La limite supérieure peut être atteinte par une technique nettement plus complexe, appelée PR-TRMC (*Pulse Radiolysis Time Resolved Microwave Conductivity*). Dans cette dernière, l'échantillon est bombardé par des électrons hautement énergétiques pour créer des porteurs de charge et la variation de l'absorption de micro-ondes est mesurée et peut être directement reliée à la mobilité des porteurs.

La mobilité est élevée dans un régime de bandes (jusque 10^2 cm^2/Vs) et est directement reliée à la largeur de la bande de valence (W_H) pour les trous et à celle de la bande de conduction (W_L) pour les électrons ; ces largeurs peuvent atteindre quelques centaines de meV. Plus la largeur est grande (ce qui traduit une forte interaction entre les molécules), plus la mobilité sera élevée. Dans un régime de bandes, la mobilité augmente lorsque la température diminue, à l'instar des métaux, car les vibrations du réseau organique s'atténuent à basse température, limitant ainsi les collisions entre les porteurs de charge et les noyaux des molécules ; à haute température, ces collisions diffusent (phénomènes dits de *scattering* en anglais) les charges dans toutes les directions et freinent leur déplacement à travers le matériau. À très basse température, on observe fréquemment une chute dramatique de la mobilité due à la présence d'impuretés. Ces dernières sont souvent inévitables et introduisent parfois des niveaux électroniques au sein de la bande interdite du matériau, comme illustré à la figure 5.3.

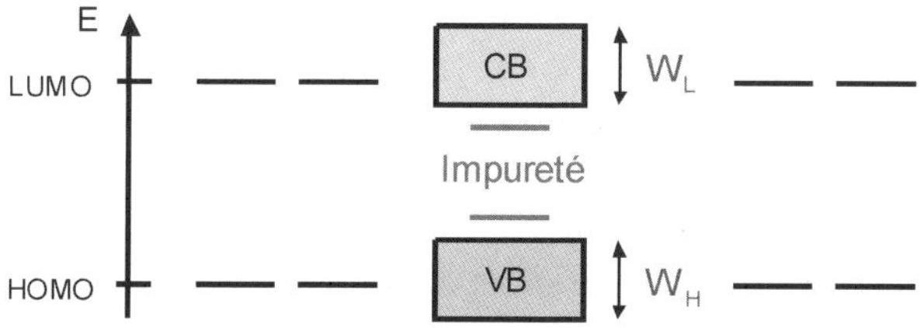

Figure 5.3

Illustration de la formation d'une bande de valence et de conduction intermoléculaire pour le transport dans un régime de bandes et de l'apparition de niveaux électroniques liés à une impureté au sein de la bande interdite.

Si un électron tombe dans un tel niveau, il n'aura pas suffisamment d'énergie à basse température pour en ressortir, ce qui explique la réduction du courant électrique (proportionnel à la densité des porteurs de charge et à leur mobilité).

Le modèle de bandes est mis en défaut par de nombreux paramètres qui vont favoriser la localisation de la charge sur une molécule. C'est le cas de :

1) La température : la température va accroître les vibrations du réseau et sa souplesse de déformation, ce qui a pour effet de

réduire la mobilité et donc la largeur effective des bandes. À haute température, l'énergie gagnée en délocalisant les charges (la LUMO d'une bande est plus basse que la LUMO d'une molécule seule et inversement pour la HOMO) ne pourra compenser l'énergie gagnée en localisant la charge (voir 2 et 3).

2) Le couplage électron-phonon : lorsque la charge est localisée, le système gagne de l'énergie en modifiant la géométrie de la molécule pour former un polaron, comme décrit précédemment.

3) Les effets de polarisation : une charge est stabilisée dans un matériau par la création de dipôles induits dans les molécules voisines. Ces effets de polarisation sont plus marqués quand la charge est confinée, ce qui favorise donc sa localisation

4) Le désordre moléculaire : dans un système désordonné, les énergies des niveaux HOMO/LUMO des molécules peuvent devenir très différentes soit parce que différentes conformations coexistent pour la molécule ou parce que l'environnement varie d'une molécule à l'autre. Ces fluctuations des niveaux d'énergie tendent à localiser les orbitales sur une seule molécule. Cette évolution peut être mise en analogie avec celle observée en passant de la molécule de H_2 (niveaux HOMO/LUMO symétriques) à celle de HCl (niveau HOMO centré sur l'hydrogène et LUMO sur le chlore). Mettre en présence des molécules différentes tend donc à localiser les orbitales.

Lorsque les charges sont localisées, elles migrent à travers le matériau en sautant de molécule en molécule suivant un mécanisme dit de *hopping* (figure 5.4). Ce dernier est généralement opérationnel dans les dispositifs vu le désordre inhérent à la majorité des processus de mise en œuvre des matériaux organiques. Par opposition, un modèle de bande ne sera opérationnel qu'à basse température pour des systèmes cristallins sans impuretés ; la nature du transport dans un système ordonné à haute température fait encore l'objet de controverses et pourrait être intermédiaire entre les deux modèles décrits. Dans un régime de *hopping*, la mobilité des charges est plus faible que pour un modèle de bandes car le transfert d'une charge implique une réorganisation importante du système. En effet, comme les molécules présentent une géométrie différente suivant qu'elles soient neutres ou chargées, le transfert d'une charge d'une molécule chargée vers une molécule neutre implique de modifier la géométrie des deux molécules. De plus, lorsque la charge est transférée, la polarisation du système environnant doit également être modifiée en conséquence. Le taux de transfert d'une charge peut être exprimé en première approximation dans le cadre de la théorie de Marcus comme :

$$k_{hop} = \frac{2\pi}{\hbar} t^2 \frac{1}{\sqrt{4\pi\lambda k_B T}} \exp\left[-\frac{(\lambda + \Delta E)^2}{4\lambda k_B T}\right]$$

où t est l'intégrale de transfert décrivant la force des interactions entre les deux molécules, paramètre qui diminue de manière exponentielle en fonction de la distance entre deux molécules mais qui est extrêmement sensible à la position relative des deux molécules pour une distance donnée. λ est le facteur de réorganisation qui décrit le changement dans la géométrie des molécules (composante interne) et dans la polarisation du milieu environnant (composante externe) durant le transfert. L'intégrale de transfert t doit être maximisée et λ minimisé pour optimiser le transport. ΔE contient deux contributions : (1) l'énergie gagnée lors du transfert grâce au champ électrique ou à vaincre si l'on s'oppose à ce dernier ; et (2) la différence d'énergie entre la HOMO/LUMO des deux molécules induite par le désordre.

Figure 5.4

Cartoon représentant les deux cas limites pour le transport de charge dans les systèmes conjugués.

Modèle de *hopping* (schématisé à droite par un porteur de charge sautant entre deux sites localisés) et modèle de bande (schématisé à gauche par un porteur de charge se déplaçant rapidement au sein de la bande électronique).

La mobilité des charges dans un régime de *hopping* dépend fortement de l'ordre au sein du matériau (si ΔE est grand dans l'équation 1, le taux de transfert k devient plus faible, ce qui réduit la mobilité). Elle peut varier de 10^{-7} cm^2/Vs à 10^{-1} cm^2/Vs au sein de matrices organiques suivant le degré d'ordre (10^{-2} étant la valeur seuil requise pour une application). La mobilité s'accroît avec la température et le champ électrique qui peuvent tous deux aider à vaincre des barrières d'énergie liées au désordre. La mobilité augmente aussi avec la densité de porteurs de charge car les niveaux liés aux impuretés deviennent tous remplis et donc inactifs à haute concentration en porteurs de charge.

Vu le caractère quasi unidimensionnel de la plupart des polymères conjugués (les interactions entre unités monomères sont beaucoup plus fortes le long des chaînes qu'entre les chaînes), le transport de charge s'effectue de manière plus efficace le long des chaînes (*via* un mécanisme équivalent à un modèle de bandes) qu'entre celles-ci. Le passage du courant électrique le long de molécules isolées peut être mis à profit pour la réalisation de câbles et transistors électriques à l'échelle du nanomètre, voir le chapitre 4 relatif à l'électronique moléculaire. Dans des dispositifs de dimensions caractéristiques supérieures à la taille des chaînes polymères (typiquement le dixième de micron), le passage du courant implique nécessairement la migration des porteurs de charge entre chaînes voisines *via* un mécanisme de *hopping* (les polymères sont généralement amorphes ou semi-cristallins et dès lors peu ordonnés) ; ce processus interchaîne constitue l'étape limitante du mécanisme de transport de charge. En présence de certains défauts chimiques ou structuraux souvent présents le long des chaînes polymères, un mécanisme de *hopping* est également requis pour assurer le transport intramoléculaire.

EXCITATIONS ÉLECTRONIQUES ET PROPRIÉTÉS OPTIQUES

Dans les sections précédentes, nous avons décrit brièvement la structure électronique des polymères conjugués dans leur état fondamental neutre et dopé en relation avec leurs propriétés de transport de charge. Concentrons-nous maintenant sur l'utilisation de ces polymères dans des applications mettant en œuvre leurs propriétés optiques, à savoir principalement les diodes électroluminescentes, les cellules solaires et les lasers. Le fonctionnement de ces dispositifs implique la création d'espèces électroniques excitées neutres. Dans un semi-conducteur inorganique, les états électroniques excités correspondent simplement aux configurations créées par promotion d'un électron de la bande de valence vers la bande de conduction, excitation n'impliquant pas de relaxation significative du réseau tridimensionnel rigide. Le spectre d'absorption optique présente alors une bande large, dont le seuil est défini par la différence d'énergie entre le haut de la bande de valence (ou niveau HOMO, *Highest Occupied Molecular Orbital*) et le bas de la bande de conduction (ou niveau LUMO, *Lowest Unoccupied Molecular Orbital*). La séparation énergétique entre HOMO et LUMO ou largeur de bande interdite, fixe la couleur à laquelle le matériau absorbe et émet de la lumière.

La description est plus complexe dans le cas des polymères conjugués, en raison de l'importance des interactions coulombiennes et du couplage électron-phonon. Pour illustrer nos propos, considérons l'exemple de la molécule d'octatétraène, oligomère d'acétylène ou polyène à quatre unités (figure 5.5). La structure électronique de la molécule est caractérisée par la présence de huit orbitales moléculaires π, dont la symétrie alterne entre paire (g pour *gerade*) et impaire (u pour *ungerade*) et l'énergie augmente avec le nombre de nœuds dans la fonction d'onde. Les huit électrons π se distribuent parmi les huit orbitales moléculaires, chacune de ces distributions définissant ce que l'on appelle une configuration électronique. La configuration électronique de plus basse énergie (l'état fondamental) correspond à la situation où les électrons π occupent deux par deux les quatre orbitales π de plus basse énergie.

En raison du fort couplage électron-phonon, états excités et état fondamental présentent généralement des géométries d'équilibre distinctes. Dans l'état fondamental, la géométrie de la molécule est caractérisée par une alternance de liaisons courtes (doubles) et longues (simples), correspondant à des densités électroniques de liaison respectivement élevées et faibles. Remarquons que ce caractère alternant résulte de la distribution non uniforme des électrons π le long de la chaîne carbonée. Il est intéressant de constater que cette géométrie alternée se reflète au niveau du schéma des caractères liant-antiliant de la fonction d'onde de l'orbitale HOMO : interactions liantes pour les liaisons doubles, antiliantes pour les simples (figure 5.5). La fonction d'onde LUMO quant à elle présente un schéma opposé avec des caractères liants au niveau des simples liaisons et antiliants au niveau des doubles. On peut dès lors comprendre aisément qu'une excitation électronique de la HOMO vers la LUMO s'accompagne d'un réarrangement important de la densité électronique et de modifications géométriques subséquentes.

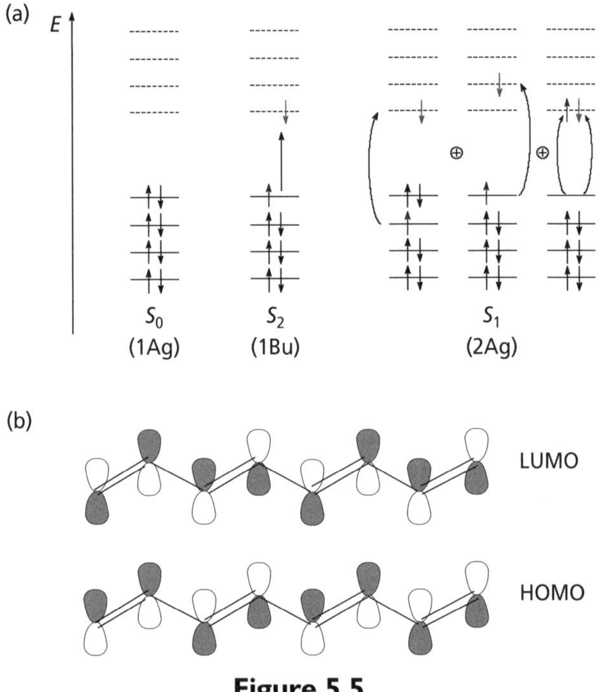

Figure 5.5

Structure électronique de la molécule d'octatétraène.

Configurations électroniques dans l'état fondamental et les deux premiers états excités (a) ; fonctions d'onde des orbitales HOMO et LUMO (b).

La nature des excitations électroniques dans les polymères conjugués est encore aujourd'hui l'objet d'âpres discussions. Deux modèles sont fréquemment évoqués pour expliquer les observations expérimentales : (1) un modèle de bandes similaire à celui prévalant dans les semi-conducteurs inorganiques tel le silicium, où les excitations électroniques sont complètement délocalisées ; et (2) un modèle « excitonique » dans lequel les interactions coulombiennes couplées à une relaxation géométrique induisent une localisation des états excités sur un domaine spatial restreint (le terme *exciton* désigne ici une paire électron-trou liée par interactions de Coulomb et associée à une déformation géométrique locale du réseau). En fait, ces deux modèles diffèrent essentiellement par la valeur de l'énergie de liaison de l'exciton, E_b, différence entre l'énergie d'une transition électronique de bande à bande rigide et l'énergie réelle de l'état excité : $E_b \leq kT$ dans le cas limite du modèle de bande et $E_b >> kT$ pour un modèle excitonique. Dans la plupart des polymères conjugués électroluminescents, l'énergie de liaison de l'exciton correspondant au premier état excité singulet (responsable de l'émission de lumière) a été estimée à quelques dixièmes d'eV (par exemple, $E_b \approx 0{,}4$ eV dans le PPV), ce qui traduit une étendue spatiale de la paire électron-trou corrélée sur environ 30-40 Å. Cette localisation relativement importante des excitations électroniques dans les polymères conjugués repose en partie sur leurs constantes diélectriques peu élevées et le faible écrantage des interactions coulombiennes qui en résulte.

Une autre manifestation de l'importance des interactions entre électrons dans les polymères conjugués est relative à la nature des excitations électroniques triplets dans ces matériaux. En effet, si les interactions coulombiennes étaient négligeables, excitons singulet et triplet seraient dégénérés, puisque la séparation énergétique entre ces espèces est proportionnelle au terme d'échange. Or, de nombreux résultats expérimentaux récents indiquent une séparation énergétique entre les premiers états singulet (S_1) et triplet (T_1) supérieure à 0,5 eV dans une large gamme de polymères conjugués. Outre les aspects fondamentaux relatifs à la nature des excitations électroniques dans les polymères conjugués, ces résultats ont des implications importantes au niveau du rendement quantique des diodes électroluminescentes plastiques. En effet, dans ces diodes, la recombinaison des polarons positifs et négatifs donne lieu à la formation d'excitons des deux multiplicités de spin (singulet et triplet). Dans le cas des matériaux organiques, caractérisés par de faibles couplages spin-orbite, l'émission de lumière est produite par retombée radiative des excitons singulets, tandis que les triplets ne se désexcitent que par processus non radiatifs, limitant ainsi le rendement quantique d'électroluminescence.

La description des excitations électroniques discutée jusqu'ici repose sur un modèle de chaînes polymères isolées, modèle strictement applicable dans le cas de solutions diluées où les contacts entre molécules sont rares. À l'état solide (films, cristaux), les interactions intermoléculaires ne peuvent plus être négligées et modifient profondément la nature des états excités et les propriétés optiques qui en découlent. La figure 5.6 illustre ces propos de manière schématique dans le cas de deux chaînes superposées dans un arrangement cofacial. Suite aux interactions entre chaînes, le premier état excité singulet (responsable de l'émission de lumière) de la molécule isolée se scinde en deux nouveaux états caractérisés par une fonction d'onde délocalisée sur les deux segments conjugués. Dans le cas d'une configuration cofaciale, la transition électronique de l'état fondamental vers le premier état excité est interdite par symétrie et toute l'intensité est concentrée au niveau de l'état supérieur. En conséquence, le passage de la situation « chaînes isolées » à la situation « chaînes en interaction » s'accompagne : (1) d'un déplacement vers les hautes énergies du spectre d'absorption optique ; et (2) d'une diminution du rendement quantique de luminescence en vertu de la règle de Kasha.

Comme dans le cas des espèces chargées, la localisation/délocalisation des excitations électroniques sur des chaînes voisines est définie par le compromis entre l'amplitude des interactions intermoléculaires (qui favorisent la délocalisation des états excités) et de la relaxation géométrique sur une chaîne (qui tend à les localiser). Il est à noter que, contrairement au transport de charge, le désordre dans les matériaux conjugués est à priori favorable à l'efficacité de luminescence puisqu'il tend à confiner les états excités.

La situation est toutefois plus complexe puisqu'une génération efficace des espèces excitées neutres émissives dans les diodes requiert une mobilité élevée des porteurs de charge (polarons) au sein du matériau conjugué. De manière à recouvrer des rendements de luminescence élevés dans des milieux ordonnés, on peut par exemple substituer les chaînes conjuguées au moyen de groupements stériques encombrants de façon à réduire les interactions entre systèmes conjugués. Une autre stratégie possible, quoique plus complexe à mettre en œuvre, consiste à définir des structures moléculaires donnant lieu à un empilement favorable pour l'émission : c'est par exemple le cas lorsque les chaînes s'empilent en formant un angle entre leurs longs axes (figure 5.6).

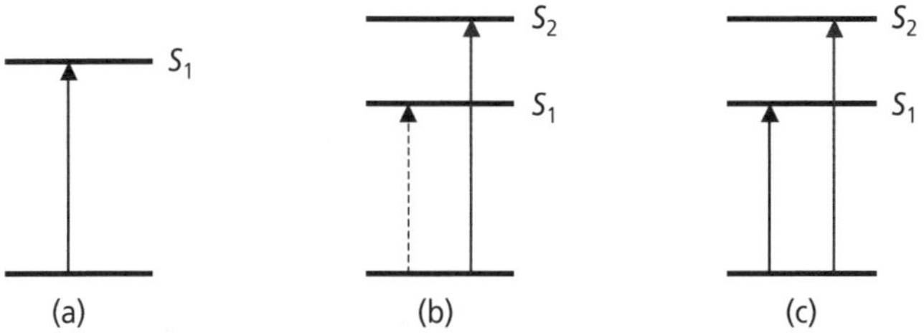

Figure 5.6

États excités singulets (S_n).

États excités singulets d'une chaîne isolée (a). États excités singulets d'un dimère formé de deux chaînes en interaction cofaciale (b) et formant un angle entre leurs longs axes (c). Les flèches continues [en pointillé] représentent des transitions électroniques permises [interdites].

ÉLECTRONIQUE PLASTIQUE

Si l'attrait suscité par les polymères conjugués reposait initialement sur des applications exploitant leurs propriétés de bons conducteurs de l'électricité, force est de constater que cet intérêt a été progressivement détourné vers des dispositifs impliquant tant des polymères que de courts oligomères ou des molécules et exploitant leurs propriétés semi-conductrices. Nous allons maintenant décrire les trois applications les plus prometteuses dans ce domaine de l'*électronique plastique*, à savoir les diodes électroluminescentes, les détecteurs photovoltaïques et cellules solaires, et les transistors organiques assemblables sous forme de circuits intégrés et les senseurs (bio)chimiques.

Diodes organiques électroluminescentes

Une diode électroluminescente est un dispositif donnant lieu à une émission de lumière lorsqu'il est traversé par un courant, suite à l'application d'une différence de potentiel en sens passant. Si le premier signal d'électroluminescence dans un matériau organique fut observé en 1960 pour un cristal d'anthracène, l'intérêt suscité par ce phénomène ne prit de l'ampleur qu'en 1987 lorsque le Dr Tang et le Dr van Slyke (Kodak Research) observèrent une émission intense dans le vert émanant de la molécule de tris(8-hydroxyquinolinate) d'aluminium, AlQ_3. Trois années plus tard, le groupe du Professeur Richard Friend (Université de Cambridge) mettait en évidence le premier signal d'électroluminescence à partir d'un polymère conjugué, en l'occurrence le polyvinyle de paraphénylène (PPV) (figure 5.7).

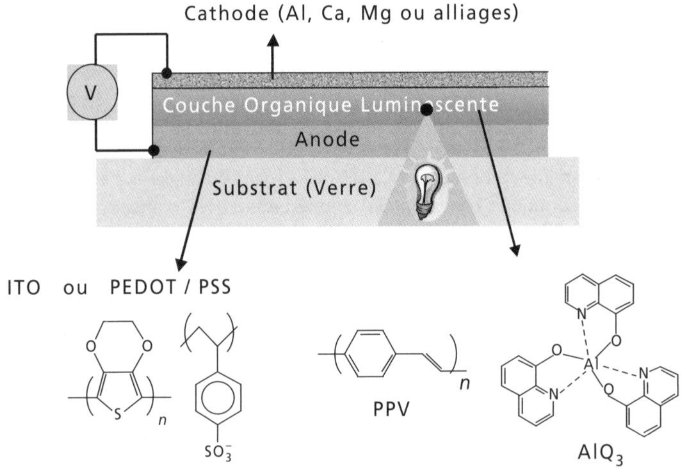

Figure 5.7

Architecture d'une diode organique électroluminescente à base de polymères conjugués.

Le schéma de fabrication le plus simple d'une diode organique à base de polymères conjugués consiste à déposer sur un substrat (souvent du verre) une électrode métallique transparente comme anode, typiquement à base d'ITO, un oxyde mixte d'indium et d'étain, ou d'un polymère conjugué à l'état dopé, à l'image du polyéthylènedioxythiophène (PEDOT) mélangé à des chaînes de sulfonate de polystyrène (PSS) jouant le rôle de contre-ions ; ensuite, une couche plastique à base de polymères conjugués déposés généralement par centrifugation à partir d'une solution ;

enfin une deuxième électrode métallique évaporée pour la cathode, faite par exemple en calcium, aluminium, magnésium ou un alliage de ces métaux. Une architecture comprenant plusieurs couches est généralement utilisée pour les dispositifs à base de molécules.

Les deux métaux présents de part et d'autre de la couche plastique ne sont pas choisis arbitrairement ; celui à la cathode doit posséder une énergie de Fermi située à proximité du niveau LUMO des chaînes conjuguées alors que celui à l'anode doit présenter une énergie de Fermi localisée à proximité du niveau HOMO. La succession de quatre mécanismes va permettre à la diode organique d'émettre de la lumière suite à l'application d'une différence de potentiel en sens passant ; cette dernière établit un gradient d'énergie potentielle des niveaux HOMO et LUMO des chaînes au travers de la couche organique, comme illustré à la figure 5.8.

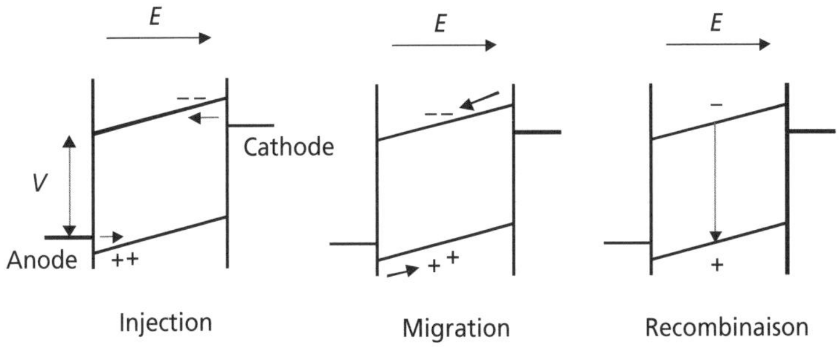

Figure 5.8

Électroluminescence d'une diode organique.

Description des étapes (injection/migration/recombinaison) gouvernant le phénomène d'électroluminescence au sein de diodes organiques polarisées en sens passant.

De très faibles courants de fuite sont par contre mesurés pour une différence de potentiel identique appliquée en sens inverse, ce qui conduit fréquemment à des taux de rectification supérieurs à 10^3.

Le premier mécanisme impliqué est un processus d'injection de charges (processus électrochimique d'oxydo-réduction) qui consiste à transférer des électrons, d'une part de la cathode vers la LUMO des chaînes, et d'autre part de la HOMO vers l'anode (donc de créer des *trous* au sein de la couche plastique). Comme l'énergie du niveau de Fermi de la cathode est localisée en dessous du niveau LUMO des chaînes, les électrons n'ont généralement pas assez d'énergie thermique pour être injectés directement sur les chaînes situées à l'interface, suite à un mécanisme dit de thermoémission ionique ; l'établissement du gradient d'énergie potentielle permet cependant d'injecter les charges de manière efficace par effet tunnel depuis le niveau de Fermi de la cathode vers des chaînes présentant un niveau LUMO à une énergie similaire au sein de la couche plastique. Les mêmes considérations s'appliquent au processus d'injection de trous à l'anode. Notons que le recours à un effet tunnel à la cathode est de plus nécessité par la formation fréquente d'une couche isolante (caractérisée par un niveau LUMO encore plus haut en énergie, donc inaccessible pour l'injection) entre le métal et la couche organique, suite à l'oxydation de la surface du métal ou suite à des réactions chimiques entre chaînes conjuguées et atomes métalliques. La nature exacte de l'interface entre les matériaux organiques et les électrodes utilisés gouverne donc de manière fondamentale le processus d'injection, et par conséquent l'efficacité du dispositif.

Une fois injectées, les charges se relaxent sous forme de polarons et commencent à migrer dans la couche plastique sous l'action du champ électrique créé par la différence de potentiel. Comme les phases organiques sont souvent désordonnées, ce déplacement s'effectue par sauts successifs des charges entre chaînes voisines. Ce mécanisme de transport conduit à une faible mobilité des porteurs de charge et limite souvent le temps de réponse des dispositifs. Lorsqu'un polaron positif et un polaron négatif se rencontrent sur une même chaîne ou sur des chaînes voisines, leur recombinaison donne naissance à un exciton, c'est-à-dire une excitation électronique de la chaîne, stabilisée par des forces d'attraction coulombienne et couplée à une déformation locale de la géométrie du squelette conjugué. La mécanique quantique nous apprend que statistiquement, trois états triplets et un seul état singulet sont obtenus lors de la recombinaison de l'électron et du trou dont chacun possède un spin soit α, soit β ; cependant, seuls les excitons singulets contribuent au processus radiatif dans un matériau conjugué (voir *infra*) et peuvent ainsi donner naissance à l'émission de lumière.

Ces considérations impliquent que le rendement quantique d'électroluminescence, défini comme le nombre de photons émis par rapport au nombre d'électrons injectés, ne pourrait dépasser les 25 % ; il a toutefois été démontré que les sections efficaces de recombinaison sont différentes pour excitons singulets et triplets et plus importantes pour les singulets. Finalement, une partie des photons émis par les chaînes ont la possibilité de quitter le dispositif sans être réabsorbés et traversent pour ce faire l'anode et le substrat de verre.

Les excitations électroniques triplets générées au sein de la diode sont généralement transformées en chaleur car la transition radiative entre l'état triplet et l'état fondamental (c'est-à-dire le processus de phosphorescence) est interdite par les règles de sélection pour de nombreux matériaux organiques. Cependant, l'introduction d'atomes métalliques lourds (par exemple de platine ou d'iridium) au sein du squelette conjugué ou de complexes organométalliques permet de rendre ce processus beaucoup plus efficace grâce à des couplages relativistes ; c'est la raison pour laquelle cette stratégie est actuellement développée pour permettre l'exploitation simultanée des excitons triplets et singulets.

Les diodes organiques électroluminescentes concurrencent, voire dépassent, à l'heure actuelle leurs inéquivalents inorganiques (que l'on rencontre un peu partout sous forme de petits témoins lumineux rouges ou verts, par exemple sur nos chaînes stéréo ou sur nos ordinateurs) sur de nombreux volets :

– Une différence de potentiel inférieure à 5 V suffit pour activer un signal d'émission de lumière suffisamment intense (entre 100-200 cd/m^2). Cette lumière est de plus émise dans toutes les directions et donne un angle de vision élevé comparé à des écrans à cristaux liquides.
– La couleur émise par le matériau peut être modulée sur l'ensemble du spectre visible en changeant simplement la composition chimique du squelette du polymère conjugué
– La mise en œuvre des polymères conjugués est particulièrement aisée ; ils sont déposés à l'échelle industrielle sur un substrat adéquat par *spin-coating* (à la tournette). En pratique, le polymère est d'abord mis en solution (la substitution du squelette conjugué par des chaînes alkyles rend la majorité des polymères

conjugués solubles dans les solvants couramment utilisés) et une goutte est ensuite déposée sur un substrat en rotation, ce qui permet son étalement. Le solvant s'évapore ensuite et un film très homogène est ainsi formé. Ce film peut s'étendre sur de grandes surfaces (supérieures au mètre carré) et ouvre donc la voie vers des applications inaccessibles avec les diodes actuelles. Cette facilité de mise en œuvre est un avantage majeur par rapport aux composés inorganiques qui nécessitent des techniques de déposition sous vide, particulièrement onéreuses et encombrantes au niveau de leur installation. Notons encore que des diodes électroluminescentes peuvent également être construites sur base de petites molécules organiques conjuguées qui nécessitent également une mise en œuvre sous vide.

- Cette technologie est beaucoup plus respectueuse de l'environnement ; il faut savoir à ce titre que la fabrication de 1 g de silicium crée 2 kg de déchets chimiques !
- La durée de vie des dispositifs dépasse maintenant les 80 000 heures de fonctionnement. Ce ne fut toutefois pas sans mal car la majorité des matériaux conjugués sont sensibles à la présence d'eau et d'oxygène, pourtant difficiles à éviter, qui conduisent à des processus de dégradation chimique. La solution au niveau de la recherche fondamentale est de travailler dans des boîtes à gants, au niveau industriel d'encapsuler tout dispositif dans une matrice organique imperméable à ces deux éléments néfastes.
- La grande nouveauté introduite par les matières plastiques est de pouvoir réaliser des écrans souples, pliables à souhait sans pertes d'efficacité. Ceci fut démontré pour la première fois par le groupe du Prof. Heeger en remplaçant dans une diode le substrat de verre par un polymère traditionnel et la couche d'ITO par un polymère conducteur de l'électricité. La dominante plastique du dispositif contribue de ce fait à sa flexibilité.

Un très grand nombre de géants industriels aux États-Unis, en Europe ou en Asie sont maintenant entrés dans le marché des écrans organiques. Citons par exemple Philips, Thomson, Kodak, Dupont, Samsung, Pioneer, et bien d'autres. Beaucoup de dispositifs d'affichage sont toujours au stade de prototypes bien que certains soient déjà commercialisés. La majorité d'entre eux opère sur base d'une matrice passive. Dans ce cas, les électrodes situées de part et d'autre de la couche plastique se présentent respectivement sous forme de lignes et de colonnes ; les zones de recouvrement définissent les pixels de l'image qui peuvent être adressés individuellement en appliquant une différence de potentiel entre une ligne et une colonne données. Ce type de matrice limite cependant le nombre de pixels utilisables car il faut s'assurer au cours d'un cycle d'adressage que le premier pixel continue à émettre lorsqu'on atteint le dernier. Un effet mémoire doit être introduit pour créer des écrans de plus grande taille (à l'image par exemple d'un moniteur d'ordinateur) ; ceci est typiquement réalisé dans des matrices dites actives en couplant chaque pixel à un transistor et fait actuellement l'objet de nombreux efforts au niveau industriel. Les écrans actuels sont donc des dispositifs de petite taille qui pourront servir par exemple pour des agendas électroniques, des téléphones portables, des montres ou des horloges. Deux exemples de dispositifs sont illustrés à la figure 5.9 : (1) le premier écran plastique commercialisé par Philips servant à indiquer le statut de la batterie dans leur nouvelle génération de rasoirs. Le lancement de ce produit s'est fait en grandes pompes : James Bond lui-même l'a utilisé dans une séquence très furtive dans son dernier film *Meurs un autre jour !* ; (2) un écran de télévision plastique développé par Cambridge Display Technology, spin off créée à l'origine par l'Université de Cambridge pour développer la technologie issue de leur découverte. Cet écran couleur ultra-plat (environ deux millimètres d'épaisseur) a la taille d'un écran de téléphone portable et contient près de 30 000 pixels ; pour le fabriquer, des lignes de pixels émettant alternativement trois couleurs primaires (rouge, vert, bleu) ont été déposées par impression par jets d'encre, à l'image des imprimantes que nous utilisons, si ce n'est que la résolution est bien supérieure (de l'ordre du micromètre).

La technologie OLED (*Organic Light Emitting Diode*) qui s'installe dans notre vie quotidienne est aussi en passe de faire son apparition dans le domaine de l'éclairage. Il s'agit de combiner ici plusieurs matériaux pour générer une lumière blanche. Des travaux récents démontrent que les dispositifs organiques concurrencent voire surpassent déjà les performances des ampoules électriques en termes d'intensité lumineuse produite, de rendement de luminescence, de durée de vie et de coût de fabrication (plus élevé pour une ampoule). Qu'en est-il des écrans flexibles ? C'est maintenant devenu une chose réelle grâce aux travaux de la firme Universal Display Corporation qui a récemment démontré la fabrication d'écrans d'affichage flexibles à base de petites molécules organiques. Il est concevable avec cette technologie de développer par exemple des crayons incorporant un écran flexible. Une autre gamme d'applications peu développée à l'heure actuelle vise à créer des panneaux d'affichage de très grande taille sur support de tout type et de toute forme. La compagnie Philips entrevoit même de développer des papiers peints lumineux.

Figure 5.9

Dispositifs d'affichage à base de polymères conjugués.

Écran de basse résolution commercialisé sur un rasoir par la firme Philips (gauche) et écran de haute résolution (contenant 30 000 pixels pour une taille de 5 cm sur la diagonale) développé par la firme Cambridge Display Technology (CDT).
(© Philips / © Cambridge Display Technology)

Détecteurs photovoltaïques et cellules solaires organiques

Le principe de fonctionnement d'un détecteur photovoltaïque est, à l'inverse d'une diode électroluminescente, de convertir un rayonnement lumineux en un courant électrique, une cellule solaire visant spécifiquement à transformer l'énergie solaire en énergie électrique. À l'instar des diodes, l'architecture typique d'une cellule photovoltaïque consiste en un substrat de verre sur lequel sont déposées successivement une électrode métallique transparente, une couche plastique et une deuxième électrode de nature différente. La connexion des deux électrodes conduit à l'égalisation des niveaux de Fermi des deux métaux et à l'établissement d'un gradient d'énergie potentielle au sein de la matrice organique qui sera favorable à la séparation des charges, comme nous le verrons par la suite. Notons qu'aucune différence de potentiel n'est appliquée entre les deux électrodes dans une cellule solaire car son but est de produire de l'énergie sans devoir en fournir.

Quatre mécanismes successifs distincts vont également régir ici la conversion de la lumière en courant électrique. Dans un premier temps, les rayonnements incidents pénètrent dans le dispositif à travers la paroi transparente et sont absorbés par le matériau présent dans la couche active en y créant des paires électron-trou. Pour fabriquer des cellules solaires performantes, il est indispensable que l'absorption des matériaux utilisés recouvre le spectre d'émission solaire qui culmine à des longueurs d'onde proches de 700 nm (~ 1,8 eV) et s'étend fortement dans l'infrarouge. Ce processus est loin d'être optimisé pour la majorité des matériaux conjugués utilisés à l'heure actuelle, qui absorbent typiquement au-delà de 2 eV, et réclame donc la synthèse de nouveaux matériaux présentant une faible séparation énergétique entre leurs niveaux HOMO et LUMO. Les quelques polymères conjugués qui répondent à ce critère, à l'image du polydithiénothiophène et du polyisothianaphtène caractérisés par une bande interdite de l'ordre de 1 eV (figure 5.10), ne sont pas actuellement exploitables en raison de leur manque de stabilité et de souplesse de mise en œuvre.

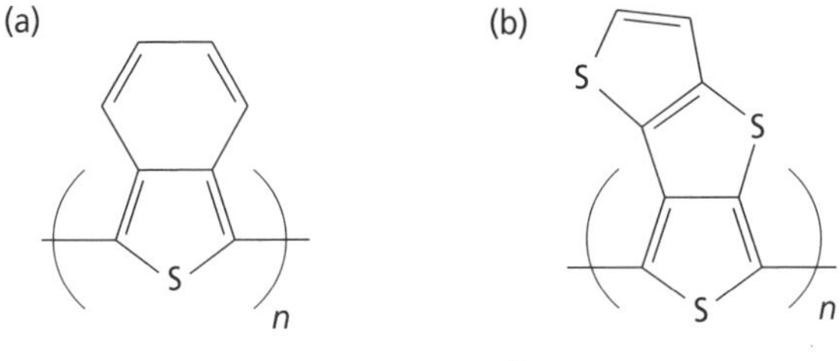

Figure 5.10

Structure chimique du polyisothianaphtène (a) et du polydithiénothiophène (b).

Dans un second temps, les paires électron-trou générées doivent se séparer et être transformées en porteurs de charge libres. Le champ électrique généré entre les deux électrodes suite à l'égalisation des niveaux de Fermi n'est cependant pas suffisamment intense pour dissocier les excitons, en raison de la forte énergie de liaison (typiquement supérieure à 0,3 eV) des paires électron-trou créées au sein de matériaux conjugués. C'est la raison pour laquelle un mélange de deux matériaux, l'un donnant facilement des électrons π et l'autre en recevant facilement, est requis pour dissocier les excitons par le biais d'un processus de transfert de charge photo-induit. Ce mélange peut impliquer par exemple des chaînes de polyvinyle de paraphénylène comme donneurs et des molécules de fullerène C_{60} comme accepteurs (figure 5.11a). Si le donneur est initialement amené dans son premier état excité par une transition électronique entre ses niveaux HOMO et LUMO, l'électron excité peut ensuite être transféré sur la LUMO de l'accepteur, plus basse en énergie, alors que le trou reste localisé sur le donneur ; de cette façon, un exciton est converti en charges séparées par le biais d'un processus de transfert d'électron photo-induit. À l'inverse, si l'accepteur est initialement excité, un transfert de trou photo-induit entre la HOMO du donneur et celle de l'accepteur assurera le processus de dissociation (figure 5.11c). Dans une troisième étape, les charges générées migrent à travers la couche plastique sous l'influence du champ électrique pour être, dans une dernière étape, récoltées aux électrodes et utilisées dans un circuit extérieur.

Les deux composés impliqués au sein de cellules photovoltaïques peuvent se présenter simplement sous forme de deux couches distinctes au sein de la matrice organique ; cette organisation n'est cependant pas la plus favorable car seuls les excitons formés à proximité de l'interface entre les deux matériaux sont susceptibles de contribuer à la génération du courant électrique ; cette zone cible représente une longueur caractéristique de quelques dizaines de nanomètres, correspondant au parcours moyen (également appelé longueur de diffusion) d'un exciton dans un film organique depuis sa création jusqu'à sa disparition, via des chemins radiatifs ou non radiatifs. De plus, cette structure en couches est souvent rendue encore plus défavorable par le fait que la quantité de lumière absorbée décroît de manière exponentielle en fonction de la distance à travers le film et n'est donc pas optimale dans la région interfaciale. Une meilleure approche est par conséquent de réaliser un mélange homogène des deux constituants à l'échelle nanométrique en vue de faciliter l'accès à l'interface et d'accroître sa surface totale. Cette stratégie est cependant incompatible avec l'immiscibilité habituelle de composants organiques qui conduit à des processus de séparation de phases. Dans ce contexte, les techniques de microscopie à sonde locale s'imposent comme un outil de choix pour caractériser, comprendre et de manière ultime contrôler l'organisation à l'échelle microscopique d'un mélange de deux composés, comme nous le décrirons par la suite.

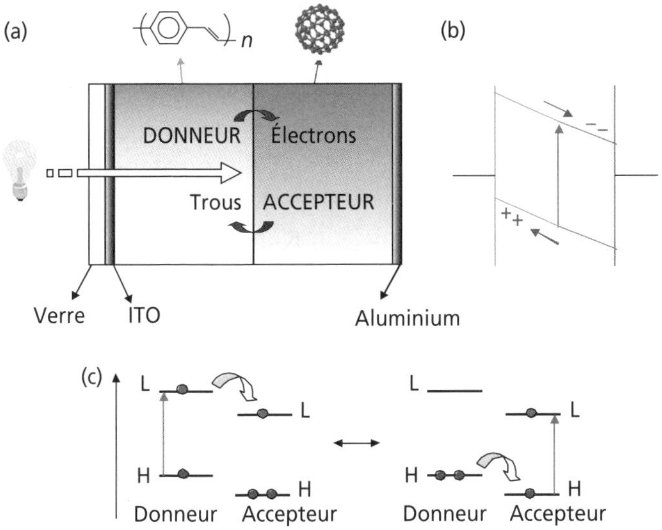

Figure 5.11

Cellule photovoltaïque.

(a) Architecture typique d'une cellule photovoltaïque à base d'un mélange de polyvinyle de paraphénylène et de fullerène en contact avec deux électrodes de nature différente (ITO et aluminium dans ce cas). (b) Diagramme énergétique illustrant le processus d'absorption de lumière et de migration des charges au sein d'une cellule solaire. (c) Illustration du processus de transfert photo-induit d'électrons (gauche) ou de trous (droite) responsable de la conversion des excitons en porteurs de charge.

À l'heure actuelle, les meilleurs rendements en puissance (définis comme le rapport entre le nombre de charges susceptibles d'être créées par les photons incidents et le nombre de charges effectivement collectées aux électrodes) obtenus pour une cellule solaire organique avoisinent les 3 %. Cette valeur est inférieure au rendement actuel, proche de 10 %, des cellules à base de silicium amorphe (utilisées par exemple dans les calculatrices solaires) ou aux valeurs de 15-20 % obtenues pour des dispositifs nettement plus coûteux à base de silicium cristallin (exploités entre autres dans l'aérospatiale). Si les dispositifs à base de polymères conjugués ne concurrencent pas (encore) leurs équivalents inorganiques en terme de performances, ils se démarquent toutefois par leur faible coût de fabrication, par l'aspect de flexibilité et de légèreté et par la possibilité de couvrir de très grandes surfaces. Cette recherche s'est récemment concrétisée par la fabrication par le groupe du Professeur Serdar Sariciftci (Université de Linz) d'une cellule solaire flexible, à base de PPV et de C_{60}, présentant une surface active de 80 cm^2 (figure 5.12). Nous pourrions donc voir très bientôt des cellules solaires organiques fleurir sur les toits d'habitations pour fournir une source d'énergie individuelle ou dans de nombreux dispositifs (téléphones portables, caméras, relais hertziens, fontaines...) pour apporter une alimentation électrique autonome.

Figure 5.12

Cellule solaire.

Cellule solaire flexible à base de chaînes de PPV et de C_{60} possédant une surface active de 80 cm^2. (Cette image a été gracieusement fournie par le Professeur Serdar Sariciftci de l'Université de Linz / © Johannes Kepler University of Linz.)

Signalons enfin que des processus de transfert de charge photo-induit peuvent également être exploités au sein de senseurs, dispositifs conçus pour détecter de manière quantifiable un composé chimique spécifique. À ce titre, le groupe du Professeur Timothy Swager (Massachusetts Institute of Technology) a récemment élaboré un détecteur de mines terrestres sensibles aux vapeurs de trinitrotoluène (TNT) avec un seuil de détection de 10^{-15} g. Ce dispositif implique des chaînes polymères conjuguées très fluorescentes qui subissent un processus de transfert électronique photo-induit en présence de molécules de TNT (jouant le rôle d'accepteurs) ; comme ce transfert dissocie l'exciton et empêche sa retombée radiative au niveau des chaînes polymères, la détection des molécules cibles prend pour indicateur l'évolution du signal de fluorescence du matériau.

Transistors organiques et circuits intégrés plastiques

Un transistor est un composant électronique à trois bornes, dans lequel le passage du courant entre deux bornes est contrôlé par l'état de la troisième. Dans le cas des transistors à effet de champ (*Field Effect Transistor*, FET), c'est le potentiel appliqué à la « porte » qui détermine l'intensité du courant qui passe entre la « source » et le « drain ». En modulant ce potentiel de porte, il est donc possible de fixer l'état, passant ou bloquant, du transistor, en modifiant la conductivité du matériau semi-conducteur au cœur du dispositif. Ce processus est à la base du traitement binaire de l'information, sur lequel se sont bâties la microélectronique moderne et ses innombrables applications, qui vont bien au-delà des systèmes informatiques. De nos jours, pratiquement tous les appareils électriques (appareils ménagers, TV, hi-fi, jouets...) renferment des microprocesseurs faits de circuits intégrés, qui sont des assemblages complexes de transistors effectuant des opérations logiques et un stockage d'information.

Les performances des microprocesseurs dépendent directement du nombre de transistors qu'ils contiennent. L'industrie de la microélectronique déploie dès lors des efforts énormes pour réduire la taille des transistors individuels et pour augmenter ainsi les capacités des circuits intégrés. Cette évolution constante s'exprime par la loi de Moore, évoquée précédemment. Parallèlement à ces efforts de miniaturisation, la recherche en microélectronique vise également à l'incorporation de circuits intégrés dans de nouvelles applications, telles que des cartes à puce ou des étiquettes d'identification de produits manufacturés. Il sera envisageable, avec cette nouvelle technologie, de passer simplement son caddie sous un portique dans un supermarché pour voir la somme de ses achats s'afficher sur la caisse enregistreuse, ou encore d'avoir un réfrigérateur affichant sur sa porte le nom des produits périmés ou des produits manquants. Ces applications doivent rester bon marché (on imagine mal une étiquette qui coûterait plus cher que le produit sur lequel elle serait apposée) et requièrent souvent des supports souples, flexibles. Comme les transistors classiques sont élaborés à partir de matériaux inorganiques tels que le silicium, ils sont relativement onéreux à produire et supportent peu les tensions mécaniques (le support sur lequel ils reposent ne peut être courbé). C'est pourquoi apparaissent actuellement de nouveaux transistors, basés sur des matériaux organiques, polymères ou moléculaires, dont le coût de production est faible et dont la fabrication sur des supports souples ne pose aucun problème majeur. La figure 5.13 montre un circuit intégré contenant plus de 300 transistors entièrement constitués de matériaux polymères fabriqué par la firme Philips.

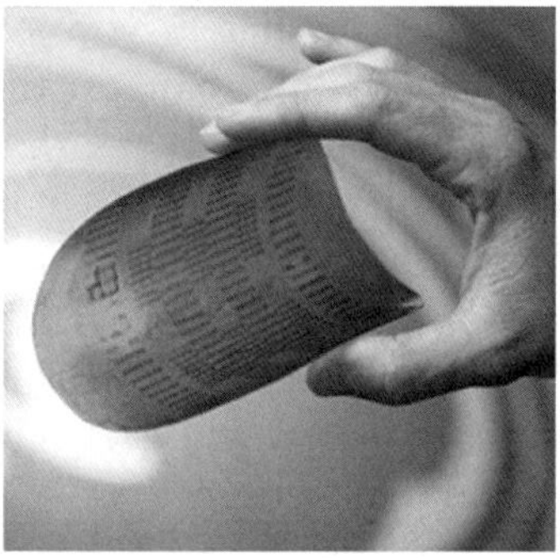

Figure 5.13

Circuit intégré plastique produit par la firme Philips. (© Philips)

Transistors à effet de champ

Avant de décrire les matériaux utilisés pour fabriquer ces transistors « organiques », nous allons brièvement rappeler le principe de fonctionnement du transistor à effet de champ et souligner les paramètres qui régissent ses performances. La figure 5.14 présente le schéma d'un transistor FET. Lors de la fabrication de cette structure, l'électrode « porte » est d'abord couverte d'une couche isolante ; on applique ensuite les électrodes « source » et « drain » et enfin on couvre le tout par une fine couche de semi-conducteur. En fait, seul le semi-conducteur présent entre les deux électrodes (cette zone est appelée *canal*) joue un rôle dans le fonctionnement du dispositif. Il est essentiel de souligner que le transistor peut être entièrement fabriqué en matériaux plastiques, en utilisant des méthodes de fabrication simples et peu coûteuses. Ainsi, sur un support plastique de départ (par exemple, du polyéthylène téréphthalate, PET), on peut déposer tant la porte, constituée d'un polymère conducteur de l'électricité tel que le PEDOT/PSS décrit plus haut, que la couche isolante, par exemple un polysiloxane, par dépôt à la tournette (*spin-coating*). On peut ensuite tracer les électrodes source et drain, également constituées de PEDOT/PSS, au moyen d'une imprimante à jet d'encre, l'« encre » étant ici une suspension aqueuse de ce polymère. Enfin, on applique la couche semi-conductrice par évaporation sous vide (s'il s'agit d'un composé moléculaire) ou par impression (à partir d'une solution du polymère semi-conducteur).

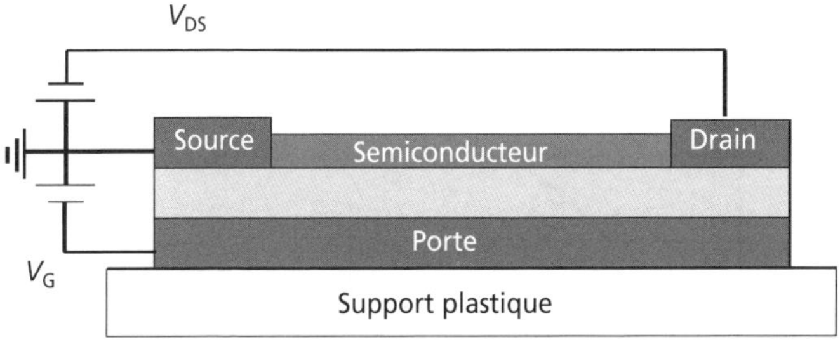

Figure 5.14

Transistor à effet de champ.

Tel qu'il est déposé, le semi-conducteur organique est souvent très légèrement dopé « p », c'est-à-dire qu'il contient une très faible quantité de charges mobiles positives. Sa conductivité électrique est donc très faible et l'application d'une différence de potentiel entre drain et source, nommée V_{DS}, ne donne naissance qu'à un courant électrique extrêmement faible ; le transistor est alors dans l'état « OFF » (bloquant). L'application d'une différence de potentiel entre la source et la porte, nommée V_G, génère un champ électrique à travers la couche isolante, ce qui se traduit par l'accumulation de charges électriques dans le semi-conducteur, à proximité de l'interface avec l'isolant (ce phénomène est comparable à la charge d'un condensateur). Si le signe des charges formées à l'interface est le même que celui des défauts déjà présents dans le semi-conducteur, la densité des porteurs de charge (et donc la conductivité électrique) du semi-conducteur est augmentée par l'application de V_G. Par conséquent, l'application de V_{DS} s'accompagne par l'apparition d'un courant I_{DS} proportionnel à V_{DS}, comme illustré par la partie gauche des courbes de la figure 5.15 ; le transistor est alors dans l'état « ON » (passant). Notons que, pour une valeur donnée de V_G, le courant I_{DS} montre une saturation lorsqu'on continue d'augmenter V_{DS} (partie droite des courbes de la figure 5.15). Le courant devient en fait limité par la diminution graduelle de la densité de porteurs le long du canal. Cette limitation peut être surmontée, dans une certaine mesure, en augmentant le potentiel V_G. L'augmentation concomitante du champ électrique mène à la création d'un plus grand nombre de porteurs de charge et donc à une conductivité plus élevée. Dès lors, pour une valeur de V_{DS} fixée, le courant I_{DS} augmente avec le potentiel V_G.

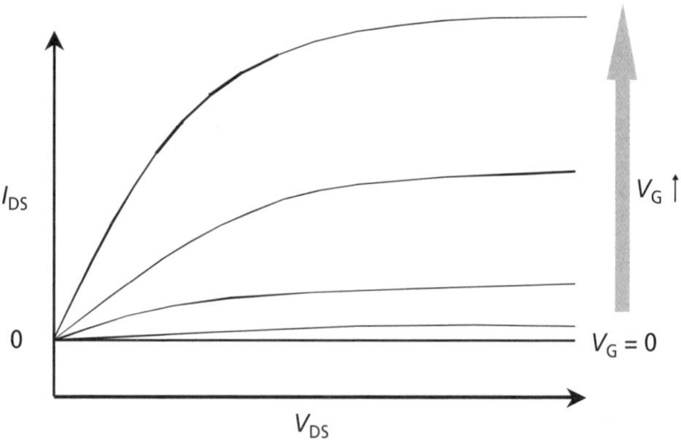

Figure 5.15

Intensité du courant dans un transistor FET.

Courbes d'intensité du courant traversant la couche semi-conductrice de la source au drain (I_{DS}) en fonction de la différence de potentiel entre ces électrodes (V_{DS}), pour des valeurs de plus en plus négatives de la différence de potentiel entre source et porte (V_G). Nous considérons ici le cas d'un transistor FET contenant un semi-conducteur de type « p » ; c'est ici pour des valeurs négatives de V_G que des porteurs supplémentaires vont être créés à l'interface semi-conducteur-isolant.

Des recherches récentes ont montré que, dans les transistors organiques, le transport de charge s'effectue entièrement dans les deux premières couches moléculaires au contact de la couche isolante. L'épaisseur de la couche active de semi-conducteur est donc extrêmement faible, de l'ordre du nanomètre. Du point de vue fondamental, cela illustre bien le caractère « nanotechnologique » de ces dispositifs ; du point de vue pratique, cela implique que de très faibles quantités de matériau semi-conducteur sont suffisantes pour fabriquer ces transistors.

Puretés des composants et mobilité des champs

Les performances des transistors FET dépendent essentiellement de deux paramètres : le rapport entre les valeurs du courant dans les états ON et OFF et la mobilité des porteurs de charge. Ainsi, pour que ces transistors puissent être utilisés pour contrôler les pixels dans les écrans d'affichage plats à cristaux liquides (une autre application envisagée pour ces dispositifs), il faut que le rapport ON/OFF soit de l'ordre de 10^6. Cela implique notamment que la conductivité dans l'état bloquant soit extrêmement faible. Dès lors, il est impératif que les composés chimiques utilisés soient extrêmement purs (des impuretés chimiques présentes dans la couche semi-conductrice sont en effet susceptibles de favoriser le passage du courant à V_G nul). Les méthodes de synthèse organique et de purification poussée permettent d'atteindre à l'heure actuelle des puretés bien supérieures à 99 %.

Le second paramètre important, la mobilité, correspond à la vitesse de dérive des porteurs par unité de champ électrique. Pour une géométrie de transistor et une densité de porteurs de charge données, la conductivité et donc l'intensité du courant traversant le dispositif sont directement liées à la mobilité des porteurs.

En régime de saturation, la relation liant le courant I_{DS} à la mobilité μ des porteurs de charge est donnée dans l'équation (5.1) , où W est la largeur du canal, L sa longueur (c'est-à-dire la distance entre source et drain), C la capacitance par unité de surface de la couche isolante et V_0 la valeur-seuil de V_G au-delà de laquelle le transistor devient passant :

$$I_{DS} = W C \mu \, (V_G - V_0)^2 / 2L \qquad (5.1)$$

On voit que le courant dépend directement de la mobilité, mais également des caractéristiques géométriques du transistor. Pour maximiser I_{DS}, on peut augmenter la largeur du canal, ce qui est cependant en contradiction avec l'objectif de miniaturisation des dispositifs. Il vaut donc mieux œuvrer à la diminution de la longueur du canal. Il est ainsi possible à l'heure actuelle de fabriquer des transistors organiques avec un paramètre L de quelques micromètres, en utilisant des techniques peu coûteuses telles que l'impression par jet d'encre.

En principe, on peut aussi tenter d'intervenir sur la capacitance de l'isolant ; cependant, l'amélioration des propriétés du transistor restera relativement modeste. Par contre, la mobilité dans la couche semi-conductrice peut varier de plusieurs ordres de grandeur, en fonction de la structure chimique du composé qui la constitue et de l'arrangement des molécules au sein de la couche. Il est donc essentiel d'optimiser cette propriété.

Pour les applications envisagées, la mobilité devrait être au moins de 10^{-2} cm^2/V·s. Dans les semi-conducteurs inorganiques cristallins, de telles valeurs sont facilement atteintes et même dépassées de plusieurs ordres de grandeur, ce qui permet de fabriquer les circuits intégrés rapides qui sont au cœur des ordinateurs (le silicium amorphe présente, lui, une mobilité typiquement de l'ordre de 10^{-1} cm^2/V·s). Par contre, les valeurs de mobilité sont généralement plus faibles dans les semi-conducteurs organiques (pour des raisons que nous allons expliciter ci-dessous) ; c'est pourquoi de nouvelles stratégies de synthèse de matériaux et d'élaboration de couches minces sont développées pour obtenir des mobilités maximales.

Structures idéales et structures possibles

La structure idéale d'un transistor organique pourrait consister en un assemblage de chaînes de polymère conjugué (tel le PPV) parfaitement régulières, parallèles les unes aux autres et toutes connectées à la source par une de leurs extrémités et au drain par l'autre extrémité. Le déplacement des charges étant très aisé le long de ces chaînes (voir ci-dessus la structure électronique des polymères), une telle structure conférerait au transistor des performances excellentes. Malheureusement, ce dispositif n'est pas près de voir le jour, d'une part parce que des chaînes conjuguées d'une longueur telle qu'elles connecteraient une électrode à l'autre sont très difficilement synthétisables (et si c'était le cas, elles renfermeraient des défauts structuraux qui entraveraient le déplacement des porteurs) et d'autre part parce qu'un alignement parfait entre les électrodes est pratiquement impossible à réaliser. Dès lors, dans une couche semi-conductrice polymère réelle, les porteurs doivent effectuer un grand nombre de « sauts » d'une chaîne à l'autre lors de la traversée du dispositif. Ces sauts constituent un facteur limitant le déplacement des porteurs, et ce d'autant plus que les molécules sont disposées de façon désordonnée dans la couche (ce qui est généralement le cas pour des chaînes polymères). C'est pourquoi la mobilité des polymères semi-conducteurs reste généralement faible, de l'ordre de 10^{-4} - 10^{-5} $cm^2/V \cdot s$.

À l'échelle microscopique, le saut d'un porteur de charge d'une chaîne à l'autre correspond au transfert d'un polaron de la chaîne de départ vers l'autre chaîne, initialement neutre. Les niveaux électroniques impliqués dans ce processus sont les orbitales frontières des deux chaînes (c'est-à-dire les niveaux HOMO pour le déplacement des trous et LUMO pour le déplacement des électrons), qui sont de type π. On comprend aisément que ce transfert sera d'autant plus efficace que les orbitales frontières des chaînes adjacentes interagissent fortement. Autrement dit, il faut que les densités électroniques des deux chaînes se recouvrent fortement, ce qui implique que les chaînes soient proches et orientées parallèlement l'une par rapport à l'autre. Pour favoriser cet empilement compact, régulier et parallèle des chaînes, il est impératif que la structure chimique des chaînes soit elle-même régulière. C'est le cas par exemple pour les poly(3-alkylthiophènes) stéréoréguliers, dans lesquels le groupement alkyle (représenté par – *R* sur la figure 5.16) est attaché au même atome de carbone sur tous les cycles thiophènes. La mobilité dans les films minces hautement organisés de ce polymère est de l'ordre de 10^{-1} $cm^2/V \cdot s$, très largement supérieure aux valeurs obtenues pour le même polymère non stéréorégulier (figure 5.16).

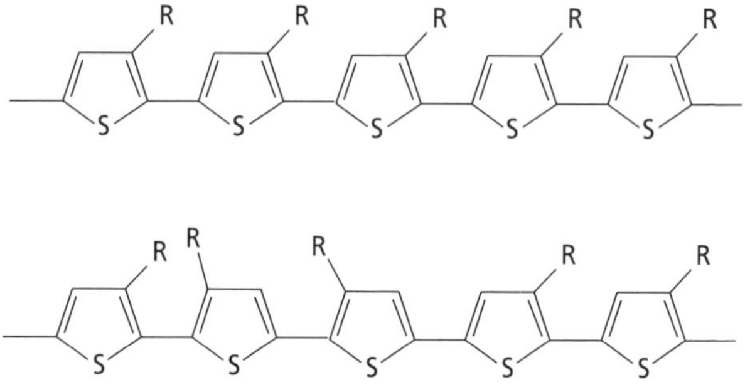

Figure 5.16

Structure chimique de segments de chaînes de poly(3-alkylthiophènes) stéréorégulier (au-dessus) et non stéréorégulier (en dessous).

Un arrangement très ordonné se développe rarement sur de longues distances dans les matériaux polymères, notamment en raison de la distribution des masses moléculaires (toutes les chaînes n'ont pas la même longueur, ce qui perturbe leur organisation en un réseau régulier dans le solide). Une alternative très intéressante consiste à utiliser des oligomères conjugués, c'est-à-dire des molécules correspondant à de courts segments de polymères conjugués ; en outre, de tels composés peuvent être synthétisés avec une très grande pureté. C'est le cas par exemple du sexithiényle, du bis-dithiénothiophène ou du pentacène, dont les structures chimiques sont reprises à la figure 5.17. Comme les polymères conjugués, ces composés possèdent un système d'électrons π délocalisés le long de la molécule. De plus, la pureté chimique de ces composés fait qu'ils peuvent former des films minces hautement cristallins. La combinaison de ces deux avantages (orbitales frontières de type π et arrangement ordonné à longue distance) confère donc à ces matériaux des mobilités de porteurs élevées (jusqu'à 1 $cm^2/V \cdot s$ à température ambiante). Pour que cette mobilité élevée se traduise par le passage aisé du courant de la source au drain, il est impératif que les molécules dans les premières couches soient orientées perpendiculairement à la surface du substrat isolant (comme schématisé au bas de la figure 5.17). C'est la préparation de la surface isolante, associée à la méthode choisie pour le dépôt du semi-conducteur organique, qui favorise la croissance de la couche semi-conductrice suivant l'orientation moléculaire appropriée.

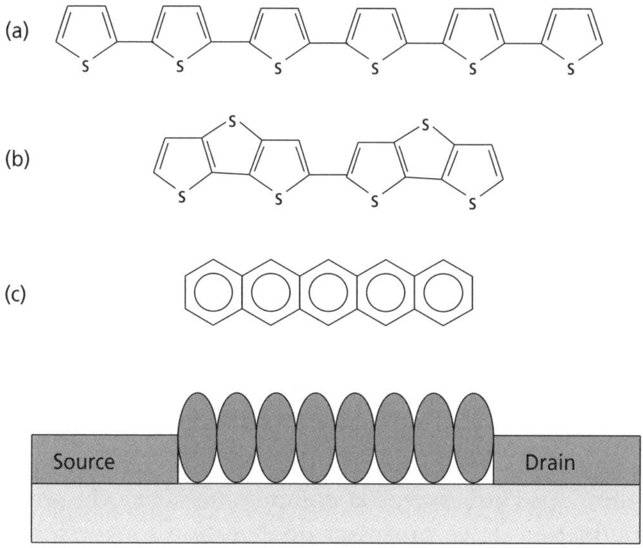

Figure 5.17

Structure chimique du sexithiényle (a), du bis-dithiénothiophène (b) et du pentacène (c).

Représentation schématique de l'arrangement optimal des molécules dans le canal du FET. Les molécules sont toutes orientées perpendiculairement à la direction source-drain et leurs densités électroniques π se recouvrent, de façon à faciliter le saut des porteurs de charges.

Senseurs (bio)chimiques polymères

Les senseurs sont des dispositifs de mesure capables de reconnaître de manière sélective certaines molécules chimiques ou biologiques et de convertir ce processus d'identification en un signal électrique, optique ou autre. De plus, l'amplitude du signal détecté est habituellement proportionnelle à la concentration en analytes, ce qui permet le dosage quantitatif de ces espèces à partir d'une courbe d'étalonnage. L'intérêt de tels « nez artificiels » est multiple :

– Les senseurs chimiques peuvent ainsi être exploités pour détecter des molécules « dangereuses » pour l'homme dans des domaines aussi variés que la sécurité alimentaire ou l'environnement. Ils offrent également des sensibilités accrues permettant l'identification rapide et non-ambiguë de substances chimiques présentes en très faible quantité dans le milieu, par exemple des vapeurs d'explosifs dans le cadre de la lutte contre les mines antipersonnel.

- Les biosenseurs sont des outils précieux notamment pour le diagnostic médical ou l'identification de mutations génétiques (détection d'ADN et de protéines). Selon l'Organisation Mondiale de la Santé (OMS), la mise au point d'une méthode fiable et économique pour l'identification d'agents pathologiques infectieux constitue une pierre d'achoppement critique à l'amélioration du niveau de santé dans les pays développés. Ils présentent de nombreuses autres potentialités comme le dosage du taux de glucose dans le sang (détection de saccharoses) ou l'étude de l'activité enzymatique (détection d'enzymes).

Le principe de fonctionnement des senseurs implique deux étapes : (1) la reconnaissance sélective des molécules à doser via des interactions spécifiques avec la composante active du senseur ; et (2) la traduction de ce processus de détection sous la forme d'un signal facilement détectable et quantifiable par des méthodes analytiques habituelles. Les dispositifs sont donc composés de deux éléments connectés entre eux : un élément de détection et un transducteur. Les senseurs basés sur les polymères conjugués peuvent être classés en deux catégories selon le type de mesures mises en jeu lors de cette étape de transduction :

(1) Transduction par voie optique. Dans ce cas, les polymères conjugués se présentent comme des candidats potentiels intéressants en raison de leurs caractéristiques optiques (coefficients d'absorption élevés pour la lumière visible) et de leurs propriétés de luminescence (rendements quantiques de photoluminescence importants en l'absence – ou en présence des molécules à doser). Le principe de fonctionnement du senseur est basé sur la formation sélective de complexes polymère-molécule et les modifications du spectre de photoluminescence qui en résultent ; le signal de luminescence peut voir son intensité réduite ou exaltée (systèmes on-off) ou se produire à une longueur d'onde différente en présence d'analytes.

(2) Transduction par voie électrique. Cette méthode exploite les modifications des propriétés de transport de charge au sein de polymères conjugués neutres ou dopés en présence de l'analyte. La présence de petites molécules est en effet susceptible d'affecter la

mobilité (et éventuellement le nombre) de porteurs de charge dans la matrice active polymère. Une mesure, soit du courant électrique en fonction de la tension appliquée à un dispositif de type transistor dans le cas de matériaux polymères semi-conducteurs, soit de la conductivité électrique dans un dispositif électrique incorporant une couche d'un polymère dopé chimiquement, permet ainsi de détecter la présence éventuelle du composé à détecter.

POLYMÈRES CONJUGUÉS PHOTOLUMINESCENTS

Les senseurs basés sur les polymères conjugués luminescents sont l'objet de nombreux travaux de recherche en raison de leur aptitude à détecter des analytes en très faibles concentrations. La suppression ou l'exaltation de la luminescence en présence de molécules à doser est un moyen d'analyse efficace en raison de son extrême sensitivité et de la simplicité de la détection on-off. On peut également concevoir des détecteurs où la formation d'un complexe entre le polymère conjugué et l'espèce à doser conduit à un déplacement spectral de l'émission de lumière. L'avantage de cette dernière approche est que l'opération de titrage peut se baser sur le rapport des intensités optiques aux deux longueurs d'onde plutôt que sur leurs valeurs absolues, ce qui permet de s'affranchir des problèmes éventuels de photodégradation (le cas échéant, l'intensité globale chute, sans pour autant affecter le rapport) ; on parle alors de sonde ratio-métrique.

Avant de discuter de quelques applications possibles des polymères conjugués luminescents pour le dosage d'espèces chimiques et biochimiques, il est utile de discuter plus en détail l'origine de la sensitivité accrue de ces polymères. Il a été en effet démontré que les seuils de détection peuvent être abaissés de plusieurs ordres de grandeurs via l'utilisation de polymères conjugués plutôt que de molécules de structures chimiques apparentées. Cette exaltation de la réponse sensorielle dans les polymères trouve son origine dans la structure électronique délocalisée de ceux-ci. Bien que cette délocalisation soit interrompue par de nombreux défauts structuraux et/ou chimiques (comme souligné ci-dessus), les chromophores s'étendent sur plusieurs unités monomères et sont de plus couplés entre eux via des interactions électroniques. Les différentes unités répétitives du polymère se comportent donc – du moins dans un intervalle de temps de l'ordre de 100 fs après photo-excitation (*vide supra*) – de manière collective, ce qui confère une certaine synergie à la réponse optique du matériau en présence d'une perturbation. Ce concept est illustré à la figure 5.18 qui compare le mode de fonctionnement schématique d'un senseur polymère à celui d'un senseur moléculaire. Alors que dans l'approche moléculaire l'apparition ou la disparition d'un analyte engendre le changement d'état (de luminescent ou *bright* à non-luminescent ou *dark*) d'une seule molécule, l'état électronique d'un grand nombre d'unités répétitives est affecté par la présence ou non de l'analyte pour un polymère. Tout se passe comme si l'espèce excitée créée par l'absorption d'un photon explorait un grand nombre de sites récepteurs le long des chaînes polymères durant sa durée de vie, ce qui mène à une réponse sensorielle amplifiée par rapport à celle de systèmes moléculaires.

(a) senseur moléculaire

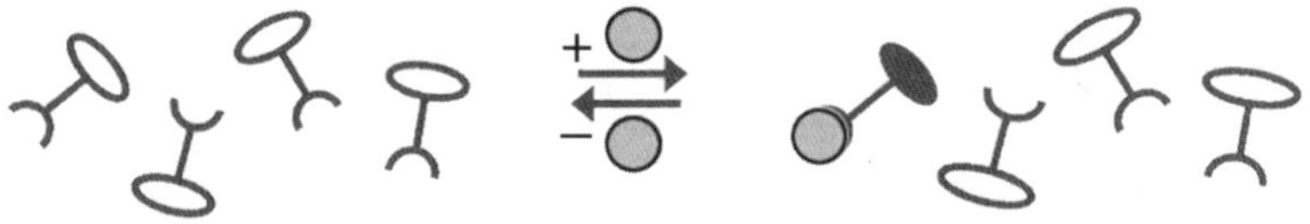

(b) senseur polymère

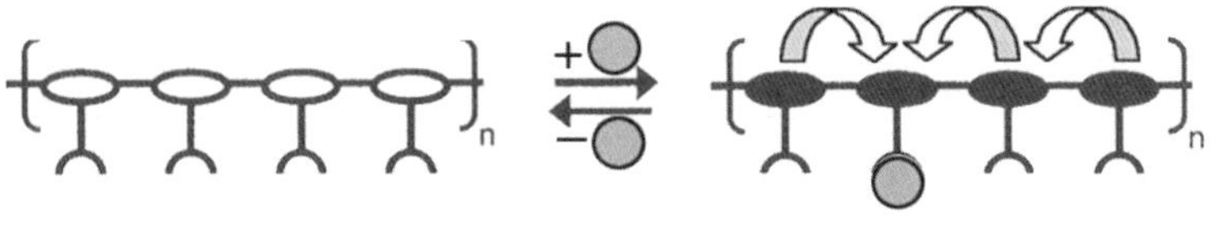

Figure 5.18

Senseur moléculaire versus.

Adapté d'après J.-S. Yang, T.M. Swager, J. *Am. Chem. Soc.* 120, 5321 (1998).

Représentation schématique du principe de fonctionnement d'un senseur moléculaire (a) et polymère (b). Dans le cas d'un senseur moléculaire, l'addition d'un analyte (représenté par un disque rouge) entraîne le changement d'état d'une seule molécule de l'état luminescent (représentée par un ovale ouvert) à l'état non luminescent (ovale fermé). Dans le cas du polymère, l'addition d'un analyte mène au changement d'état simultané d'un grand nombre d'unités monomères connectées par liaisons covalentes et conjuguées.

Senseurs chimiques

Comme décrit brièvement ci-dessus, la suppression de la luminescence en présence d'espèces chimiques peut être exploitée pour la détection de ces espèces avec des *sensitivités* exaltées en raison d'un effet de synergie entre les unités répétitives des chaînes polymères. La *sélectivité* à une espèce ou à un groupe d'espèces est un autre paramètre essentiel entrant dans le cahier des charges d'un bon senseur. En s'appuyant sur la richesse et la souplesse de la synthèse organique, les chercheurs ont mis en œuvre diverses stratégies visant à définir des structures chimiques de polymères susceptibles d'être utilisés comme récepteurs sélectifs de certaines familles de molécules. Il va de soi que la formation d'un complexe entre le matériau conjugué et les substances à détecter doit être réversible de manière à pouvoir régénérer le senseur dans son état initial après une opération de détection. Plusieurs réalisations de tels senseurs chimiques ont été décrites dans la littérature scientifique. Ci-dessous, nous abordons de manière plus détaillée le principe de fonctionnement d'un senseur de TNT (tinitrotoluène).

La détection des mines antipersonnel est habituellement effectuée au moyen de détecteurs de métaux, ce qui représente une technologie relativement chère et très fastidieuse. L'utilisation de senseurs chimiques de vapeurs de trinitrotoluène (TNT) (un explosif contenu dans ces mines) apparaît alors comme une alternative attractive. Swager et collaborateurs (MIT, Boston) ont mis au point un senseur polymère capable de détecter de très faibles quantités (de l'ordre du femtogramme, 10^{-15} g) de TNT en quelques secondes. La composante active du senseur est un polymère conjugué dérivé du poly(p-phénylèneéthynylène) ou PPE et fonctionnalisé au moyen de groupements latéraux « pentiptycène », figure 5.19. Cette fonctionnalisation du polymère joue un rôle essentiel car elle conduit à des films poreux permettant la diffusion des vapeurs de TNT au sein du film et la formation de complexes entre le polymère conjugué riche en électrons π et les molécules de TNT pauvres en électrons π. La sélectivité vis-à-vis de l'explosif est assurée à la fois par des critères géométriques et électroniques. Les molécules de TNT ont la taille appropriée pour s'insérer entre les chaînes de polymères et présentent d'autre part un caractère fortement accepteur d'électrons (en raison de la présence de groupements nitro). En présence de TNT, il y a alors suppression de la photoluminescence du polymère conjugué suite à un processus de transfert d'électron se produisant des chaînes polymères photoexcitées vers les molécules de TNT. Ce processus mène à la formation d'une espèce à transfert de charge (avec le trou résidant sur une chaîne polymère et l'électron sur une molécule de TNT) non émissive, figure 5.19. La société Nomadics Inc. (http://www.nomadics.com/) a développé un détecteur portable de mines antipersonnel basé sur cette technologie.

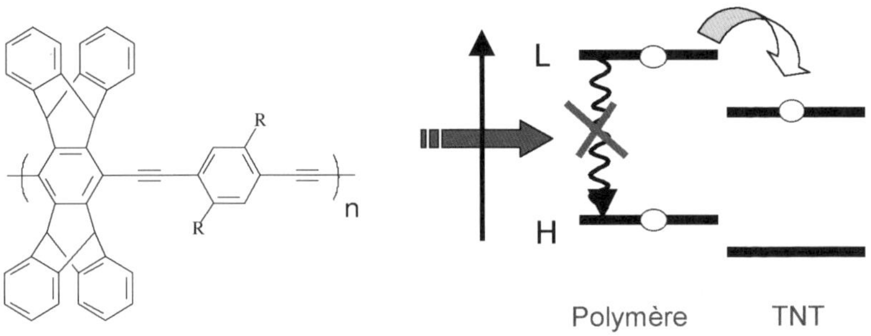

Figure 5.19

Structure chimique et principe de fonctionnement d'un senseur polymère de TNT.

Représentation schématique du principe de fonctionnement d'un senseur polymère de trinitrotoluène ou TNT. Les molécules de TNT à l'état gazeux diffusent au sein des films polymères poreux et forment avec les chaînes polymères des complexes stabilisés par interactions π-π au niveau des unités pentiptycènes. L'excitation optique du matériau polymère (création d'une paire électron-trou dans le schéma de droite) est suivie d'un transfert d'électron (flèche blanche) du niveau LUMO du polymère vers la LUMO de la molécule de TNT (fortement acceptrice d'électron). Ce processus se produit en compétition avec la retombée radiative sur le polymère (flèche zig-zag), dont l'intensité d'émission lumineuse est donc réduite en présence de TNT.

Senseurs biologiques

Le développement de senseurs polymères fluorescents pour la détection de molécules biologiques offre de nombreuses perspectives dans le domaine du diagnostic médical. Des temps d'analyse plus courts, des sensitivités élevées et des marges d'erreur minimes ouvrent la voie à des méthodes de diagnostic plus fiables et moins chères. Ci-dessous, nous décrivons un exemple d'utilisation de polymères conjugués pour l'identification d'ADN.

Depuis la découverte de sa structure en double hélice, les propriétés de reconnaissance des brins d'ADN *via* des réactions d'hybridation entre bases complémentaires sont bien établies. Encore faut-il identifier des processus de transduction adéquats susceptibles de générer un signal mesurable à la suite de cette étape d'identification. Leclerc et ses collaborateurs ont proposé récemment une approche originale permettant la détection d'à peine quelques centaines de molécules d'ADN au moyen d'un biosenseur basé sur un polythiophène cationique fluorescent et soluble dans l'eau. Comme tout polyéléctrolyte, le polythiophène chargé positivement forme des complexes stoechiométriques avec des oligonucléotides cibles chargés négativement (figure 5.20). Ces complexes (ou « duplexes ») globalement neutres précipitent en solution et les agrégats résultant donnent lieu à une émission de lumière faible et déplacée vers le rouge (par rapport aux chaînes polymères isolées). Toutefois, en présence de brins d'ADN complémentaires, le signal de photoluminescence est fortement exalté et décalé vers le bleu. L'hypothèse avancée par les chercheurs pour expliquer ce changement important de la luminescence est basée sur l'enroulement des chaînes polymères autour des doubles brins formés par hybridation entre les segments complémentaires. Les structures ainsi formées (« triplexes ») sont beaucoup plus solubles et caractérisées par un spectre de photoluminescence très différent de celui des agrégats. Bien que le mécanisme ne soit pas connu avec précision, cette approche permet de sonder la présence d'ADN à des concentrations proches de la zeptomole par litre (10^{-18} molaires) et, de manière tout à fait remarquable, de distinguer des structures différant par la nature de deux voire un seul acide nucléique. La méthode a été testée avec succès pour identifier le virus *Influenza A* dans un test de diagnostic de la grippe (figure 5.21).

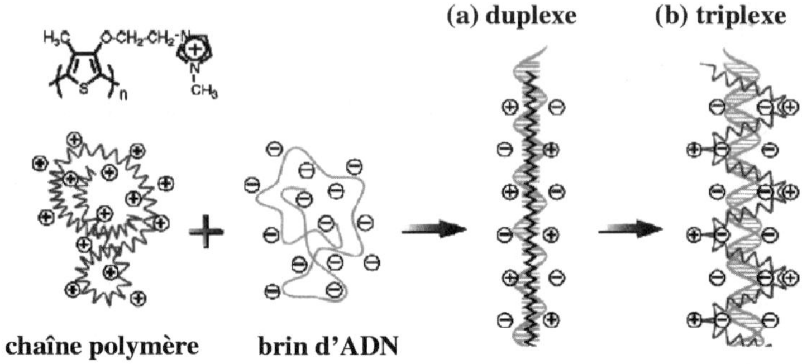

Figure 5.20

Principe de fonctionnement d'un senseur d'ADN basé sur les polymères conjuguées.

(a) Les « duplexes » sont des structures stabilisées par interactions électrostatiques entre mono-brins d'ADN chargés négativement et chaînes polymères conjuguées chargées positivement. Ces structures s'agrègent en solution, ce qui mène à une émission lumineuse faible et déplacée vers le rouge. (b) En présence de brins d'ADN complémentaires, des doubles brins sont formés par hybridation. Les chaînes polymères s'enroulent alors autour de la double hélice d'ADN formant des structures de type « triplexes » beaucoup plus solubles et caractérisées par une émission lumineuse plus intense et déplacée vers le bleu. Adapté selon K. Doré, S. Dubus, H.-A. Ho, I. Lévesque, M. Brunette, G. Corbeil, M. Boissinot, G. Boivin, M.G. Bergeron, D. Broudreau, M. Leclerc, *J. Am. Chem. Soc.* 126, 4240 (2004), avec permission.

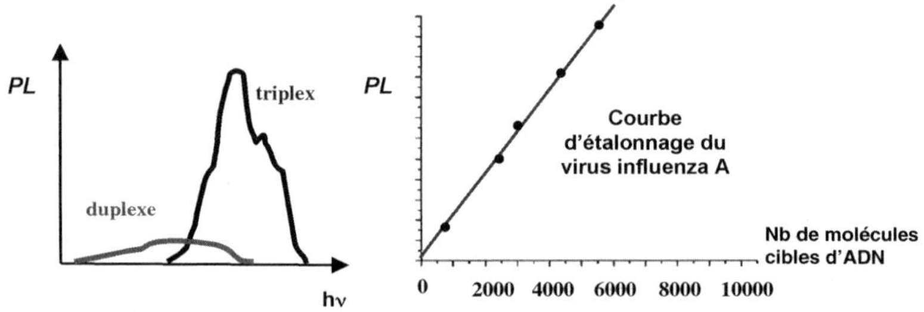

Figure 5.21

Représentation schématique du changement de spectre de photoluminescence (PL) en passant de la structure « duplexe » à la structure « triplexe » (a) et courbe d'étalonnage obtenue pour le virus *Influenza A*. La limite de détection est d'environ 320 molécules dans 150μL soit $\sim 10^{-18}$ mole/litre(b).

Adapté selon K. Doré, S. Dubus, H.-A. Ho, I. Lévesque, M. Brunette, G. Corbeil, M. Boissinot, G. Boivin, M.G. Bergeron, D. Broudreau, M. Leclerc, *J. Am. Chem. Soc.* 126, 4240 (2004), avec permission.

RÉPONSE I-V DE TRANSISTORS ORGANIQUES À EFFET DE CHAMP

Les senseurs décrits précédemment reposent sur un changement des propriétés de luminescence ou d'absorption de polymères conjugués suite à la reconnaissance d'un analyte. Une autre grandeur susceptible d'être utilisée comme réponse sensorielle est un courant électrique. Dans ce contexte, une approche originale en phase de développement consiste à mesurer la variation des caractéristiques électriques d'un transistor impliquant un polymère conjugué dans sa couche active en présence de l'espèce à détecter. Les transistors sont les briques de construction de tout circuit électronique visant à stocker ou traiter une information, à l'image des mémoires et processeurs de nos ordinateurs. Les transistors couramment utilisés pour ce faire sont construits à base de silicium. Durant ces dernières années, le développement du domaine de l'électronique organique a conduit à la fabrication de transistors à base de matériaux organiques conjugués (polymères ou petites molécules), voir ci-dessus.

L'utilisation d'un transistor comme senseur repose sur un changement des caractéristiques électriques en présence d'un analyte. Dodabalapur et collaborateurs ont ainsi démontré que des transistors à base de petites molécules conjuguées voient le courant I_{SD} varier jusqu'à 25 % suite à une exposition aux vapeurs d'une molécule étrangère. Les mécanismes susceptibles d'induire cette variation du courant sont nombreux et encore méconnus à l'heure actuelle. D'une part, la présence de l'analyte peut augmenter le courant en déclenchant une réaction rédox qui va introduire des charges supplémentaires sur les molécules conjuguées. D'autre part, le courant peut être diminué lorsque l'analyte s'infiltre dans des défauts de structure de la couche organique et perturbe le transport des charges ; il a été clairement montré que la morphologie du film organique influence fortement la réponse sensorielle, des structures hautement cristallines donnant des réponses plus faibles. Dans la majorité des cas, le senseur peut être réutilisé plusieurs fois en appliquant une différence de potentiel importante entre la source et le drain, de polarité inverse à celle initialement appliquée, et/ou en chauffant le dispositif. Soulignons qu'il serait aussi concevable avec une technologie aussi peu coûteuse de jeter le senseur après chaque utilisation. Le problème majeur de ces dispositifs est leur manque de sélectivité par rapport à l'espèce à détecter ; c'est pourquoi il s'avérera indispensable de développer dans le futur des dispositifs (nez artificiels) combinant plusieurs transistors, impliquant chacun un matériau organique de nature ou de morphologie différente afin de multiplier les réponses sensorielles et de déterminer l'espèce recherchée par croisement des résultats. En exposant une partie de la couche organique à un solvant (par exemple une solution aqueuse) et en protégeant le reste du dispositif par le biais d'une couche imperméable appropriée, il est également possible de détecter une espèce en solution via des transistors. Soulignons finalement que des transistors organiques se révèlent également particulièrement intéressants comme senseurs de pression, comme démontré récemment par le groupe de Someya à l'Université de Tokyo.

POLYMÈRES CONJUGUÉS DOPÉS

Une autre méthode usuelle pour la détection d'espèces chimiques en phase gazeuse ou en solution est basée sur le changement de la conductivité électrique d'un polymère conjugué à l'état dopé. Des polymères conducteurs tels que le polypyrrole ou la polyaniline présentant une bonne stabilité ont été principalement exploités à ce titre et se démarquent des oxydes métalliques utilisés auparavant par leur grande souplesse de mise en œuvre et leur faible coût de fabrication. La conductivité électrique d'un polymère conducteur dépend de la densité de porteurs de charge et de leur mobilité ; la réponse sensorielle peut donc reposer sur une modification de l'un de ces deux paramètres ou des deux à la fois. L'espèce chimique à détecter peut ainsi réduire ou augmenter la densité des charges suite à des réactions rédox avec le polymère conducteur ; il a été montré par exemple que la conductivité électrique d'un polymère conjugué oxydé par des agents tels que I_2 ou Br_2 peut être réduite en exposant le polymère à des agents réducteurs tels que NH_3 ou H_2. Un échange de contre-ions entre un polymère conducteur et une solution ou la pénétration d'un gaz au sein d'un film polymère peut conduire à un changement de la conformation des chaînes polymères (par exemple d'une structure globulaire à une structure étendue) ainsi qu'à un gonflement du film qui sont susceptibles tous deux de modifier la conductivité électrique du système sans changer la densité en porteurs de charge. De telles observations ont été par exemple réalisées par le groupe de MacDiarmid en exposant un film contenant des chaînes de polystyrène et de polypyrrole dopé avec des ions dodécylbenzène sulfonates à des vapeurs d'azote saturées par différents analytes ; la figure 5.22 montre l'évolution de la résistance de ce film après une exposition de 5 secondes (les deux derniers résultats ont été obtenus en présence d'ions molybdates, montrant ainsi la sensitivité de la réponse à la nature du contre-ion). La figure 5.23 démontre la réversibilité du processus de reconnaissance ; les signaux ont été ici obtenus pour un senseur à base de chaînes de polypyrrole dopées par des ions dodécylbenzène sulfonates en exposant le film alternativement à un flux d'azote avec ou sans toluène. Le manque général de sélectivité par rapport à l'espèce à détecter requiert la fabrication de réseaux de senseurs pour l'obtention de performances accrues ; chaque cellule de reconnaissance du réseau donne une réponse différente suivant la nature du polymère et/ou du contre-ion, des conditions de mise en oeuvre des films, et de la composition quand un mélange à base d'un polymère conducteur et d'un polymère saturé est utilisé ; c'est ce genre de dispositifs que développe par exemple la compagnie Smiths Detection (http://www.smithsdetection.com/). Cette technologie est susceptible d'avoir de nombreuses applications, par exemple dans le domaine médical, alimentaire ou environnemental.

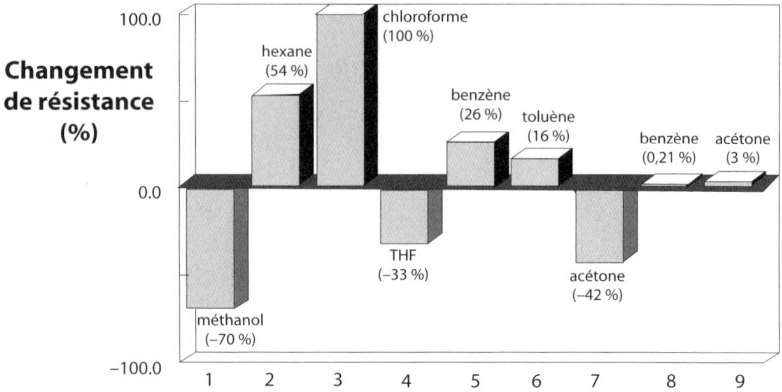

Figure 5.22

Réponse d'un senseur à base de polymère conjugué.

Changement de résistance résultant de l'exposition de films de polypyrrole dopés à des vapeurs d'azote saturées par différents analytes, cfr texte. Extrait de A.G. MacDiarmid, *Synth. Met.* 84, 27 (1997), avec permission.

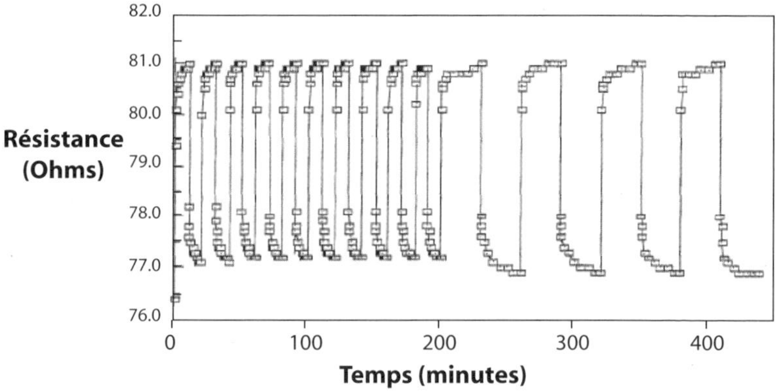

Figure 5.23

Réversibilité du processus de reconnaissance.

Évolution de la résistance au cours de cycles d'exposition à des vapeurs d'azote saturées ou non en toluène, cfr texte. Extrait de A.G. MacDiarmid, *Synth. Met.* 84, 27 (1997), avec permission.

6

Matériaux nanométriques pour les technologies photovoltaïques

LES CELLULES PHOTOVOLTAÏQUES DE *GRÄTZEL*

Introduction

En 1991, le Professeur *Michael Grätzel* de l'École Polytechnique Fédérale de Lausanne (EPFL) publie un article décrivant le fonctionnement d'une cellule photovoltaïque basée sur l'utilisation de dioxyde de titane (TiO_2) nanocristallin associé à un colorant. Ces cellules, dites « de 3e génération », se différencient des cellules basées sur une jonction *p-n* utilisant du silicium massif (1re génération) ou divers matériaux en couches minces tels *CdS-CdTe* ou $CdS\text{-}CuInSe_2$ (2e génération) en ce que la séparation de charges au sein des cellules de *Grätzel* n'est pas produite au sein du matériau semi-conducteur lui-même, mais au niveau des molécules de colorant greffées à sa surface par un lien covalent, autrement dit chimisorbées. L'oxyde semi-conducteur (généralement TiO_2 ou parfois *ZnO*) est donc sensibilisé à la lumière sur un large spectre par le colorant, ce qui vaut aux cellules de *Grätzel* d'être aussi communément appelées *Dye-sensitized Solar Cells* ou DSSC.

Comme toute cellule photovoltaïque, ce système électrochimique comporte deux phases caractérisées chacune par un mode de conduction électrique différent : l'oxyde métallique constitue un conducteur électronique tandis qu'une solution électrolytique boucle le circuit par conduction ionique (figure 6.1 a) et joue ainsi un rôle équivalent aux matériaux porteurs de « trous » (« *hole transporting material* » (HTM)) des cellules des deux premières générations.

Principe de fonctionnement

La première étape du processus de conversion photovoltaïque est l'excitation électronique du colorant, suite à l'absorption d'un photon dans une gamme de longueur d'onde adéquate (figure 6.2 A). Cette transition d'un électron de la HOMO vers la LUMO du colorant est suivie de l'injection de cet électron dans la bande de conduction (BC) du TiO_2 (figure 6.1 b), laissant ainsi la molécule de colorant dans un état oxydé. L'injection de cet électron dans le TiO_2 est favorisée par la différence de potentiel entre la LUMO et la BC (0,2 V dans l'exemple de la figure 6.2 b). Le transit de cet électron au sein du TiO_2 jusqu'à l'électrode collectrice (anode) est un des points-clés du fonctionnement de ce type de cellule et sera rediscuté plus tard.

La molécule de colorant oxydée (C^+) est alors ramenée à son état fondamental (C) par une réaction d'oxydo-réduction engageant également le couple rédox présent dans la solution électrolytique (traditionnellement, le couple iodure / triiodure : I^- / I_3^-) :

$$2\,C^+ + 3\,I^- \rightarrow 2\,C + I_3^-$$

Cette réaction est rendue thermodynamiquement irréversible par la différence entre le potentiel de *Nernst* du couple rédox et le potentiel de la HOMO du colorant (0,6 V dans l'exemple de la figure 6.2 B).

Les ions I_3^- sont eux-mêmes réduits à la contre-électrode (cathode) par les électrons ayant circulé depuis l'anode par le circuit extérieur, bouclant ainsi le circuit :

$$I_3^- + 2\,e^- \rightarrow 3\,I^-$$

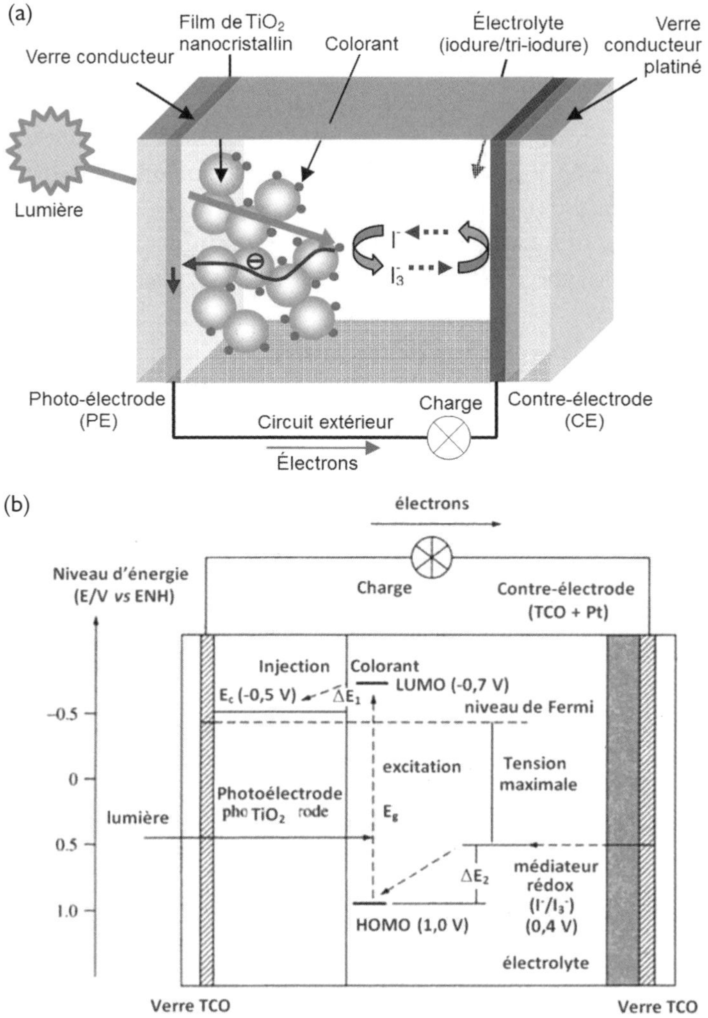

Figure 6.1

Principe de fonctionnement d'une DSSC.

Deux montages sont *a priori* possibles selon que la cellule est éclairée par la cathode ou l'anode. Il est cependant préférable que ce soit l'anode qui soit exposée à la lumière car, dans le cas contraire, une partie de celle-ci sera soit absorbée par la solution électrolytique (principalement par les ions triiodure, fortement colorés) soit réfléchie par le catalyseur (par exemple, une couche nanométrique de platine) dont il est nécessaire de recouvrir la cathode pour que la réduction des ions triiodure en ions iodure se fasse rapidement. Dès lors, il est indispensable que le substrat (anode) sur lequel sera déposée la couche de TiO_2 soit à la fois transparent et conducteur. Ces substrats, appelés TCO (*transparent conducting oxyde*) sont constitués d'un verre dont une des surfaces est rendue conductrice par un dépôt d'oxyde ou mélange d'oxydes métalliques conducteurs (oxydes d'étain et indium (ITO, *indium-tin oxide*) ou oxyde d'étain dopé au fluor (FTO, *fluorine doped tin oxyde*)).

La tension maximale (en circuit ouvert, *i.e.* à courant nul) aux bornes de la cellule vaut la différence entre le potentiel du niveau de *Fermi* de l'oxyde semi-conducteur et le potentiel de *Nernst* du couple rédox. Ce à quoi il faut encore retrancher les pertes dues aux contacts avec les électrodes collectrices (résistance électrique à l'anode, surtension électrochimique à la cathode).

Propriétés photoélectriques du TiO_2

Le dioxyde de titane (TiO_2) est un composé blanc, naturellement abondant, bon marché et sans impact négatif pour l'environnement ; il figure même dans la liste des additifs alimentaires (*E171*).

Il se retrouve principalement sous deux formes cristallographiques appelées *anatase* et *rutile*. Cette dernière est réputée thermodynamiquement plus stable et la conversion de l'anatase en rutile s'opère aisément à des températures supérieures à 700 °C. D'autres variétés allotropiques, plus rares, sont parfois trouvées dans les roches ou peuvent être obtenues par synthèse.

En réalité, il apparaît que la stabilité d'une phase cristalline est fonction de la taille de ses cristallites et, à l'échelle nanométrique (< 10-20 nm), l'anatase s'avère être plus stable que le rutile. En outre, c'est sous cette forme qu'est utilisé le TiO_2 dans d'importantes applications telles que la photocatalyse et la conversion énergétique. Elle sera, pour cette raison, la seule forme allotropique considérée dans la suite de ce chapitre.

L'anatase est un matériau présentant généralement un écart à la stœchiométrie avec un léger déficit en oxygène : TiO_{2-x} (avec x ≈ 0,01), ce qui correspond, autrement dit, à la présence d'impuretés Ti^{3+}. Cette caractéristique est à l'origine des propriétés semi-conductrices (de type *n*) de l'anatase.

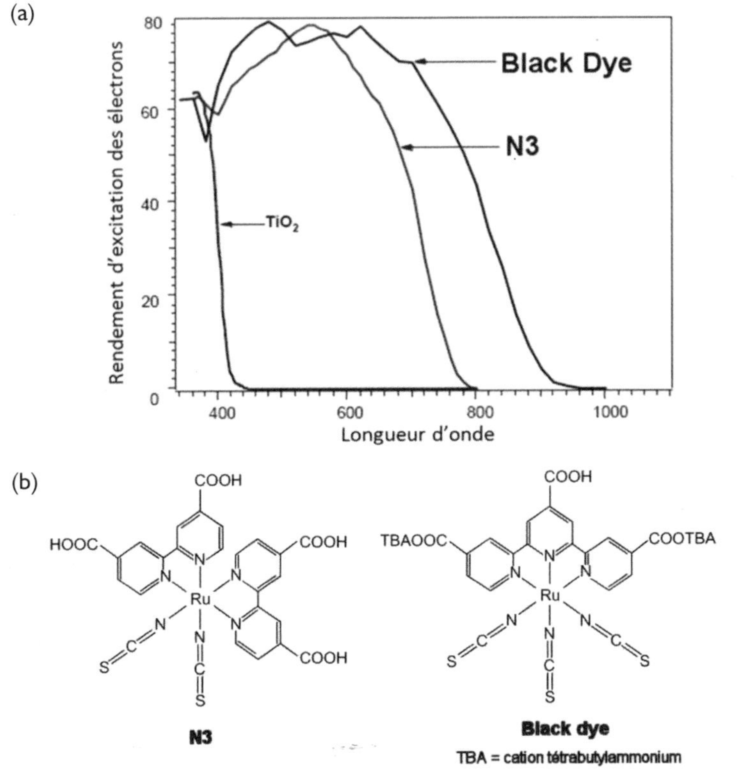

Figure 6.2

Spectre d'absorption lumineuse du TiO_2 seul ou sensibilisé par un colorant.

La transition électronique de la bande de valence à la bande de conduction est dite indirecte, c'est-à-dire qu'elle résulte d'un processus triparticulaire impliquant non seulement un électron de la bande de valence et un photon lumineux, mais aussi un phonon (quantum d'énergie de vibration). Un tel processus triparticulaire étant moins probable qu'une simple interaction biparticulaire entre un électron et un photon (transition directe), l'anatase n'absorbera donc *a priori* que faiblement la lumière. En outre, sa largeur de bande interdite élevée (3,2 eV) fait qu'elle n'absorbe que dans la partie la plus énergétique du spectre solaire (l < 400 nm) (figure 6.2 a). Utilisé seul, sans colorant greffé sur sa surface, le TiO_2 ne permettrait donc pas de produire une cellule photovoltaïque d'un rendement significatif.

Les colorants permettant actuellement les meilleures performances sont des complexes organo-métalliques ayant pour centre de coordination un atome de ruthénium (figure 6.2 b). Le choix des ligands ou chélates complexant cet atome permet de moduler le spectre d'absorption lumineuse du complexe et d'augmenter son coefficient d'absorption. Ils doivent aussi permettre le greffage de cette molécule sur la surface de TiO_2, par exemple via une fonction carboxylique aboutissant à la création d'un lien « $Ti - O - CO -$ » (figure 6.3).

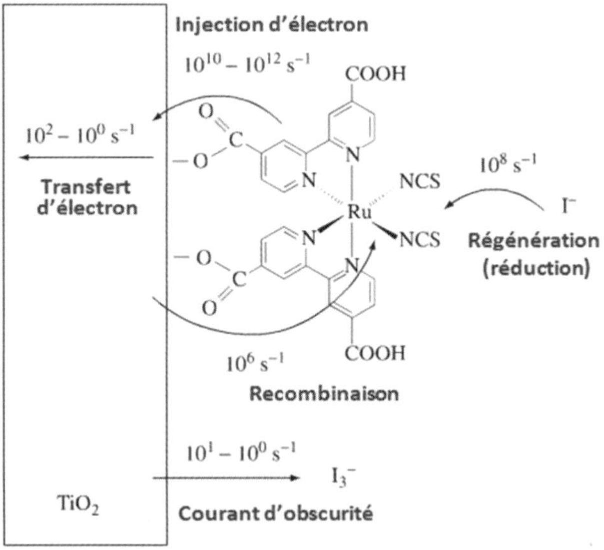

Figure 6.3

Greffage d'une molécule de colorant *N3* à la surface d'un nanocristal de TiO_2 et fréquences de transfert d'électron des divers processus.

Historiquement, des cellules de ce type utilisant un oxyde métallique sensibilisé par des colorants organiques avaient été décrites dès 1968 pour le ZnO et 1972 pour le TiO_2, mais elles utilisaient des matériaux mono- ou polycristallins de relativement grandes tailles ne pouvant donc adsorber que de faibles quantités de colorant. En outre, les colorants eux-mêmes ne présentaient qu'une gamme d'absorption de la lumière assez étroite. Les rendements de conversion énergétique étaient dès lors très faibles. L'apport déterminant de l'équipe du Prof. *Grätzel* a été double : d'une part, créer un matériau semi-conducteur constitué de nano-cristaux et présentant dès lors une très importante surface spécifique capable d'y voir greffée une grande quantité de colorant et, d'autre part, développer des molécules de colorant présentant un fort coefficient d'absorption lumineuse, et ce sur une très large gamme du spectre solaire (depuis l'UV, jusqu'au proche IR).

Actuellement, les meilleurs rendements de conversion photovoltaïque obtenus avec les DSSC avoisinent les 12 % pour des modules de laboratoire et sont de 6 % pour des modules commerciaux.

Techniques de formation de nanocristaux d'anatase pour les DSSC

Il apparaît donc que l'oxyde semi-conducteur joue un double rôle : assurer la conduction électronique et constituer le support pour le colorant. Il devra donc à la fois se caractériser par une bonne conductivité électrique afin de limiter les pertes d'électrons (recombinaison, piégeage ou recaptation directe des électrons par les ions I_3^-) et par la plus grande surface spécifique possible afin de permettre le greffage d'un maximum de molécules de colorants, seules à même de récolter les photons.

Comme le montre la figure 6.3, le transport des électrons dans le TiO_2 est un des phénomènes limitants sur le plan cinétique. La conductivité électronique peut être augmentée en améliorant les caractéristiques cristallines de l'anatase (taille et absence de défauts des cristaux) ou en réduisant le trajet que doivent parcourir les électrons en diminuant l'épaisseur de la couche, mais tout cela va à l'encontre du souhait d'augmenter la surface spécifique.

L'enjeu est donc de pouvoir créer et produire des structures d'anatase présentant les meilleures caractéristiques combinant ces deux exigences *a priori* antagonistes.

Couches désordonnées d'anatase nanométrique

La préoccupation première est donc l'obtention de cristaux d'anatase à fort développement surfacique. Il est donc impératif de produire des couches cohérentes et conductrices de cristaux à l'échelle nanométrique.

➤ Dépôt d'anatase à partir d'une solution colloïdale

La méthode la plus simple pour produire une couche de TiO_2 est de faire usage de solutions colloïdales de particules nano- ou submicrométriques de cet oxyde mises en œuvre par des techniques sérigraphiques. Ces solutions sont elles-mêmes généralement obtenues à partir d'alcoxydes de titane dont l'hydrolyse en solution permet l'obtention de particules monodisperses.

Après séchage, le dépôt ainsi obtenu est soumis à un frittage aux environs de 450-500 °C afin d'augmenter la connectivité entre les grains. Cette action a pour but à la fois de faciliter les transferts électroniques intergranulaires et de conférer à la couche une cohésion et une tenue mécanique suffisantes.

Les couches ainsi obtenues présentent des avantages :

- la facilité de mise en œuvre (et donc le faible coût),
- le contrôle aisé de l'épaisseur,
- la possibilité d'incorporer dans la couche une substance porogène (par exemple, du polyéthylène glycol) qui disparaîtra par simple combustion lors du frittage en laissant ainsi des cavités. Celles-ci constitueront une macroporosité (jusqu'à 60-70 % du volume total de la couche) permettant une diffusion aisée de l'électrolyte entre les grains,
- la capacité de former des couches successives de granulométrie variable ; les particules les plus grosses (200-300 nm) dispersant la lumière incidente dans la couche (et augmentant ainsi le trajet parcouru par les photons et la probabilité de leur absorption) et les plus petites (5-20 nm) permettant le greffage d'une grande quantité de colorant grâce à leur surface spécifique beaucoup plus importante.

Mais ce type de structure présente aussi des inconvénients :

- le trajet que parcourent aléatoirement les électrons générés par l'effet photovoltaïque pour parvenir jusqu'à l'électrode collectrice est long et la probabilité de recaptation par l'électrolyte (réduction des ions I_3^- en ions I^-) s'accroît,

- le nombre de joints de grain que doivent franchir les électrons est important, or la résistance électrique de ces joints reste élevée malgré le frittage.

Il en résulte que, bien qu'il puisse *a priori* paraître opportun d'augmenter l'épaisseur de la couche pour accroître la capacité d'absorption de la lumière, il s'avère en réalité inutile d'augmenter l'épaisseur au-delà de 10 ou 15 μm. Cette gamme d'épaisseurs semble un bon compromis alliant à la fois une absorption lumineuse maximale et un trajet minimal à faire parcourir aux photoélectrons.

Figure 6.4

Couche désordonnée de nanocristaux de TiO_2 obtenue par sérigraphie à partir d'une solution colloïdale.

➤ Dépôt par décomposition d'alcoxydes de titane (méthode sol-gel et *dip-coating*)

La technique précédemment décrite fait usage d'une solution colloïdale de nanoparticules de TiO_2 préformées par hydrolyse d'alcoxydes de titane. Une alternative est de former ces nanoparticules directement sur le substrat conducteur de l'anode (verre TCO) au moyen de la technique sol-gel. D'une manière générale, celle-ci a principalement pour but l'obtention, à température ambiante, d'une couche d'oxyde solide (de silicium ou de titane, par exemple) à partir de petites molécules hydrosolubles et hydrolysables selon une réaction globale du type :

$$Ti(OR)_4 + 2\ H_2O \rightarrow TiO_2 + 4\ ROH$$

En réalité, le processus est plus complexe et se produit en plusieurs étapes. La première est l'hydrolyse de fonctions (– *Ti* – *O* – *R*) pour former (– *Ti* – *O* – *H*). Ces groupements se condensent ensuite en perdant une molécule d'eau pour former le groupement (– *Ti* – *O* – *Ti* –).

Les atomes de *Ti* sont donc intégrés dans un réseau tridimensionnel qui s'étend progressivement dans tout le volume de la solution au fur et à mesure qu'évolue la réaction d'hydrolyse. Un gel est ainsi formé à partir d'une solution (procédé sol-gel) selon un processus de polymérisation inorganique.

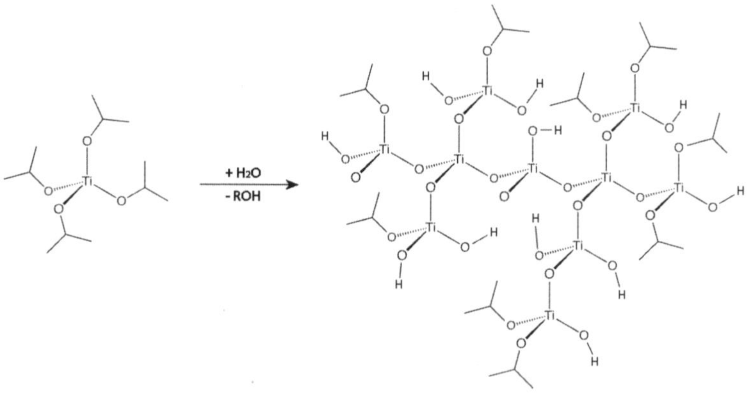

Figure 6.5

Formation d'un gel par hydrolyse d'isopropoxyde de titane (IV) et condensation des fonctions (– *Ti* – *O* – *H*).

Après un délai de maturation de la solution, le substrat (verre TCO, par exemple), soigneusement nettoyé et dégraissé, est plongé à la verticale dans la préparation puis retiré lentement (25-100 mm/min). Cette technique (*dip-coating* ; figure 6.6 a) nécessite que le retrait se fasse à vitesse contrôlée et dans des conditions de température et d'humidité relative parfaitement déterminées car l'épaisseur de la couche et son organisation éventuelle (*cf.* § 6.4.2.) en dépendent.

Le substrat recouvert du film est ensuite séché, puis calciné aux alentours de 450 °C. Outre le frittage des grains, la calcination permet l'élimination totale des résidus organiques et de l'eau de condensation. Il en résulte une couche cohérente de nanocristaux d'anatase (figure. 6.6 b).

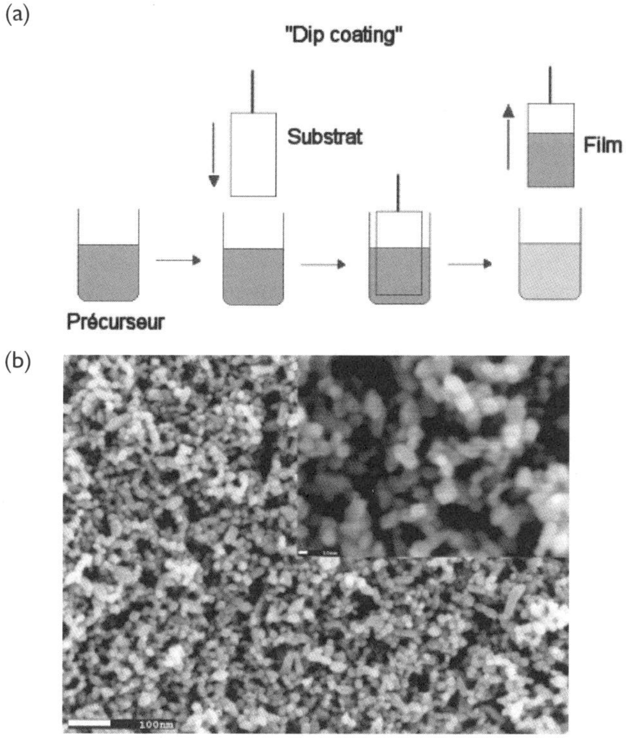

Figure 6.6

Technique de *dip-coating* (a) ; Couche de nanocristaux d'anatase obtenue par dépôt sol-gel (b).

L'épaisseur de la couche peut être accrue en répétant le processus, la couche étant simplement séchée avant chaque nouvelle immersion.

Un autre avantage de cette technique est de pouvoir procéder au dopage de la couche par la formation de co-gels, simplement en ajoutant à la solution de départ un alcoxyde d'un autre élément qui se retrouvera ainsi dispersé dans le solide finalement obtenu.

➤ Dépôts électrochimiques

Des couches de nanocristaux d'anatase peuvent également être obtenues par des techniques électrochimiques, essentiellement selon deux types de procédés.

Le premier consiste à coaguler les particules de TiO_2 d'une solution colloïdale par anaphorèse. La solution colloïdale est constituée de particules submicrométriques d'anatase et est stabilisée par une base organique (exemple : *Tiron* ($(HO)_2C_6H_2(SO_3Na)_2$) ou hydroxyde de tetraéthylammonium ($(C_2H_5)_4NOH$)) qui amène le *pH* au-dessus du point isoélectrique du TiO_2 ($pH = 6$). Il se produit à l'anode une oxydation de l'eau qui crée une diminution du *pH* :

$$3\ H_2O \rightarrow 2\ H_3O^+ + O_2 + 2\ e^-$$

En l'absence d'agitation, cette diminution reste locale, c'est-à-dire uniquement à proximité immédiate de la surface de l'anode. Sous l'action du champ électrique, les nanoparticules de TiO_2 chargées négativement par la base organique adsorbée sur leur surface migrent vers l'anode où leurs charges superficielles sont neutralisées par les ions H_3O^+. Les particules précipitent alors sur l'anode en formant une couche dont l'épaisseur peut aisément être contrôlée par la durée du processus.

Le second procédé consiste en l'hydrolyse oxydative d'une solution aqueuse de $TiCl_3$. Dans une gamme de *pH* de 2 à 2,5, le $TiCl_3$ est déjà partiellement hydrolysé :

$$Ti^{3+} + 2\ H_2O \rightarrow Ti(OH)^{2+} + H_3O^+$$

La réaction anodique produit alors un dépôt de TiO_2 :

$$Ti(OH)^{2+} + 4\ H_2O \rightarrow TiO_2 + 3\ H_3O^+ + e^-$$

Les cristaux ainsi obtenus peuvent être d'une taille extrêmement petite (à peine quelques nanomètres) et, bien que quelques réactions parallèles puissent survenir, l'épaisseur du dépôt peut être contrôlée par la quantité de charges traversant le circuit.

Couches structurées d'anatase nanométrique

Les couches d'anatase décrites dans les paragraphes précédents présentent l'avantage appréciable d'être facilement réalisées. En revanche, leur caractère désordonné est de nature à ralentir le transfert électronique vers l'électrode collectrice et la percolation de l'électrolyte et des ions qui y sont contenus dans les pores. Ces dernières années, les efforts visant à améliorer le rendement de conversion de ces cellules se sont orientés vers l'élaboration de couches structurées.

➤ Couche mésoporeuse d'anatase nanostructurée par des surfactants (méthode du *templating*)

En 1995, il s'est avéré possible de créer des tamis moléculaires à base de TiO_2. Leur structuration est rendue possible en incorporant dans la solution d'alcoxyde de titane (*cf.* § 6.4.1.) des surfactants structurant tels le chlorure de cétyltriméthylammonium ou, plus récemment, des copolymères blocs ou des nanosphères de polystyrène.

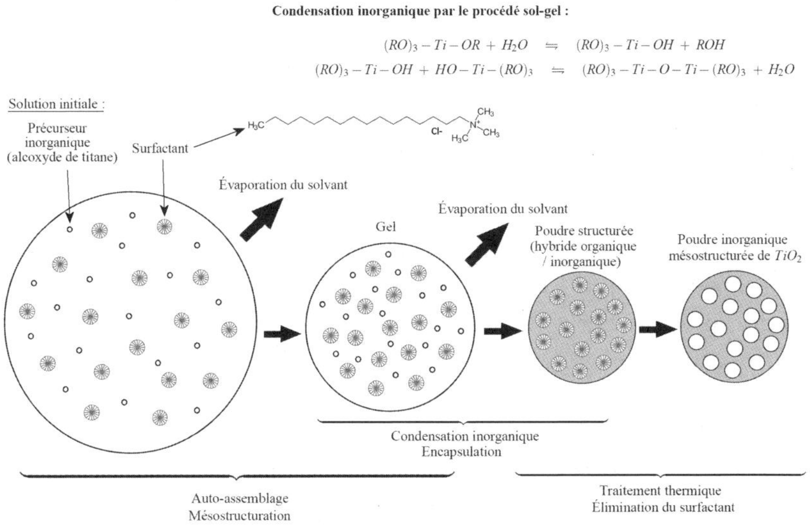

Figure 6.7

Structuration de nanoparticules de TiO_2 par *templating*.

La technique s'apparente donc étroitement à celle du sol-gel associée au *dip-coating* décrite précédemment. La particularité vient de ce que le film aqueux, en séchant sur le substrat de verre TCO très lentement retiré de la solution (10-20 mm/min), permet l'organisation des nanocristaux de TiO_2 autour des micelles formées par le surfactant au fur et à mesure que le solvant s'évapore (figure 6.7). Après séchage complet, le surfactant est éliminé par calcination à 400 °C en laissant une mésoporosité nanostructurée (figure 6.8).

Figure 6.8

Film d'anatase mésoporeux nanostructuré obtenu par *templating*.

➤ Nanotubes d'anatase

Les recherches récentes s'orientent vers l'utilisation d'un matériau monodimensionnel, à savoir des nanotubes alignés verticalement, qui favorisent la mobilité des électrons jusqu'à la surface collectrice.

La formation des nanotubes de TiO_2 résulte d'un mécanisme complexe, impliquant deux types de réactions en compétition : d'une part les réactions d'oxydation du métal et d'autre part la dissolution de l'oxyde formé (figure 6.9).

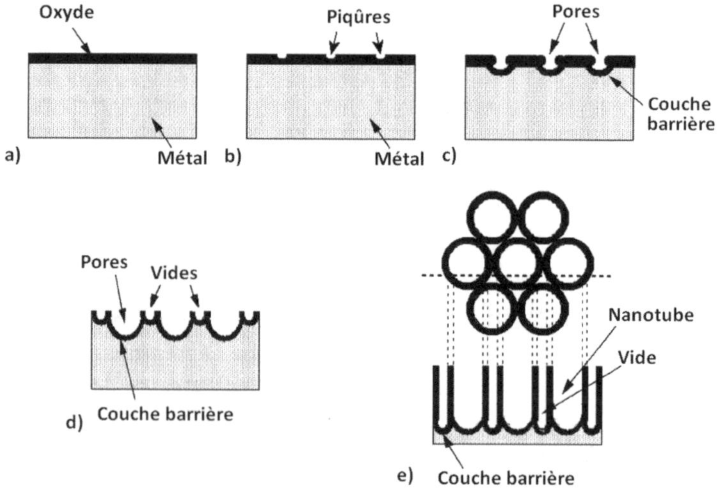

Figure 6.9

Mécanisme de formation de nanotubes de TiO_2 par anodisation.

Dans les premiers instants, une mince couche d'oxyde se forme à la surface du titane (a). Le milieu étant acide avec présence d'ions fluorure (qui complexe les ions Ti^{4+}), l'oxyde subit une dissolution localisée, qui mène à la formation de piqûres (b). Au bas d'une piqûre, puisque la couche barrière est amincie, l'intensité du champ électrique est accrue, favorisant la croissance d'un pore à cet endroit (c). Entre les pores peuvent initialement exister des zones métalliques non anodisées. Néanmoins, au fur et à mesure que les pores se creusent, le champ électrique dans ces zones protubérantes augmente. Cela favorise à la fois la croissance de l'oxyde et sa dissolution, si bien que des vides commencent à se former entre les pores (d). Par la suite, les pores et les vides grandissent en parallèle, conduisant à la formation de nanotubes (e) (figure 6.10).

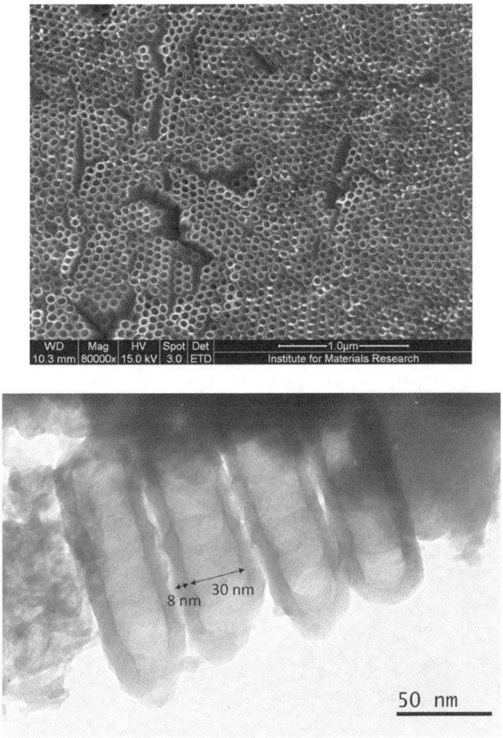

Figure 6.10

Visualisation de nanotubes d'anatase par FE-SEM (en haut) et TEM (en bas).

Comme le montre l'image TEM (figure 6.10, en bas), les nanotubes sont parfois obstrués et un traitement (ultrasonique, par exemple) peut être alors appliqué pour provoquer l'ouverture des pores. Les nanotubes ainsi obtenus sont amorphes et relativement peu conducteurs (tableau 6.1). Un traitement thermique (500 °C, 2 h) est donc ensuite réalisé pour induire la cristallisation en anatase plus conductrice.

Tableau 2.1

Interaction de Van der Waals pour quelques objets.

Structure	Conductivité ($W^{-1}.cm^{-1}$)
Nanocristallin	~ 10^{-11}
Nanotubes amorphes	10^{-10} - 10^{-9}
Nanotubes d'anatase	10^{-5} - 10^{-4}

➤ Pulvérisation cathodique réactive

La pulvérisation cathodique réactive (*reactive sputtering*) de *Ti* sous une faible pression d'oxygène permet aussi le dépôt de TiO_2 sous plusieurs formes remarquablement structurées en modulant l'angle d'incidence du substrat par rapport au flux vertical de matière évaporée.

Figure 6.11

Anatase nanostructurée obtenue par pulvérisation cathodique réactive à angle d'incidence variable.

Autres oxydes métalliques

D'autres oxydes métalliques (ZnO, SnO_2, Nb_2O_5, $SrTiO_3$, NiO) ont également été étudiés et envisagés dans le cadre du développement de DSSCs. La surface des oxydes métalliques présente en effet l'important avantage de présenter une meilleure stabilité chimique vis-à-vis d'une solution électrolytique que *Si* ou *GaAs*, *InP* ou *CdS*, par exemple, sensibles à la photo-corrosion.

Parmi ces alternatives, le *ZnO* est le plus fréquemment rencontré. Une propriété intéressante est sa capacité à former des nano-bâtonnets (*nanorods*), caractérisés par une très bonne conductivité électronique.

Figure 6.12
Couche de nano-bâtonnets de *ZnO*.

7

La fabrication des nanostructures

On définit généralement les nanotechnologies comme étant la création et l'utilisation de matériaux, d'instruments et de systèmes portant sur la matière à des dimensions de l'ordre de 1 à 100 nanomètres, c'est-à-dire de la taille des atomes, des molécules et des *structures supramoléculaires.* Les nanotechnologies sont à proprement parler révolutionnaires. En effet, à l'échelle du nanomètre, les matériaux et les systèmes peuvent présenter des caractéristiques complètement nouvelles qui en modifient sensiblement les propriétés, de même que les phénomènes et les processus physiques, chimiques et biologiques mis en cause. Les modifications sont si fondamentales que les propriétés de la matière au niveau nanométrique ne peuvent être déduites de celle de la matière solide à plus grande échelle. Les nanotechnologies posent donc un défi scientifique immense. Les chercheurs doivent être en mesure de contrôler et de manipuler la matière, de la caractériser et de comprendre la façon d'exploiter ses propriétés pour construire de nouvelles structures utiles.

Il ne s'agit pas seulement de science-fiction ; la quête de la miniaturisation de type « microtechnologie » (de l'ordre du micromètre) est déjà une réalité. Par exemple, depuis 1995, ont été fabriqués à l'université Todai, à Tokyo, les plus petits automates connus : des micromachines, munies de six pattes-antennes dont deux mobiles, qui peuvent se déplacer à l'intérieur d'un champ électromagnétique.

C'est Éric Drexler qui, au début des années 1990, a le premier donné suite aux intuitions de Richard Feynman. Aujourd'hui directeur d'un centre d'éducation, le Foresight Institute, Drexler est si convaincu que des nanorobots pourront un jour réparer les tissus humains qu'il a demandé la cryogénisation... Son credo est simple : si on peut déplacer la matière atome par atome, on doit pouvoir construire des nanorobots moins gros qu'un virus et équipés de bras mécaniques nanoscopiques. Ces « assembleurs », comme on les nomme, pourraient à leur tour construire d'autres nanorobots, ou des ensembles de plus grande taille, en empilant atomes et molécules comme dans un jeu de Lego®, grâce à un programme de construction pouvant donner des instructions à des millions de nanorobots en même temps !

Pour imaginer ses assembleurs, Drexler a observé comment la nature construit les objets vivants. Son modèle : les *ribosomes.* Mesurant à peine quelques milliers de nanomètres cubes, ces mini-usines sont chargées de synthétiser, en trois dimensions, toutes les protéines et par conséquent tous les organismes vivants sur notre planète.

Il y a évidemment de profondes différences de complexité entre la chimie de la vie et la chimie « classique », mais les nanotechnologues ne désespèrent pas de trouver la passerelle entre ces deux univers. « Imaginez ce que pourrait être notre monde si nous pouvions construire, sans eau et sans cellules vivantes, des objets possédant un degré de perfection atomique aussi grand que celui des organismes vivants ! » écrit Richard E. Smalley, un autre nanotechnologiste et prix Nobel de Chimie en 1996.

POSITION DU PROBLÈME

Le problème majeur de cette approche visionnaire est celui du contrôle de la position : il faut en effet être capable d'assembler des atomes avec une précision... nanoscopique. Ainsi, un cheveu tombant sur un nanorobot aurait à peu près le même effet qu'un éléphant écrasant votre pied ! De plus, la moindre vibration empêcherait de manipuler les atomes et provoquerait des réactions chimiques indésirables. Sans compter les nombreux autres problèmes : quelle énergie va alimenter ces nanorobots ? Comment la programmation et le stockage des données se feront-ils ?

Les nanotechnologies constituent donc une véritable révolution technologique puisqu'elles permettront, en principe, à l'homme de contrôler la matière au niveau de l'atome. Un examen des grands domaines de recherche en nanotechnologie dans le monde permet de formuler un certain nombre de constats. Les possibilités d'applications des nanomatériaux sont extrêmement nombreuses et tous les secteurs industriels pourront en bénéficier.

Comme décrit dans le chapitre 4, l'informatique a été le premier secteur à s'être jeté dans l'aventure des nanotechnologies. Déjà, au cours des années 1960, l'industrie électronique a sauté dans la vague de la miniaturisation. Au fil des années, les techniques de fabrication des circuits intégrés sont devenues de plus en plus sophistiquées. Par exemple, dans un Pentium, on stocke maintenant 5,5 millions de transistors sur une surface de 306 mm^2 ! En 25 ans, la puissance des microprocesseurs a été multipliée par 25 000. Et, d'ici 15 ans, avec 10 fois plus de transistors sur quelques millimètres carrés, un ordinateur aura à lui seul la puissance de tous les ordinateurs qu'on retrouve aujourd'hui dans la célèbre Silicon Valley !

Mais la course à la miniaturisation et à la puissance se heurtera bientôt à un problème de « taille » : à 0,1 μm, ou 100 nm, les technologies de lithographie conventionnelle atteignent leur limite, car la longueur d'onde des photons de lumière devient trop courte pour graver des canaux si fins dans le silicium. On estime qu'en 2015 au plus tard, seul un changement de paradigme dans la manière de fabriquer les semi-conducteurs permettra de poursuivre la miniaturisation des composants d'ordinateurs. De plus, à ces dimensions, des effets quantiques commencent à apparaître ; la matière peut aussi se retrouver dans des états différents qui rendent quasi-impossible la logique binaire on-off qui régit les microprocesseurs.

Avec un microscope à faisceau d'électrons, il est possible de graver des lignes de 20 à 100 nm dans le silicium. Plus petite que celle des photons, la longueur d'onde des électrons permet une résolution plus fine. Au lieu de graver dans le silicium, d'autres chercheurs tentent d'y poser des circuits nanoscopiques, atome par atome ou molécule par molécule. Nous verrons dans la suite de ce chapitre comment la chimie (supramoléculaire) peut proposer une solution attrayante et peu onéreuse.

Les premiers outils pour la manipulation des atomes et molécules existent : en 1986, deux chercheurs suisses, Gerd Binnig et Heinrich Rohrer, ont reçu le prix Nobel de Physique pour leur invention, le *microscope à effet tunnel* (STM), qui permet de voir les atomes un par un (pour le principe de fonctionnement du STM, voir « L'apport des microscopies à haute résolution » dans le chapitre 4). Si le STM peut détecter les atomes et les molécules, il peut aussi les déplacer. Plusieurs équipes de chercheurs d'IBM ont ainsi manipulé des atomes pour écrire l'acronyme IBM avec 35 atomes de xénon ou pour bâtir un cercle d'atomes de métal (fer) sur une surface de cuivre et emprisonner un électron volage dans le cercle ainsi formé, comme un cheval fougueux dans un corral. Ce « corral quantique » constitue sans doute un premier pas vers le transistor nanoscopique. Ces premiers travaux ont été réalisés à des températures très basses (– 270 °C), mais actuellement les chercheurs sont capables de manipuler des molécules organiques de 1,5 nm à la température ambiante. Récemment, ils ont ainsi créé la première machine moléculaire : un boulier chinois de moins d'un nanomètre, fait d'une dizaine de rangs de molécules de fullerène (C_{60}) déposées sur une surface de cuivre.

Un autre outil intéresse les chercheurs d'IBM : le microscope à force atomique (AFM), qui détecte les atomes en mesurant la force entre la pointe et la surface. Au contact de l'air ambiant, une goutte d'eau minuscule se pose sur la pointe de l'AFM. En induisant un courant, les chercheurs d'IBM créent une oxydation dans la mini-bulle d'eau : ils peuvent ainsi dessiner des points d'oxyde de 10 à 20 nm sur le silicium ou une surface métallique.

En combinant des micromoteurs avec des éléments optiques, mécaniques et informatiques, les fabricants de machines ouvrent la porte à une révolution technologique aussi importante que celle de la microélectronique : les MEMS ou microsystèmes électromécaniques (voir chapitre 1).

APPORT DE LA CHIMIE... SUPRAMOLÉCULAIRE

Au-delà de la chimie moléculaire, fondée sur la liaison entre atomes pour constituer des molécules, s'étend un domaine de la chimie qu'on peut nommer supramoléculaire : la chimie des associations de deux ou plusieurs espèces chimiques. Les structures supramoléculaires sont édifiées non plus à l'aide de liaisons covalentes (liaisons intramoléculaires connectant les atomes constituant les molécules), mais à partir d'interactions intermoléculaires. S'ouvre ainsi un nouvel horizon pour l'élaboration de nanostructures basées sur l'assemblage de constituants moléculaires, suivant l'approche *bottom-up* (voir chapitre 1).

La manipulation d'atomes avec le STM pour former des structures plus complexes répond à l'approche *bottom-up* ; il est cependant essentiel de noter que les structures supramoléculaires s'assemblent d'elles-mêmes (on parle souvent d'auto-assemblage), sans intervention extérieure (telle que l'utilisation d'un STM). C'est la conception et la synthèse des constituants moléculaires appelés à s'auto-assembler qui requiert compétence et créativité de la part des chercheurs.

Les forces qui conduisent des espèces à s'associer sont de divers types. Chimie théorique et chimie physique se sont employées à en préciser les propriétés, notamment leur variation en fonction de la nature, de la distance, de l'orientation des groupes en interaction. Comme ces forces sont en général bien plus faibles que celles des liaisons covalentes, les édifices intermoléculaires peuvent se faire et se défaire à une vitesse dépendant de leur nature, de leur nombre, de leur disposition. L'élaboration des nanostructures supramoléculaires requiert donc une véritable connaissance des aspects énergétiques et stéréochimiques des interactions moléculaires, et notamment une analyse conformationnelle intermoléculaire, puisque l'obtention d'une structure donnée repose sur le contrôle fin des interactions intervenant pour lier ses constituants. Une telle association se caractérise par sa stabilité et sa sélectivité, c'est-à-dire par la quantité d'énergie et la quantité d'information mises en jeu, l'espèce complexe elle-même ayant une structure et une réactivité propres.

Les processus d'auto-assemblage jouent un rôle important dans les systèmes biologiques. On peut citer par exemple la formation des bicouches lipidiques, le repliement des protéines, ou bien encore les interactions entre l'ADN et les histones qui jouent un rôle déterminant dans la régulation de l'expression des gènes. C'est ainsi que le substrat se lie à l'enzyme et l'hormone à son récepteur, que des unités protéiniques s'assemblent pour former l'hémoglobine et les complexes multi-enzymes, que se maintient la double hélice de l'ADN (voir l'ordinateur à ADN au chapitre 5), que le code génétique se transmet par l'alphabet des bases nucléiques. Ces systèmes s'inscrivent par ailleurs dans le cadre du contrôle de l'organisation supramoléculaire en solution qui a toujours représenté un des objectifs majeurs de la chimie supramoléculaire.

Au début des années 1970, il s'agissait de former des complexes entre de petites et de grosses entités, la petite venant s'insérer au sein de la grosse. C'était l'époque de la chimie « hôte-invité ». La nature des substrats complexés/complexants a par la suite évolué et gagné en complexité ; des ions organiques mono- ou polychargés, puis des molécules neutres ont pu être ainsi complexés. Les édifices auto-organisés obtenus sont devenus progressivement de plus en plus gros. Aujourd'hui et de manière similaire au processus de mise en place des structures quaternaires des protéines, il s'agit souvent d'atteindre des édifices auto-organisés de dimensions nanométriques impliquant l'auto-assemblage d'unités de tailles voisines. Jusqu'à présent, les interactions mises en jeu à cette fin ont été essentiellement à courte portée et les solvants non aqueux ont été privilégiés. C'est ainsi que l'on trouve de nombreux travaux reposant sur l'intervention de liaisons hydrogène, de liaisons de coordination ou bien encore de complexes de transfert de charge. Plus rares sont les travaux reposant sur l'interaction hydrophobe, sur l'interaction de volume exclu impliquant des effets stériques, ou sur l'interaction électrostatique.

Un autre domaine de la chimie supramoléculaire est celui des associations polymoléculaires, micelles, couches et membranes. La manipulation d'assemblages moléculaires et la physico-chimie des systèmes collectifs, combinées à la chimie des récepteurs, des catalyseurs et des transporteurs, ouvrent la voie à la mise au point de composants moléculaires opérant à l'aide de photons, d'électrons et d'ions. On pourrait ainsi envisager une chimie des systèmes organisés et « informés », présentant des propriétés de stockage et de transfert d'information, de régulation, d'opération au niveau moléculaire. Cette « chimionique » – comprenant photonique, électronique et ionique moléculaires – fera appel à une connaissance intime des interactions qui régissent les associations moléculaires, leur dynamique, leurs transformations.

NANORUBANS SEMI-CONDUCTEURS

Nous avons vu que l'électronique à l'échelle moléculaire est un domaine de recherche dont les promesses ont depuis longtemps fait naître des espérances très au-delà de ce qui était réellement possible d'envisager. Aujourd'hui les avancées de la recherche à l'échelle nanométrique réduisent l'écart entre le rêve et la réalité et ouvrent de nouvelles voies en physique et en chimie.

Du point de vue fondamental, ce domaine de recherche constitue le prolongement de l'actuelle physique mésoscopique vers des systèmes électroniques dans lesquels les électrons sont quantiquement cohérents, et qui de plus se répartissent sur des assemblages atomiques aussi bien contrôlés que les molécules. Les nanotubes de carbone monoparoi constituent actuellement un des exemples les plus marquants de ce type de système, mais la chimie supramoléculaire et aussi la biochimie permettent de construire des systèmes aussi riches et féconds.

Le développement de ce domaine de recherche est motivé par la compréhension de la nature du transport (et/ou transfert) de charges et de leurs effets associés, que ce soit dans une molécule unique ou un assemblage de molécules. Les phénomènes de transport électronique de la physique du solide sont intimement reliés aux transferts de charge impliqués dans les réactions chimiques. C'est pourquoi cette recherche est « viable » s'il existe une collaboration étroite entre physiciens de la matière condensée d'une part, chimistes et électrochimistes de l'autre.

Si on souhaite créer des édifices supramoléculaires pour l'électronique moléculaire, il y a évidemment lieu de les obtenir à l'état solide. En général, les propriétés de la matière condensée sont également le résultat d'interactions moléculaires. C'est ainsi que les structures et dynamiques dans les liquides, les micelles, les cristaux liquides, les émulsions, et les phases organisées font intervenir le même type d'interaction. Nous avons vu au début de ce chapitre comment des molécules pouvaient servir de transistors ou de portes logiques de tailles nanométriques. Dans cette partie, nous présentons une méthodologie visant à créer par auto-assemblage des nano-objets unidimensionnels que nous appellerons *nanorubans*. Ces objets ont des sections typiques de 5 à 20 nm et constituent une étape indispensable avant la création et le contrôle de dispositifs électroniques contenus dans une seule molécule.

Parmi les polymères envisageables pour l'obtention de ces nanorubans, les polymères conjugués – dont les propriétés électriques et optiques ont été décrites au chapitre 6 – sont particulièrement intéressants. Rappelons ici qu'ils sont caractérisés par un squelette rigide le long duquel les électrons π sont aisément délocalisables conférant ainsi des propriétés de conduction électrique au polymère. Parmi ceux-ci, on peut citer le poly(*para*-phénylène) (PPP), le poly(*para*-phénylène éthynylène) (PPE), le poly(fluorène) (PF), le poly(indénofluorène) (PIF) et le poly(thiophène) (PTh). La figure 7.1 décrit la structure chimique de ces polymères. On notera la présence de chaînes alkyles latérales, dont le rôle est exclusivement de rendre le polymère soluble dans la plupart des solvants organiques conventionnels. En effet, généralement les polymères conjugués non substitués sont insolubles et infusibles.

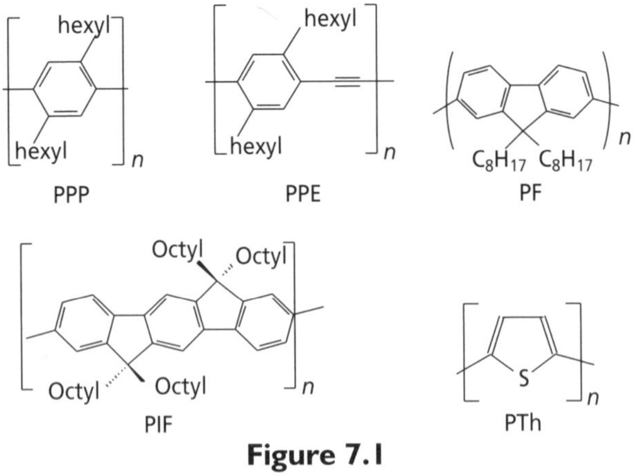

Figure 7.1

Structure chimique du PPP, du PPE, du PF, du PIF et du PTh.

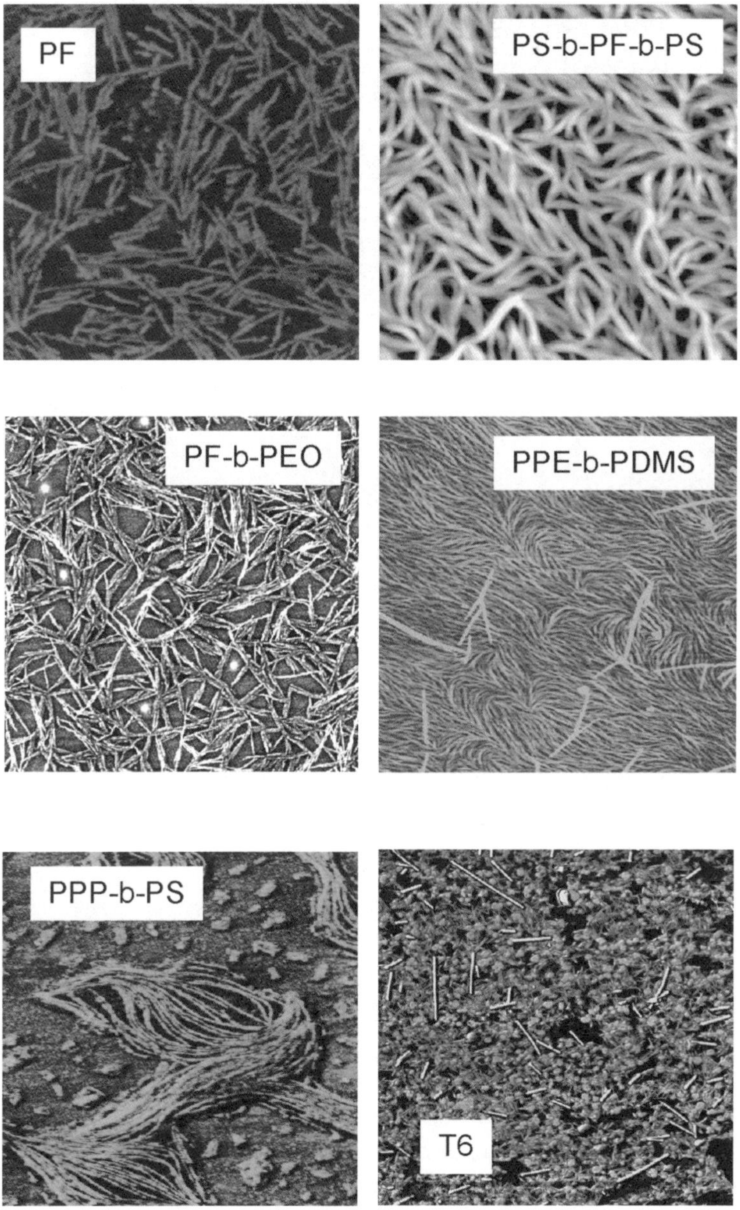

Figure 7.2

Images AFM (2,0 × 2,0 μm ^{2}) de quelques exemples de nanorubans obtenus au départ d'oligomères conjugués.

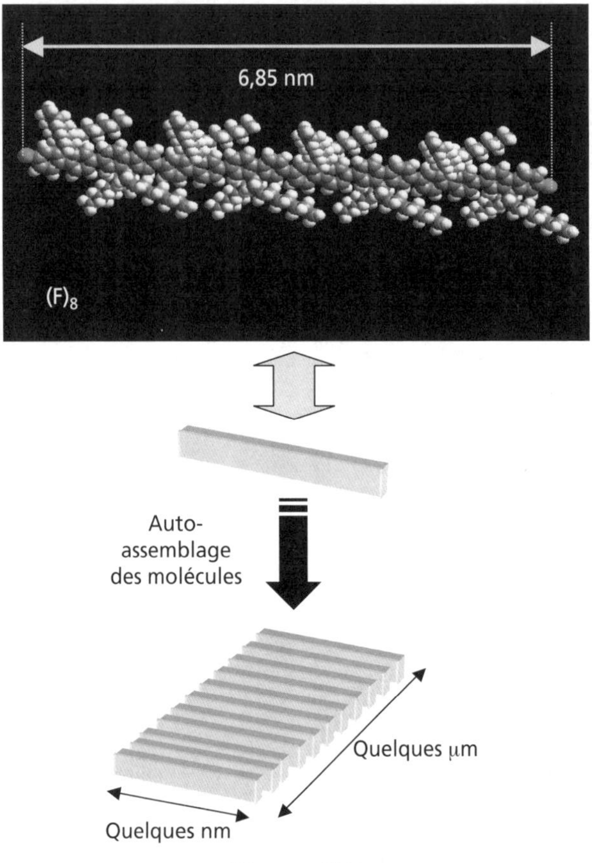

Figure 7.3

Organisation supramoléculaire au sein d'un nanoruban constitué de monomères de fluorène.

Lorsqu'on dépose une petite quantité d'une solution diluée de ces polymères sur un substrat comme le mica ou une galette de silicium, on constate que les molécules s'organisent par auto-assemblage pour former des nanorubans dont la section est de quelques nanomètres. Cette valeur correspond à la longueur des molécules. La figure 7.2 illustre quelques images obtenues par microscopie à force atomique sur différents systèmes contenant un oligomère conjugué et pour certains systèmes un segment polymère non conjugué. Des calculs de mécanique et dynamique moléculaire permettent de mieux comprendre la manière dont ces molécules s'agencent au sein des nanorubans. La figure 7.3 résume la structure d'un oligomère de fluorène contenant 8 monomères ; les molécules s'empilent parallèlement les unes aux autres, à la manière de plaquettes de domino, et forment ainsi des filaments très longs et très fins.

CRÉATION DE NANOSTRUCTURES

Nous venons de voir comment il était possible de créer des nano-objets au départ d'oligomères conjugués. Une fois ces nanorubans créés, il serait intéressant de les manipuler pour, par exemple, les placer entre deux électrodes (à l'image des travaux de C. Dekker aux Pays-Bas qui a mesuré la conductivité le long d'un nanotube de carbone, voir figure 7.4), les aligner parallèlement les uns aux autres et de cette manière, réaliser un ensemble complexe de circuits à l'échelle submicronique. C'est ce qu'on appelle l'« électronique supramoléculaire ».

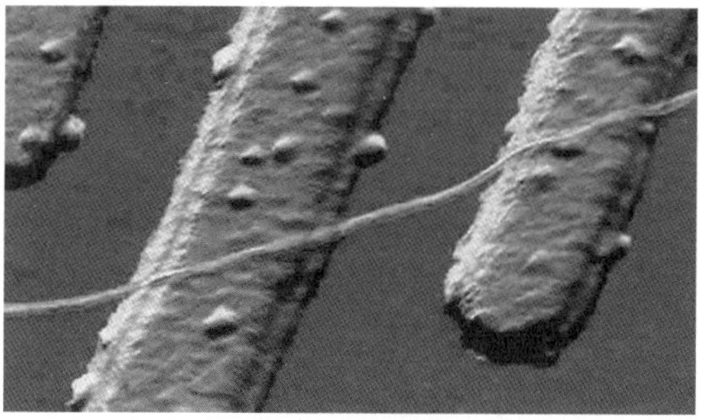

Figure 7.4

Dispositif constitué d'un nanotube de carbone déposé sur deux électrodes (*Molecules Biophysics Group*, Université Technologique de Delft).

Une manière de réaliser ces dispositifs consiste à obliger les molécules à s'auto-assembler dans des directions privilégiées ou dans des régions préalablement définies. C'est avant tout la nature du substrat ou sa structuration (naturelle ou imposée) qui guidera cet auto-assemblage préférentiel. Détaillons maintenant les différentes stratégies proposées par les chercheurs pour résoudre ce problème technologique primordial.

Surface naturelle structurée ou peignée

Il existe dans la nature des matériaux dont la surface présente :

- des domaines aux caractéristiques physico-chimiques différentes à l'échelle locale de quelques micromètres ou dizaines de nanomètres ;
- des défauts comme des marches ou des trous ;
- des axes de symétrie particuliers ;
- une anisotropie des propriétés physico-chimiques obtenues naturellement ou par frottage avec un velours.

C'est ainsi que si on dépose une solution de PPE sur du graphite (figure 7.5), les fibrilles décrites précédemment s'alignent selon trois directions principales. En effet, la surface de graphite (de type HOPG, *Highly Ordered Pyrolytic Graphite*) présente une symétrie d'ordre 3. La présence des chaînes alkyles latérales et leurs interactions avec la surface du graphite jouent un rôle déterminant dans ce type de croissance des fibrilles.

Figure 7.5

Image AFM d'un dépôt de PF sur un feuillet de graphite de type HOPG ; les nanorubans s'orientent spontanément suivant trois directions.

(Nano)lithographie

Pour remplacer la photolithographie optique conventionnelle (figure 7.6) dans la fabrication de circuits intégrés, de nouvelles technologies sont en cours de développement et visent l'utilisation de rayons lumineux correspondant à l'ultraviolet extrême (EUV) ou encore de rayons X. Un faisceau de particules, composé d'électrons, peut également être utilisé pour exposer une couche de résine sensible à ce type de rayonnement. Cette technologie, appelée lithographie par faisceau d'électrons (LFE), possède une variante : la lithographie par projection de faisceau d'électrons. Chacune de ces technologies présente des avantages et des inconvénients.

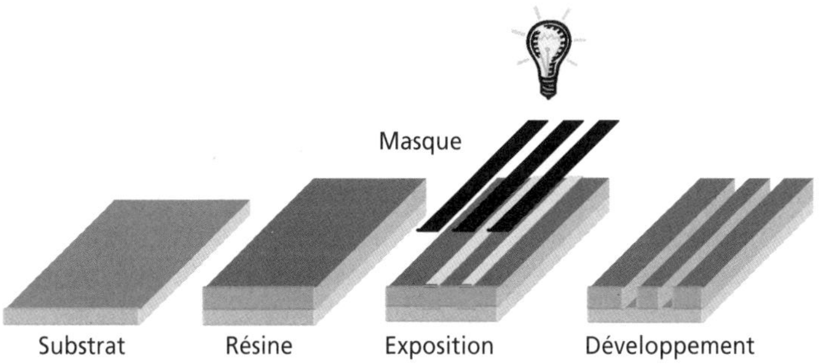

Figure 7.6

Principe de la photolithographie optique.

La lithographie par rayons X est basée sur l'utilisation d'un rayonnement de très courte longueur d'onde (inférieure au nanomètre) et permet d'atteindre la limite de taille ultime prévue pour le fonctionnement de transistors au silicium, soit environ 25 nm. Un faisceau de rayons X traverse ici un masque et expose un substrat directement, sans passer au travers de lentilles. Malgré les difficultés qui lui sont inhérentes, la lithographie à rayons X comporte un coût d'opération inférieur à celui des technologies EUV pour la fabrication de circuits intégrés complexes.

La lithographie aux ultraviolets extrêmes est une technique de lithographie en cours de développement. Elle a la faveur de plusieurs fabricants et il semble bien qu'elle soit techniquement et économiquement réalisable au cours des années à venir. On anticipe actuellement que la lithographie EUV permettra d'exécuter des circuits d'une taille aussi petite que 35 nm. Toutefois, elle rencontre d'importantes difficultés, notamment parce que les longueurs d'onde en cause, soit de 1 à 40 nm, ne sont réfractées par aucun matériau connu, de sorte que les lentilles conventionnelles ne peuvent pas être employées.

Il est également important de réaliser que la lithographie ne sert pas à fabriquer uniquement des microprocesseurs, mais aussi une grande variété de composants, structures et circuits intégrés destinés à d'autres applications. On pense notamment aux télécommunications, aux capteurs de toute sorte, aux circuits de contrôle d'une multitude d'appareils et de machines de notre vie quotidienne, comme l'automobile, les appareils électroménagers, les chaînes stéréo.

Transfert d'un masque (*Micro-Contact Printing*)

Le transfert d'un masque est une technique qui s'apparente aux techniques bien connues de reprographie. En effet, au départ de l'objet fabriqué par lithographie conventionnelle ou EUV, on réalise un moule, appelé également *stamp*. On dépose un matériau élastomère (souvent du polydiméthyl siloxane, PDMS) qui, après réticulation, fournit une matrice (moule) qui peut alors servir à reproduire en plusieurs exemplaires les (nano)structures de départ (figure 7.7).

Figure 7.7

Fabrication d'un moule en élastomère.

La reproduction du motif peut être réalisée par estampage d'une monocouche auto-assemblée (*Self-Assembled Monolayer*, SAM) en pressant le moule sur la couche préalablement déposée sur la surface à estamper. Généralement, on utilise des petites molécules (comme des alcanes thiols) qui vont se fixer sur une fine couche d'or préalablement déposée sur le substrat. L'avantage de cette technique réside principalement dans le fait que des surfaces de grande superficie (parfois courbes) peuvent être structurées rapidement comme illustré par la figure 7.8. La couche auto-assemblée peut ensuite servir de protection du substrat (à structurer) contre une attaque chimique (*etching*) (figure 7.9), substrat sur lequel on dépose par la suite une ou plusieurs couches polymères supplémentaires.

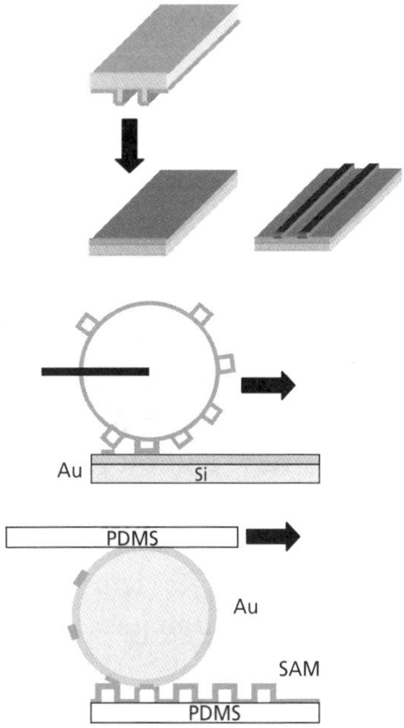

Figure 7.8

Principe de reprographie d'un motif nanostructuré sur un substrat plat ou courbé.

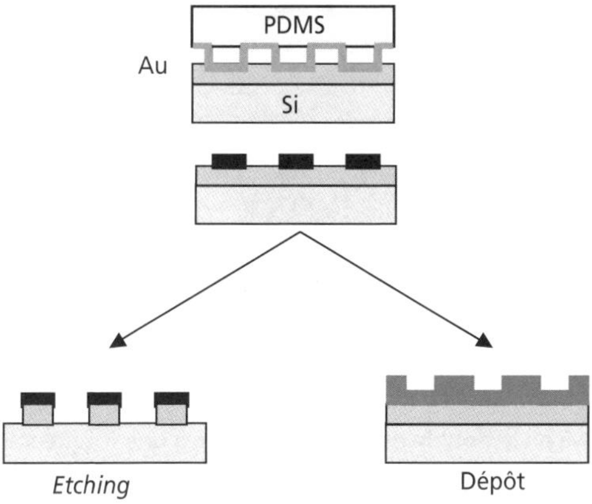

Figure 7.9

Principe de l'attaque chimique ou dépôt de couche(s) supplémentaire(s).

Impression par jet d'encre (*Ink Jet Printing*)

Le phénomène qui consiste à former des gouttes uniformes en taille au départ d'un fluide au travers d'un orifice de petite dimension est un problème qui a passionné les chercheurs depuis longtemps. Les premières études remontent à 1833 (Savart) et les débuts de la première description mathématique sont dus à Lord Rayleigh. Dans ce type de système, un fluide sous pression ne peut s'échapper d'un réservoir que par un trou de quelques micromètres et le jet se transforme, sous l'effet de l'amplification des ondes de capillarité induites dans le jet, en gouttes de taille et de forme homogènes. Généralement, un système piézoélectrique est à la base de la création des ondes de pression qui se propagent dans le fluide (figure 7.10). Les gouttes se séparent du jet grâce à la présence d'un champ électrostatique dont le rôle est de charger ces gouttes en formation. Une fois chargées, elles sont dirigées vers l'endroit souhaité sur le substrat par un autre champ électrostatique, le champ de déflexion. Ce type de système est généralement appelé « système continu » car les gouttes sont produites continuellement et leur trajectoire individuelle change en fonction de la charge appliquée.

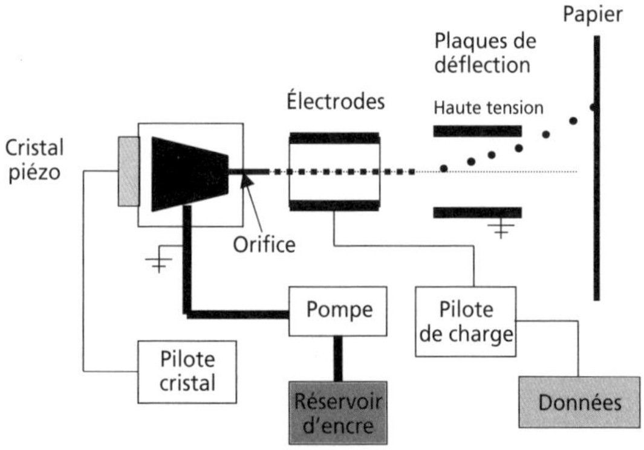

Figure 7.10

Schéma de principe d'une tête d'imprimante à jet d'encre.

C'est exactement ce principe qui est employé dans les imprimantes à jet d'encre que nous utilisons quotidiennement. Cette technique en continu produit des gouttes dont le diamètre est environ le double de celui de l'orifice à une fréquence de 80-100 kHz. La mise au point d'orifices de petite taille (autorisant des tailles de gouttes nanométriques) est un facteur essentiel pour la fabrication de nanostructures au moyen de cette approche à priori fort simple à mettre en œuvre. La viscosité de la solution, la vitesse d'évaporation du solvant sont également des paramètres à maîtriser.

CONFINEMENT PAR DÉMOUILLAGE (*PATTERNING*)

Le comportement et la forme d'un liquide sur une surface, dans notre cas la solution du polymère sur le substrat, sont conditionnés par les forces à longue portée de Van der Waals, et le pouvoir d'étalement *S*. Dans le processus de mouillage, trois phases cohabitent : solide, liquide et vapeur (figure 7.11). On définit alors trois tensions interfaciales : $\gamma_{LV} = \gamma$, γ_{SL} et γ_{SV}. Elles représentent l'énergie à fournir pour accroître l'interface entre deux phases d'une unité de surface.

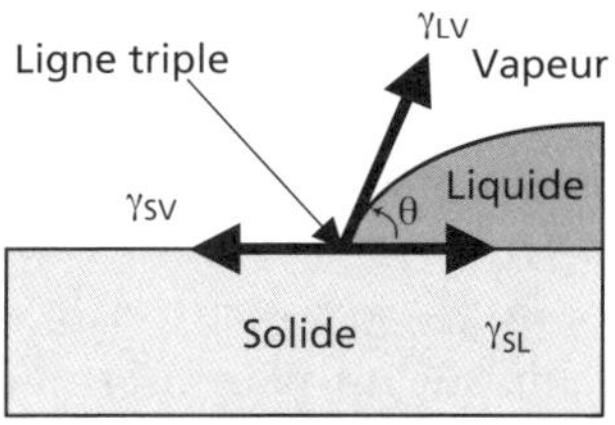

Figure 7.11

Schéma d'un angle de goutte.

Le pouvoir mouillant *S* s'écrit :

$$S = \gamma_{SV} - \gamma_{SL} - \gamma \tag{7.1}$$

À la ligne triple, l'interface liquide-vapeur fait un angle θ avec le plan solide. Plus cet angle est faible, plus l'étalement est facile. L'équilibre de la goutte de fluide, en négligeant les effets de pesanteur, conduit à la loi de Young-Dupré :

$$\gamma \cdot \cos(\theta) = \gamma_{SV} - \gamma_{SL} \tag{7.2}$$

Connaissant les matériaux utilisés, il existe essentiellement deux théories pour savoir si le mouillage est total (c'est-à-dire que l'on assiste à la formation d'un film fluide sur toute la surface) ou partiel. Une de ces théories se base sur les polarisabilités diélectriques des différentes phases pour calculer les tensions de surface et le pouvoir mouillant (d'étalement) *S*. Ce point de vue permet notamment de déterminer de quelle manière la mouillabilité d'une surface sera modifiée par une couche déposée. La seconde (basée sur la théorie de Zisman) est relative aux tensions critiques. Pour un même substrat, l'angle de démouillage θ est mesuré pour des liquides d'une même famille (les *n*-alcanes, par exemple) et de différentes polarités. On obtient une droite $\gamma = f(\theta)$, dont l'extrapolation à $\theta = 0$ donne la tension de surface critique γ_c. Ainsi, les fluides dont le γ_{LV} est inférieur au γ_c du solide le mouillent totalement.

On distingue grossièrement le mouillage sec du mouillage humide, fonctions du caractère volatil des fluides étudiés. Le mouillage sec concerne les liquides peu volatils. Dans ce cas, l'épaisseur finale du film est gouvernée par le rapport S/γ. Si ce rapport est plus grand que l'unité, l'ordre de grandeur de l'épaisseur est celui d'une couche (mono)moléculaire ; le liquide est totalement étalé. Si le rapport S/γ est largement inférieur à 1, l'épaisseur est macroscopique et sa mesure peut être réalisée via des moyens optiques conventionnels. Dans le cas d'un mouillage humide, les liquides ont une tension de vapeur saturante élevée (cas des liquides très volatils). Il existe toujours, sauf loin de la source de liquide, un film entre la phase vapeur et le solide. Cependant, le film complet est instable sur un plan thermodynamique. En effet, l'énergie de sa surface n'est pas minimale et il existe un seuil critique S_c. Les différentes forces en compétition créent une fragmentation du film lorsque son épaisseur passe en dessous d'une épaisseur minimale. C'est cet aspect qui est appliqué dans le cas qui nous intéresse, à savoir la formation de nanostructures. Sous l'effet du démouillage, le film contenant le polymère se fracture et se retire sur lui-même pour former une (nano)structure typique, un peu à l'image d'un film d'eau séchant sur une vitre (figure 7.12).

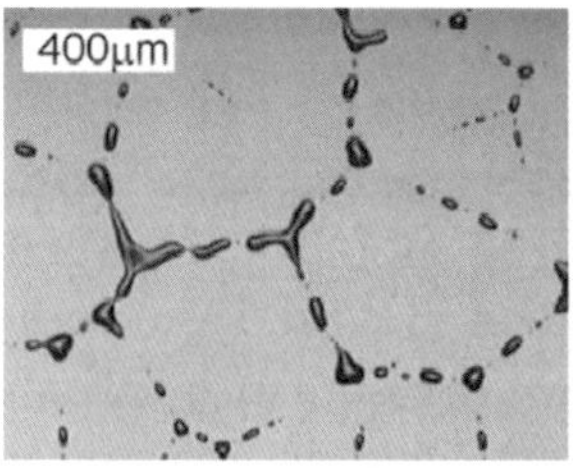

Figure 7.12

Démouillage d'une pellicule d'eau sur une vitre.

Une étude systématique de l'influence de la viscosité de la solution, de l'épaisseur du film, de la température ainsi que de la contrainte externe appliquée est primordiale pour maîtriser la taille finale des nanostrustures créées et ce, de manière reproductible.

TECHNIQUES HYBRIDES

Si on couple la technique de démouillage et celle d'estampage, on aboutit à des techniques hybrides, comme le MIMIC (*Micromolding in Capillarities*) (figure 7.13) et le SAMIN (*Solvent-Assisted Micromolding*) (figure 7.14), qui sont de plus en plus utilisées pour produire des nanostructures sur des surfaces planes ou courbes. L'utilisation d'un solvant approprié qui, sous l'action des forces de capillarité remplit le moule préalablement déposé sur le substrat, permet l'obtention de nano-objets en polymère (comme par exemple le polyacrylate ou le polyuréthane). Après remplissage du moule par la solution, on réticule le polymère et on enlève le moule. Dans la technique SAMIN, on privilégie la mouillabilité de la surface du moule pour créer les structures. De nombreux exemples ont été obtenus via ces deux techniques et les objets ainsi fabriqués servent notamment comme cellule pour les études de microfluidité.

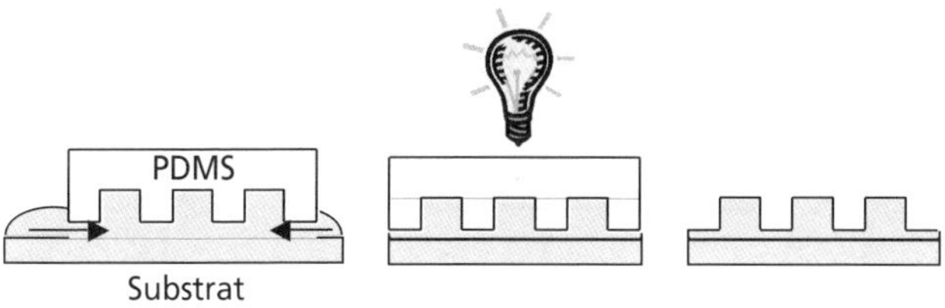

Figure 7.13

Texturation par capillarité (MIMIC).

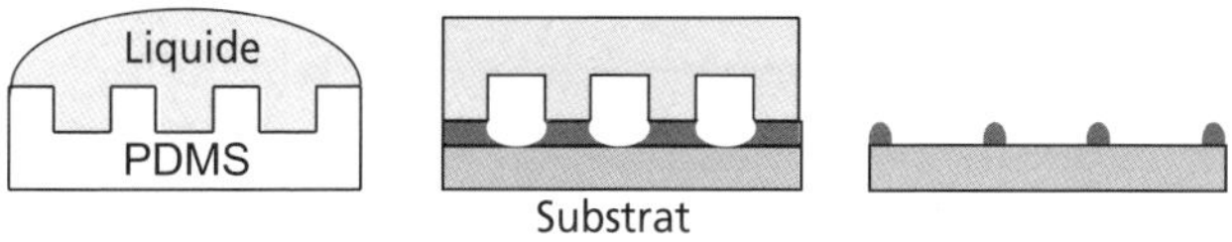

Figure 7.14

Texturation par la technique SAMIN.

ÉCRITURE VIA MICROSCOPIE(S) À SONDE LOCALE

Un moyen idéal de produire des nanostructures est d'utiliser la technique de microscopie à sonde locale en modifiant localement la surface :

- en déplaçant des objets nanométriques, par une contrainte mécanique (« nanobalayage » de la surface) ;
- en éliminant ou transformant des molécules que ce soit via un champ électrique (comme lorsqu'une pointe STM générant un champ électrique local transforme les liaisons Si-H en SiO_x), (figure 7.15), via une contrainte mécanique qui emboutit une surface polymère (figure 7.16), ou encore via des méthodes optiques qui visent à exposer un film de photorésines à travers la fibre optique étirée d'un microscope à sonde locale optique (SNOM, *Scanning Near Field Optical Microscope*) (figure 7.17).

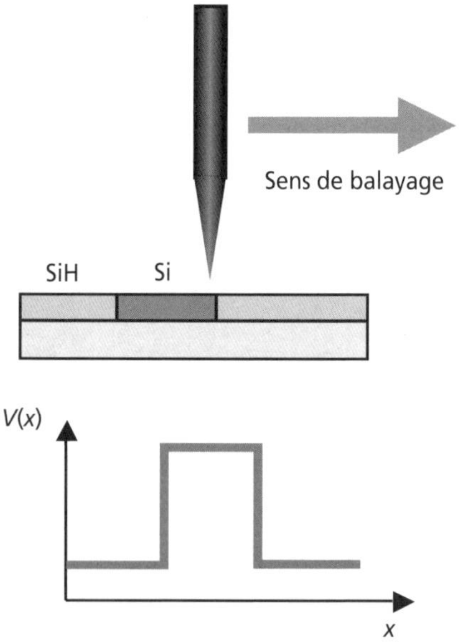

Figure 7.15

Écriture avec un STM.

L'application locale d'un potentiel électrique modifie la nature chimique de la couche.

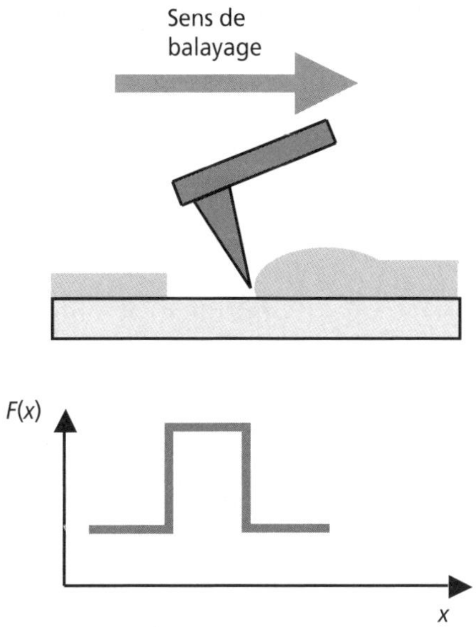

Figure 7.16

Écriture avec un AFM.

L'action de la pointe enlève localement de la matière là où la force appliquée est plus importante.

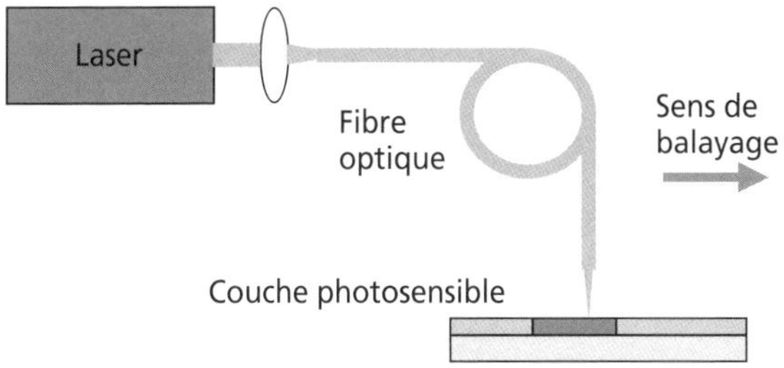

Figure 7.17

Écriture avec un SNOM.

L'action de la lumière modifie localement la couche photosensible (résine).

Il est cependant important de signaler ici que ces techniques faisant intervenir la microscopie à sonde locale souffrent d'un manque crucial de vitesse d'exécution pour la réalisation des nanostructures. On modifie la surface du substrat de manière certes locale mais surtout séquentielle. Une parallélisation de ces procédés est en cours, notamment chez IBM pour la mise au point du « Millipède » (figure 7.18). Il s'agit d'un instrument comportant des centaines de pointes AFM indépendantes, qui peuvent chacune modifier la surface du matériau polymère ou simplement sonder le relief topographique de cette surface. Son fonctionnement repose sur la chaleur, plus exactement sur un seuil de température selon que le périphérique se trouve en phase de lecture ou d'écriture. Dans le cas de l'écriture, la température est élevée, ceci permet « d'indenter » ou « d'imprimer » le film polymère car, dans ces conditions, le matériau est mou. Pour la lecture, la température est abaissée, le matériau durcit, ce qui permet aux pointes de lire les informations contenues sur le film sans altérer son contenu. Dans ce cas, la densité de stockage est 20 fois supérieure à celle obtenue avec les meilleurs disques durs. Parmi les applications de Millipède, les ingénieurs estiment qu'il sera ainsi possible de stocker jusqu'à 10 Mo de données dans un téléphone portable.

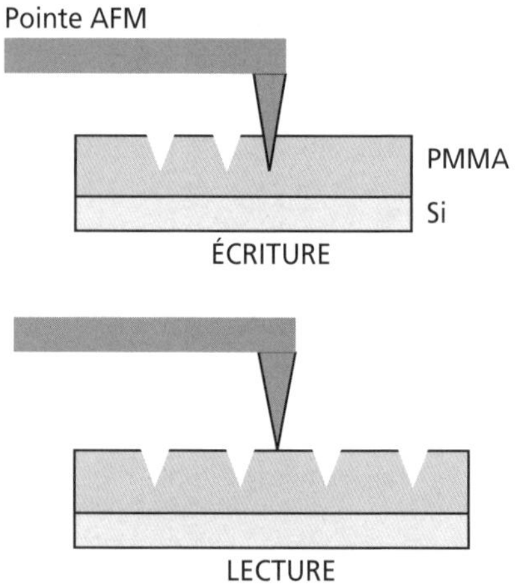

Figure 7.18

Principe du « Millipède » d'IBM.

Un autre avantage de cette technologie est son coût de fabrication peu élevé. En effet, les puces employées dans ce système pourraient être fabriquées en utilisant les procédés existants. Un premier modèle commercial, destiné aux assistants personnels, a été mis au point. Un tel périphérique (pour lequel IBM estime une diffusion de masse à l'horizon 2005) pourrait faire partie des différentes alternatives aux disques durs recherchées actuellement par de très nombreux constructeurs. Millipède s'oppose aux systèmes de sauvegarde sur mémoire flash. Le système proposé par IBM permet, théoriquement, d'offrir une capacité de stockage beaucoup plus importante pour un prix moins élevé. Un autre avantage par rapport aux disques durs est celui d'une plus grande résistance aux chocs ou à la chaleur, des paramètres importants pour une utilisation dans les appareils embarqués.

CONCEPTION ET RÉALISATION DE CIRCUITS MOLÉCULAIRES...

Dès lors, comme suite logique et perspective à moyen terme de ces travaux, les scientifiques cherchent à réaliser des systèmes de traitement électronique de l'information à l'échelle moléculaire. La réalisation de ces systèmes comportera les étapes suivantes :

- concevoir des fils électriques moléculaires capables de transporter une information – ces fils doivent être constitués de systèmes conjugués suffisamment longs pour franchir un élément moléculaire typique tel qu'une membrane monocouche ou bicouche ;
- la possibilité de greffer ces fils sur une membrane ou sur une surface de façon à connecter le dispositif électrique moléculaire – il s'agit donc ici d'établir un macrocontact avec le dispositif afin que l'opérateur puisse le commander via une commande simple (potentiel électrique, irradiation) ;
- greffer sur ces fils des systèmes moléculaires capables de ressentir, d'exploiter ou de stocker l'information générée par un stimulus extérieur et transmise par ces fils – il s'agit d'établir une série de nanocontacts (d'interconnexions) entre les fils moléculaires et des entités moléculaires fonctionnelles et d'induire une réponse physico-chimique à ce stimulus ;
- concevoir le système global comme une organisation massivement parallèle de dispositifs électriques moléculaires dont les performances seraient alors indépendantes de l'éventuel dysfonctionnement d'un des dispositifs ;

– organiser, enfin, ces fils en « circuits » ou en « rangées » par liaison à une structure ou par auto-assemblage fondé sur des phénomènes de reconnaissance moléculaire.

Soulignons qu'en associant physiciens, électroniciens et chimistes, via leur formation spécifique, cette thématique, développée jusqu'à présent de manière séparée par chacune des communautés, permettrait sans doute dans un avenir proche (?) la constitution d'un ensemble unique performant. Sans interdisciplinarité, ce domaine de recherche prometteur ne pourra aboutir…

8

Les nanocomposites à matrice organique

Depuis toujours, l'Homme a tenté d'améliorer les propriétés des matériaux qui l'entourent ou qu'il est capable de fabriquer. Très tôt, il s'est appliqué à associer diverses matières entre elles, pour améliorer les propriétés du matériau résultant. C'est le cas des matériaux composites.

On qualifie de *matériau composite* toute association intime de matériaux immiscibles (structure hétérogène) qui confère au matériau résultant des propriétés qu'aucun des matériaux de base ne possédait individuellement.

On retrouve sous cette définition une très large gamme de produits, allant des matériaux archaïques comme le torchis, mélange de terre argileuse et de fibres végétales (paille, etc.) ou animale (bourre, laine, etc.) déjà utilisé au néolithique pour construire les habitations, aux matériaux les plus modernes, alliant fibres de carbone ou de verre et résines synthétiques, pour la construction d'un nombre élevé d'objets devant allier résistance mécanique et légèreté.

La nature, également, utilise cette association intime de matières diverses dans des matériaux comme le bois (fibres de cellulose renforçant une matrice à base de lignine) ou l'os. L'os est un composite formé d'un phosphate de calcium, l'hydroxyapatite, et d'une protéine, le collagène. Les fibres de collagène constituent un « échafaudage » sur lequel les cristaux d'hydroxyapatite se rassemblent. Ces fibres maintiennent ensemble les cristaux d'hydroxyapatite, régissent l'orientation des empilements atomiques dans les cristaux et augmentent ainsi la résistance mécanique de la matière osseuse.

Au vu de ces exemples, on peut donc, dans la majorité des cas, décrire un composite comme la dispersion organisée (ou non) d'une ou plusieurs matières particulaires ou fibrillaires – appelées *phase dispersée* ou encore *renfort* quand la propriété visée est une résistance mécanique – dans une matière servant de liant (*matrice*).

Un *nanocomposite* est un matériau composite dont la phase dispersée est constituée de particules dont une des trois dimensions au moins est de l'ordre du nanomètre ou de quelques dizaines de nanomètres au maximum (nanoparticules).

Sous cette définition, on retrouve des nanocomposites à matrice métallique – par exemple, les matériaux résultant de la dispersion de nanoparticules d'oxyde, de nitrure ou de carbure métalliques dans des matrices ou des alliages métalliques –, à matrice inorganique et céramique – par exemple, la coloration rouge de certains vitraux du Moyen Âge résulte de la dispersion de nanoparticules d'or dans le verre – ou encore des nanocomposites à matrice organique. Ce chapitre s'intéresse plus particulièrement à cette dernière famille, en s'orientant de plus vers les matrices polymères[1].

1. Polymère : substance constituée de grandes molécules formées par la répétition (l'enchaînement) d'un même motif composé d'une ou de plusieurs unités de base. Le nombre moyen de ces unités de base (monomères) dans les macromolécules finales est le degré de polymérisation. Si ce degré de polymérisation est élevé, on parle de (hauts) polymères ; lorsqu'il est faible, le composé est un oligomère. Les homopolymères ne sont constitués que d'un seul type de monomère dont le motif se répète dans la molécule ; les copolymères sont constitués d'au moins deux types de monomères.

TYPES DE NANOPARTICULES

On peut classer les nanocomposites selon la morphologie des nanoparticules qui y sont dispersées et plus particulièrement selon le nombre de leurs dimensions nanométriques.

Nanoparticules à trois dimensions nanométriques

Dans cette catégorie, on retrouve un grand nombre de nanoparticules dont les propriétés ont été décrites dans les autres chapitres, tels que les *agrégats d'atomes*, les *nanoparticules métalliques*, *amorphes* ou *cristallines* (or, platine, argent, cuivre, cobalt, fer, etc.), les fullerènes (variété allotropique sphérique ou pseudo-sphérique du carbone), les *nanoparticules isométriques* dérivées d'oxydes, de sulfures, de séléniures, de nitrures, de carbures… telles que, par exemple, les nanoparticules de magnétite (Fe_3O_4), de sulfure ou de séléniure de cadmium (CdS et CdSe). Un effet de renfort mécanique n'est généralement pas recherché, mais plutôt le bénéfice des propriétés particulières (optique, conductrice, magnétique, etc.) lorsque ces nanoparticules sont dispersées dans un matériau organique dont on peut facilement déterminer la forme.

Nanoparticules à deux dimensions nanométriques

Lorsque deux des dimensions de la nanoparticule sont de l'ordre de quelques nanomètres, la troisième étant beaucoup plus grande, les objets sont creux (*nanotubes*) ou pleins (*nanofils*, *nanowhiskers*). Parmi les nanotubes, les plus connus sont les nanotubes de carbone à simple ou multi-parois (voir chapitre 2). On rencontre aussi des nanotubes de nitrure de bore, de structure isoélectronique à celle des nanotubes de carbone et des nanotubes naturels, sous la forme d'aluminosilicates tubulaires (imogolite).

Quant aux *nanowhiskers*, un grand nombre d'études se sont penchées sur ce type de matériaux, appliquant le concept à une large gamme de composés chimiques (métaux, oxydes, arséniures, silice), mais peu de développements ont encore été obtenus dans leur utilisation en tant que charge dispersée dans une matrice polymère. Seuls les *nanowhiskers* de cellulose, extraits de la carapace de certains crustacés (*tunicidés*) et les *nanowhiskers* de phlogopite, un aluminosilicate plein tubulaire, ont été testés en tant que renforts dans des matrices polymères.

Nanoparticules à une dimension nanométrique

Lorsque la nanoparticule ne présente plus qu'une seule dimension nanométrique, les deux autres dimensions étant de plus de 100 nm, la géométrie de cette particule s'apparente à un feuillet (*nanofeuillet*). Cette famille de nanoparticules est issue de matériaux naturellement feuilletés dont les principales familles sont décrites dans le tableau 8.1. La plupart de ces nanofeuillets sont caractérisés par la présence de charges positives ou négatives localisées en surface.

Les représentants les plus couramment utilisés pour la préparation de nanocomposites à matrice polymère sont, d'une part, les hydroxydes doubles à feuillets et d'autre part, les argiles gonflantes, aussi appelées smectites.

Tableau 8.1

Principales familles de matériaux précurseurs de nanofeuillets.

Précurseurs de nanofeuillets	Exemples	Charge électrique du feuillet
Éléments	Graphite	Neutre
Halogénures et cyanures métalliques	MX_2 (M = Cd, Ni, Pb ; X = Cl, CN, I)	Neutre
Chalcogénures métalliques	MX_2 (M = Mo, Sn, Ta, Ti, V, W, Zr ; X = S, Se) MPX_3 (M = Cd, Co, Fe, Mg, Mn, Zn ; X = S, Se)	Négative
Oxydes de carbone	Graphite oxydé	Négative
Oxydes métalliques	MoO_3, V_2O_5, $MOXO_4$ (M = V, Nb, Ta ; X = P, As)	Négative
Phosphates métalliques	$M(HPO_4)_2$ (M = Ce, Sn, Ti, Zr, Hf)	Négative
Niobates et titanates	$KNbO_3$, $K_4Nb_6O_{17}$, $K_2Ti_4O_9$, $H_2Ti_3O_7$, $KTiNbO_5$	Négative
Smectites et silicates à feuillets	Montmorillonite, (Fluoro)hectorite, saponite, magadiite	Négative
Hydroxydes doubles à feuillets	$M_xM'_y(OH)_a(anions)_b \cdot cH_2O$ (M = Fe^{3+}, Al^{3+}, Cr^{3+}; M' = Mg^{2+}, Co^{2+}, Fe^{2+}, Ni^{2+}, Cu^{2+}); $LiAl_2(OH)_6.2H_2O$	Positive

Plus récemment, les nanofeuillets de graphène et de graphène oxydé, tous deux issus du carbone graphite, sont apparus comme de nouvelles nanoparticules d'intérêt.

Les hydroxydes doubles sont constitués de feuillets d'hydroxydes mixtes du type $M_xM'_y(OH)_a(anions)_b \cdot cH_2O$, caractérisés par des feuillets chargés positivement, dus à un défaut de contre-ions hydroxyles pouvant se localiser dans la structure cristalline de ces feuillets, et contrebalancés par des anions (hydroxyles, carbonates, chlorures...) localisés dans l'espace entre deux feuillets.

Les smectites sont principalement représentées par la montmorillonite, un aluminosilicate dont l'ossature s'articule sur un octaèdre d'alumine, pris en sandwich entre deux tétraèdres de silice. Lors de l'élaboration géologique de cette montmorillonite, certains des atomes de cette ossature sont remplacés par des atomes de même taille mais de charge moindre. Ainsi, le silicium (4^+) peut être substitué par du fer (3^+) ou de l'aluminium (3^+), et l'aluminium (3^+) de l'ossature peut être remplacée par du fer (2^+) ou du magnésium (2^+).

Ces feuillets, empilés les uns sur les autres, sont alors globalement négatifs et ces charges négatives sont contrebalancées par des cations (Na^+ ou Ca^{++}, par exemple) fortement hydratés et localisés dans les espaces entre les feuillets, appelés galeries ou espace interfeuillets. La structure de la montmorillonite est présentée par la figure 8.1.

Les nanocomposites à base de smectites telles que la montmorillonite a suscité un engouement élevé tant dans le monde académique qu'industriel, par l'importance des modifications de propriétés obtenues dans des matrices organiques, et ce, à faible concentration en smectite.

Les nanofeuillets de graphène et de graphène oxydé sont généralement obtenus au départ du graphite naturel ou synthétique bien qu'il existe des méthodes de synthèse directes pour les produire comme le dépôt chimique en phase vapeur.

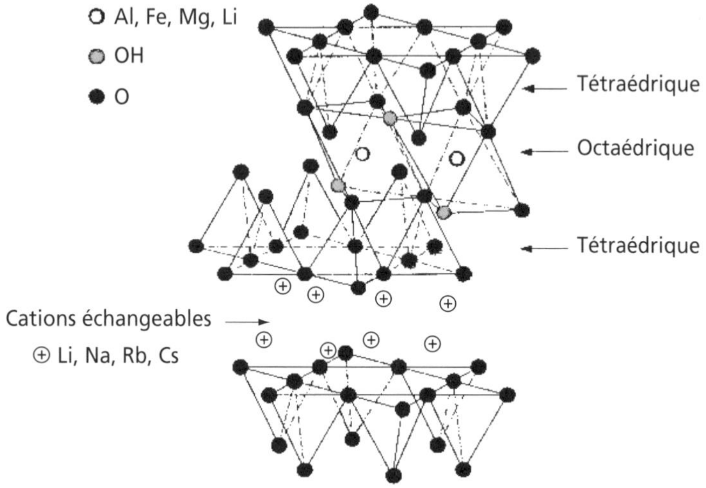

Figure 8.1

Structure de la montmorillonite.

Le graphite est un allotrope du carbone dont la structure consiste en l'empilement de feuillets d'atomes de carbone en configuration électronique sp2 organisés en mailles hexagonales. S'il est possible de séparer mécaniquement, par un pelage à l'adhésif, les feuillets de graphène un par un, c'est plutôt des méthodes chimiques qui sont utilisées pour produire les nanofeuillets de graphène en quantité suffisante pour des applications nanocomposites.

PRÉPARATION DES NANOCOMPOSITES

Afin de disperser des nanoparticules dans un milieu organique, la principale barrière à franchir consiste à éviter ou à détruire l'agrégation des particules au sein du milieu. En effet, quel que soit l'aspect morphologique des nanoparticules, elles ont, en règle générale, tendance à former des agrégats stabilisés par divers types d'interactions (ioniques, ponts « hydrogène », Van der Waals, etc.) qui sont souvent plus importantes que les interactions entre la surface des particules et la matrice organique dans laquelle on veut les disperser.

Par exemple, les feuillets de montmorillonite sont stabilisés par l'attraction des feuillets globalement anioniques avec les cations situés dans l'espace interfeuillets. De plus, ces cations, fortement hydratés, entraînent la formation d'un espace hautement hydrophile entre les feuillets, empêchant la pénétration d'un grand nombre de molécules organiques, à caractère le plus souvent hydrophobe. Il s'avère donc nécessaire, pour à la fois rendre l'espace interfeuillets de ces montmorillonites plus hydrophobe et réduire au maximum les interactions coulombiennes qui maintiennent les structures empilées, d'échanger ces cations inorganiques hautement hydratés par des cations organiques beaucoup plus hydrophobes. Classiquement, on utilise des cations ammoniums porteurs de longues chaînes alkyles ; la présence des longues chaînes alkyles assure à la fois l'hydrophobisation de l'espace interfeuillets et réduit sensiblement les interactions coulombiennes attractives entre deux feuillets adjacents par le volume important occupé (figure 8.2).

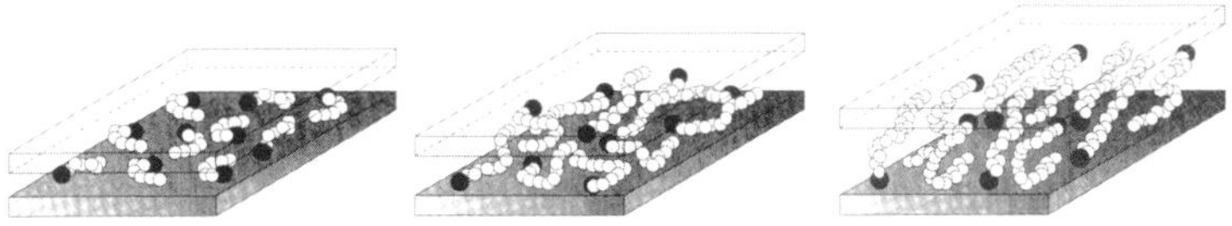

$H_3N^+-(CH_2)_5-CH_3$ $H_3N^+-(CH_2)_{11}-CH_3$ $H_3N^+-(Ch_2)_{15}-CH_3$

Figure 8.2

Schéma de montmorillonites organomodifiées par des cations ammoniums à chaîne alkyle de longueur croissante.

Cet échange se fait de manière très aisée en phase aqueuse, où la présence d'eau solvate suffisamment les cations inorganiques initialement présents dans les espaces interfeuillets pour gonfler l'argile à son maximum.

Dans le cas des nanofeuillets de graphène, le graphite est oxydé en solution aqueuse, par des oxydants puissants (permanganate de potassium, acide nitrique, perchlorates...) pour donner des feuillets de graphène oxydés, stabilisés en solution aqueuse par les fonctions oxydées (acide carboxylique, alcool, cétone,...) créées en surface.

Ces graphènes oxydés peuvent être introduits tels quels dans les matrices polymères ou peuvent être réduits, en présence de molécules (surfactants, monomères, autres réactifs) pouvant se greffer à la surface des nanofeuillets et éviter leur ré-aggrégation.

Dans le cas des nanotubes de carbone, des interactions de Van der Waals, telles que celles observées entre les feuillets de graphite, entraînent l'agrégation des nanotubes en fagots (figure 8.3).

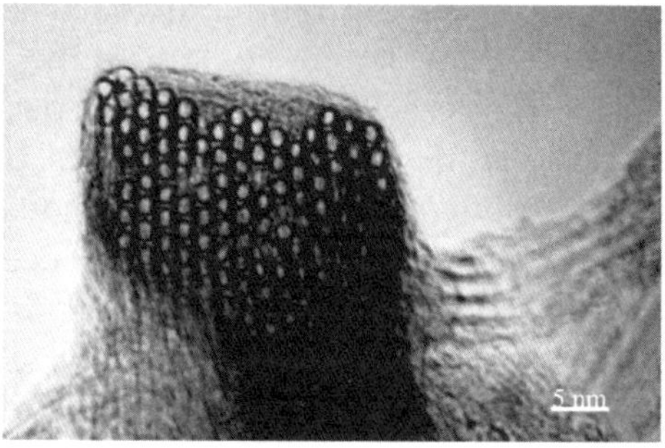

Figure 8.3

Image en microscopie électronique à transmission de haute résolution d'une coupe transversale dans un fagot de nanotubes mono-paroi. (Reproduit avec permission de Thess et al., Science 273:483-7. © 1996 American Association for the Advencement of Science).

Ici encore, l'utilisation d'agents compatibilisants, voire le greffage chimique de molécules organiques s'avère indispensable pour assurer une bonne dispersion de ces nanoparticules dans une matrice organique comme un polymère.

Dans le cas des nanowhiskers de cellulose, les interactions qu'il est nécessaire de rompre consistent en des interactions par ponts « hydrogène » entre les nanoparticules. Dans ce cas-ci, la principale technique utilisée consiste à disperser les nanowhiskers de cellulose dans de l'eau, où les ponts « hydrogène » interparticulaires disparaissent, et de mettre en contact cette suspension avec un latex de polymère. Le composite est alors formé, soit sous la forme d'un film après évaporation de l'eau, soit sous la forme d'une poudre après lyophilisation, qui sera mise en œuvre dans le fondu (voir *infra*).

Enfin, la technique la plus largement utilisée pour empêcher l'agrégation dans le cas des nanoparticules isométriques est la stabilisation par usage de molécules surfactives ou réactives, c'est-à-dire avec une tête hydrophile ou réactive, capable d'interagir avec la surface hydrophile ou polaire de la nanoparticule et une longue « queue » hydrophobe, permettant la dispersion dans une matrice relativement hydrophobe.

Dispersion des nanoparticules dans une matrice polymère préformée

Au départ d'une matrice polymère préformée, deux techniques peuvent être utilisées pour assurer la dispersion des nanoparticules : mise en solution et mise en œuvre dans le fondu.

Mise en solution

Les premières tentatives de préparation de nanocomposites à base de montmorillonite et d'une matrice polymère ont été faites en dispersant l'argile dans une solution de polymère, dans un solvant adéquat, suivi de l'évaporation du solvant. Les résultats obtenus ont souvent été décevants. Dans la plupart des cas, le polymère ne pénètre pas dans l'espace interfeuillets ou seulement de manière très partielle. Cet échec est attribué à la présence du solvant. En effet, celui-ci entre en compétition avec le polymère. Le polymère en solution est caractérisé par de nombreuses configurations des chaînes, libres de se mouvoir. Or, lorsque ce polymère se trouve confiné dans l'espace interfeuillets, il perd en grande partie sa liberté conformationnelle, ce qui se traduit par une forte perte d'entropie, défavorable à la pénétration du polymère. Le solvant étant une petite molécule, il ne subit pas cette perte d'entropie et pénètre l'espace interfeuillets préférentiellement.

Dans les autres cas (nanotubes et nanoparticules isométriques), cette procédure n'entraîne aucune modification d'entropie et consiste en une méthode utilisable pour la préparation de nanocomposites, surtout lorsque la désagrégation est encore améliorée par l'utilisation d'ultrasons. Cette méthode a d'ailleurs été utilisée pour la préparation de nanocomposites à base de nanotubes de carbone dispersés dans des matrices de poly(styrène) ou d'alcool polyvinylique.

Mise en œuvre dans le fondu

Les matrices polymères thermoplastiques ont la propriété, au-delà d'une température critique – la température de transition vitreuse pour les matrices amorphes et la température de fusion pour les polymères semi-cristallins –, de se comporter comme un fluide viscoélastique. Dans cet état, le polymère peut être mis en œuvre, c'est-à-dire être malaxé par l'intermédiaire d'outils adéquats (malaxeurs, extrudeuses, etc.). En 1993, des recherches menées à l'Université de Cornell (New-York), ont démontré la possibilité de faire pénétrer du poly(styrène) « fondu » dans l'espace interfeuillets d'une montmorillonite modifiée par un ammonium quaternaire. Cette technique a, par la suite, été utilisée avec succès pour d'autres matrices polymères comme le poly(méthacrylate de méthyle), le poly(oxyde d'éthylène), les copolymères éthylène-acétate de vinyle, etc.

Certaines polyoléfines, trop peu polaires, comme le poly(éthylène) ou le poly(propylène), ne peuvent pas pénétrer telles quelles dans l'espace inter-feuillets d'une montmorillonite modifiée par un ammonium à longues chaînes alkyles. Néanmoins, l'adjonction d'une petite quantité d'un poly(éthylène) ou d'un poly(propylène) greffé d'anhydride maléique comme substitut polaire, avec un taux d'anhydride maléique suffisamment faible pour éviter de rendre cet additif immiscible avec la poly(oléfine), permet la formation d'un nanocomposite par pénétration du mélange polymère dans l'espace interfeuillets.

La technique de mise en œuvre dans le fondu à également été utilisée avec succès dans le cas des nanotubes de carbone multiparois dans des matrices polypropylène et des copolymères éthylène-acétate de vinyle et avec des nanowhiskers de cellulose dans une matrice de poly(chlorure de vinyle).

Synthèse de la matrice en présence de nanoparticules

Une autre technique permettant la préparation de nanocomposites consiste à polymériser le ou les monomères en présence de nanoparticules. Ce type de préparation permet notamment de réaliser des nanocomposites à base de matrices thermodures comme les résines époxyde ou polyuréthane. Elle permet en outre d'effectuer un greffage entre la nanoparticule et la matrice polymère, dans le cas où la nanoparticule a été modifiée soit par une fonction chimique capable de polymériser, soit par une fonction chimique capable d'amorcer/catalyser la réaction de polymérisation.

La fixation d'un catalyseur Ziegler-Natta, actif en polymérisation de l'éthylène, en surface de nanoparticules d'oxyde mixte Cr-Fe, a permis la réalisation de nanocomposites de nanoparticules magnétiques dispersées dans une matrice poly(éthylène) (figure 8.4).

Cette technique a aussi été utilisée pour la préparation de nanocomposites à base de nanotubes de carbone, par polymérisation du styrène et greffage du polystyrène en surface des nanotubes par réaction radicalaire.

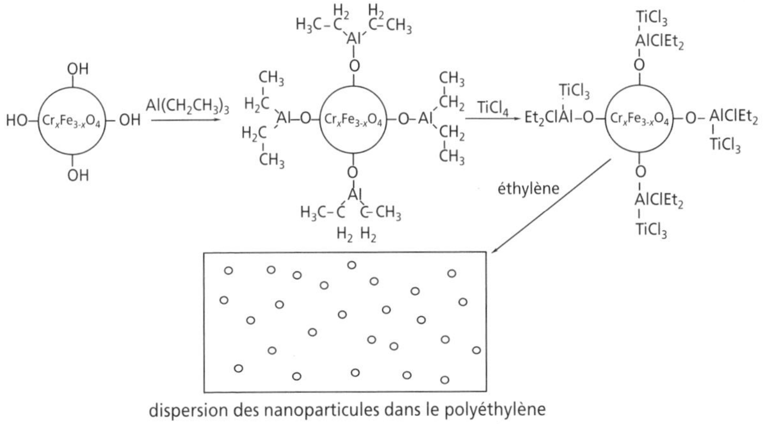

Figure 8.4

Préparation d'un nanocomposite à base de nanoparticules magnétiques dispersées dans du poly(éthylène).

Historiquement, c'est également cette technique qui a été utilisée par les chercheurs de Toyota en 1989 pour préparer les premiers nanocomposites à base de montmorillonite. Des ammoniums, porteurs de fonctions acides carboxyliques ont été utilisés pour substituer les cations inorganiques de montmorillonites naturelles. Ces montmorillonites organomodifiées ont été chauffées en présence d'ε-caprolactame. Sous l'action de la chaleur, l'acide carboxylique est capable d'ouvrir le cycle de l' ε-caprolactame, entraînant la polymérisation de ce monomère pour former le poly(amide) correspondant, le Nylon-6 (figure 8.5).

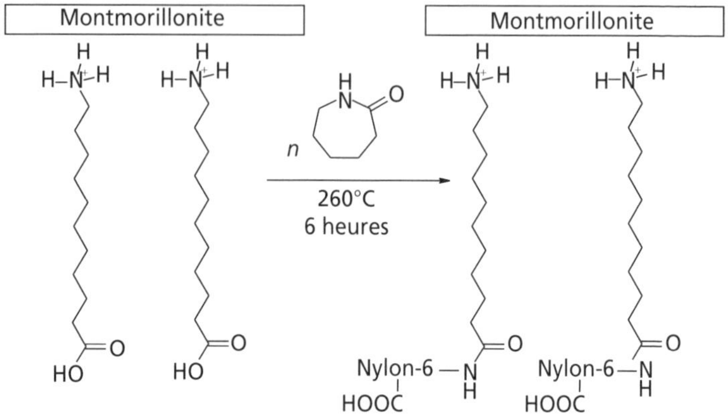

Figure 8.5

Préparation de nanocomposites montmorillonite/Nylon-6.

Depuis, cette technique de polymérisation en présence de montmorillonite organophile a été utilisée avec succès pour un très grand nombre de monomères, donnant accès à un nombre élevé de nanocomposites à matrice polymère (poly(acrylates), poly(imides), poly(aniline), poly(esters), polyoléfines, poly(styrène), etc.) et permettant virtuellement de réaliser des nanocomposites avec n'importe quelle matrice polymère. Il est impératif d'adapter le choix de l'agent organomodifiant, c'est-à-dire le cation ammonium à longue(s) chaîne(s) alkyle(s) fonctionnalisée(s) ou non, au monomère sélectionné et par voie de conséquence, à la matrice polymère ainsi générée *in situ*. En effet, la dispersion nanométrique des nanofeuillets impose dans un premier temps l'intercalation du monomère au sein de la galerie des argiles à surface organomodifiée, leur polymérisation (par voie thermique ou encore catalysée) conduisant à la délamination, voire l'exfoliation, des couches silicate, cette dernière dépendant de leur concentration dans la matrice polymère en croissance (voir section suivante).

Des hydrogels nanocomposites ont également été synthétisés selon cette méthode. Les hydrogels sont des réseaux de chaînes polymères gonflés d'eau, notamment utilisés en médecine. Pour la préparation de ces hydrogels nanocomposites, des argiles à feuillets synthétiques non modifiées sont dispersées en milieu aqueux, en présence de monomères hydrosolubles comme des acrylamides qui sont polymérisés par amorçage radicalaire. Les chaînes polymères créées interagissent avec la surface des nanofeuillets pour former un réseau tridimensionnel inorganique/organique hybride gonflé d'eau.

Préparation des nanoparticules dans la matrice organique

Cette technique, relativement marginale pour les nanofeuillets, et non utilisée pour les nanotubes ou les nanowhiskers, a été utilisée pour la préparation et la stabilisation de nanoparticules isométriques. Par exemple, le chauffage à 125 °C d'un mélange de formate de cuivre (II) et de poly(2-vinylpyridine), agent complexant du cuivre, entraîne une réaction d'oxydoréduction entre les ions Cu^{2+} et l'ion formate avec réduction du Cu^{2+} en cuivre métallique. L'analyse des films obtenus permet de mettre en évidence la formation et la dispersion de nanoparticules de cuivre de taille de 3,5 nm, avec une concentration de 23 % en masse.

Une technique analogue a été utilisée pour obtenir des nanoparticules d'or dispersées. Des copolymères à blocs poly(styrène)-b-poly(2-vinylpyridine), formant des micelles à cœur riche en unités pyridine dans des solvants apolaires, sont utilisés pour complexer un sel d'or tel que $HAuCl_4$. Sous l'action de la chaleur et de l'hydrazine N_2H_4, le sel d'or est réduit en nanoparticules d'or dont la taille est déterminée par la taille de la micelle complexante (aux alentours de 10 nm), stabilisées et distribuées dans la matrice polymère utilisée.

CARACTÉRISATION ET PROPRIÉTÉS

Caractérisation morphologique : outils et techniques

La principale technique de caractérisation morphologique des nanocomposites à matrice organique est la microscopie électronique à transmission (voir annexe 1). Cette technique permet de mettre en évidence la morphologie et l'état de dispersion des nanoparticules dans la matrice organique, au départ de coupes fines réalisées dans le nanocomposite. Classiquement, les nanoparticules apparaissent en foncé sur un fond clair, car les atomes constituant généralement la plupart d'entre elles sont plus lourds et arrêtent plus facilement la transmission des électrons que la matrice hydrocarbonée.

Dans le cas des nanocomposites à base de nanofeuillets, outre la dispersion homogène des nanoparticules dans la matrice organique, d'autres morphologies peuvent se développer. En effet, lors de la pénétration du polymère dans l'espace interfeuillets, une structure stable et régulière, caractérisée par un empilement en alternance de nanofeuillets et de monocouches de polymère peut s'établir. On parle dans ce cas-là de *nanocomposites intercalés* et d'un phénomène d'*intercalation* (figure 8.6a). Par opposition, la situation dans laquelle la dispersion homogène est obtenue est qualifiée d'*exfoliation* ou de *délamination* et mène à l'obtention de *nanocomposites exfoliés* ou *délaminés* (figure 8.6b).

(a) (b)

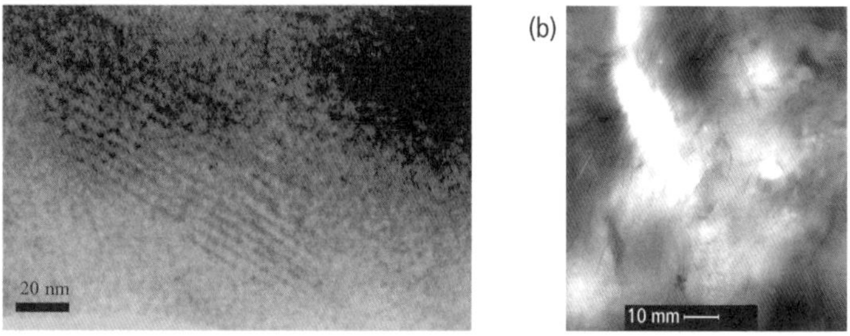

Figure 8.6

Microscopie électronique à transmission de nanocomposites à base de nanofeuillets de montmorillonite dans une matrice thermoplastique.

(a) Structure intercalée ; (b) Structure exfoliée.

Si ces morphologies sont aisément mises en évidence par microscopie électronique à transmission, une autre technique s'avère très intéressante pour la caractérisation des nanocomposites intercalés. Il s'agit de la diffraction des rayons X. En effet, cette technique permet de mesurer la distance qui sépare les deux surfaces de nanofeuillets adjacents. Alors qu'une montmorillonite naturelle présente une distance de feuillet à feuillet d'environ 1,2 nm, sa modification par un cation ammonium alkylé entraîne une augmentation significative de cette distance, qui peut varier en fonction notamment de la longueur de la chaîne alkyle, de 1,5 à plus de 3 nm. L'intercalation d'une monocouche de polymère entraîne quant à elle, une augmentation supplémentaire de 0,4 à 1 nm, suivant la structure du polymère considéré. Cette technique est illustrée par la figure 8.7 qui présente le diffractogramme X aux petits angles d'une montmorillonite sodique, de la même montmorillonite après modification par le cation diméthyldioctadécylammonium et enfin le nanocomposite obtenu par redispersion de cette smectite organomodifiée dans une matrice copolymère éthylène-acétate de vinyle.

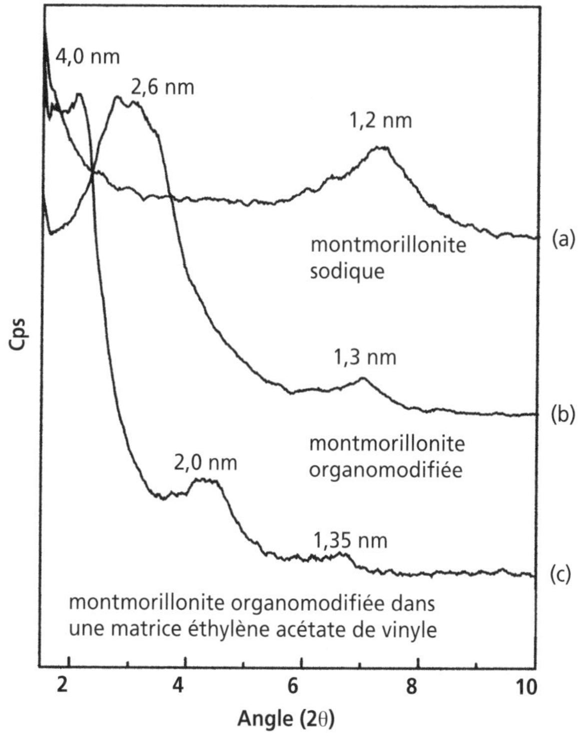

Figure 8.7

Difractogrammes X.

(a) d'une montmorillonite sodique,
(b) après échange par le cation diméthyldioctadécylammonium,
(c) après intercalation d'un copolymère éthylène-acétate de vinyle (contenu en montmorillonite : 3 % en masse).

Il faut toutefois noter que la structure intercalée et la structure exfoliée ne sont que deux structures limites extrêmes et que dans bon nombre de cas, la structure réelle, telle que mise en évidence par microscopie électronique à transmission, se situe le plus souvent dans un état intermédiaire, où l'on observe à la fois une intercalation par diffraction des rayons X et la présence de feuillets exfoliés ou de petits amas de feuillets composés de deux à une dizaine de nanoparticules intercalées. Plus rarement, d'autres structures comme une structure d'empilement régulier analogue à l'intercalation, mais avec des distances entre feuillets supérieures à 7 nm (limite d'observation en diffraction des rayons X) peuvent être mises en évidence.

D'autres techniques telles que la résonance magnétique nucléaire à l'état solide ou la rhéologie permettent également de caractériser, par calcul, l'état de dispersion des nanoparticules.

Propriétés

L'étude des nanocomposites à base de nanoparticules isométriques n'est pas encore très développée. Les propriétés particulières attendues sont essentiellement liées aux propriétés particulières issues de l'échelle nanométrique. En ce qui concerne les nanotubes, nanowhiskers et nanofeuillets, plusieurs propriétés intéressantes sont issues de leur dispersion dans une matrice polymère organique.

Résistance mécanique

Les nanotubes de carbone monoparoi et les feuillets de graphène présentent une résistance à la traction très importante. Citons, à titre d'illustration, qu'un nanotube de carbone de 1 nm de diamètre est six fois plus rigide (1 200 GPa), dans le sens longitudinal de la nanoparticule, que l'acier (200 GPa). Sa ténacité (tension à appliquer et nécessaire pour casser le matériau) est de 200 GPa, bien supérieure à l'acier qui ne développe que 1,5 GPa. De plus, ces nanotubes de carbone sont également très résistants à la compression, à la flexion et à la torsion. Cela en fait des candidats fort étudiés pour le renforcement des matériaux polymères. De fait, l'introduction de nanotubes dans une matrice de polystyrène, en combinaison avec l'usage d'agents tensio-actifs pour limiter leur auto-agrégation, permet d'augmenter la rigidité de près de 30 % d'un nanocomposite chargé de 1 % en masse de nanotubes monoparoi, ce qui est tout à fait remarquable pour une quantité de renforts aussi faible. Par contre, les études montrent que la résistance à la traction des nanotubes multiparois est beaucoup moins spectaculaire. En effet, avec ce type de matériau, les nanotubes ont tendance à glisser les uns sur les autres au sein même de la nanoparticule, réduisant l'effet de renforcement assuré par la rigidité intrinsèque des nanotubes pris individuellement.

Les nanowhiskers de cellulose montrent également de bonnes propriétés de renforcement, avec une brusque augmentation de la rigidité au-delà d'un certain taux de chargement (entre 1 et 5 % en masse, selon la matrice polymère étudiée). Cette brusque augmentation d'une propriété provient du phénomène dit de percolation, c'est-à-dire la formation d'un réseau tridimensionnel par interaction entre les nanowhiskers en contact mutuel. La rigidité de ce réseau est assurée à la fois par la rigidité intrinsèque des nanowhiskers (150 GPa) et la formation de ponts « hydrogènes » lors du contact entre les nanowhiskers voisins. La rigidité du matériau, audelà de sa transition vitreuse (c'est-à-dire dans l'état non vitreux du polymère), peut augmenter jusqu'à 1 000 fois, lors du franchissement du seuil de percolation.

En ce qui concerne les nanofeuillets, un renforcement de la rigidité du matériau nanocomposite, en cas d'exfoliation, est aussi observé. Généralement, la rigidité d'un échantillon soumis à une traction augmente d'un facteur 2 pour un taux de chargement en nanofeuillets inorganiques aux alentours de 3 % en masse. Au-delà de ce taux de chargement, l'augmentation de la rigidité en fonction de la quantité de nanofeuillets est moins importante. Cela s'explique aisément par des contraintes purement géométriques. En effet, si on imagine la dispersion homogène de ces nanofeuillets dans un volume donné, on se rend facilement compte que leur distribution homogène dans le volume ne pourra s'effectuer que pour une quantité limitée de feuillets (cette quantité étant elle-même fonction de la taille des nanofeuillets). Au-delà de cette quantité limite, la présence d'un feuillet au voisinage direct d'un autre entraînera automatiquement une orientation de ce dernier, par manque d'espace. Dans le cas d'un nanocomposite à base d'argiles de type smectite, ceci se traduit par une tendance à limiter l'exfoliation en faveur d'une structure intercalée ou au moins organisée, lorsque le taux de charge dépasse la valeur critique.

Dans le cas des hydrogels nanocomposites, le renfort mécanique apporté par les nanofeuillets d'argile dans la structure hybride formée permet de rendre l'hydrogel plus de 10 fois plus rigide, pour un contenu en nanofeuillets de seulement 5% en masse. Cet effet s'explique notamment par la très grande différence de rigidité entre le matériau hydrogel, très mou et les nanofeuillets d'argile très rigide.

Propriétés « barrière » aux fluides

Les nanocomposites exfoliés à base de nanofeuillets présentent, de par leur structure, une autre propriété intéressante qui consiste en une réduction importante de la diffusion de fluides (gaz, liquides) au travers du matériau : l'effet « barrière ». L'origine de cette propriété est représentée schématiquement par la figure 8.8.

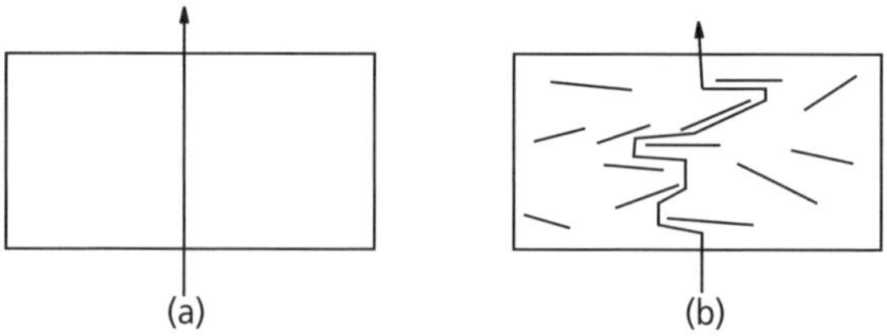

Figure 8.8

Effet barrière.

Représentation schématique de l'effet barrière dans un nanocomposite à nanofeuillets exfoliés : (a) matrice seule ; (b) nanocomposite à nanofeuillets exfoliés.

Dans l'exemple (a), la molécule qui diffuse au travers d'une matrice homogène le fait d'une manière directe et sa vitesse n'est fonction que du coefficient de diffusion de cette molécule dans la matrice polymère. Dans l'exemple (b), la présence de nanofeuillets exfoliés, totalement imperméables aux molécules diffusant dans le matériau, agissent comme autant de barrières que ces molécules doivent contourner afin de progresser dans leur parcours. Le chemin à parcourir pour traverser le matériau s'en trouve très largement augmenté, ce qui entraîne une réduction cinétique très importante de la diffusion des molécules au sein d'un tel matériau. Pour un nanocomposite chargé de 3 % en masse de nanofeuillets exfoliés, la diffusion au travers d'un film peut être réduite par un facteur 5, comparativement au même film de polymère pur.

Propriétés de résistance à la dégradation thermique : la tenue au feu

Les nanocomposites à nanofeuillets exfoliés permettent également d'améliorer la tenue au feu des matériaux polymères. Pour expliquer cette caractéristique, il est nécessaire de schématiser brièvement le mécanisme de combustion d'une matière organique. Lorsqu'un matériau organique est échauffé, au-delà d'une certaine température, certaines liaisons chimiques du matériau peuvent se rompre, entraînant la formation de matières volatiles (le *fuel*) qui se dégagent du matériau. Cette dégradation est par ailleurs favorisée si de l'oxygène peut pénétrer dans le matériau échauffé (*thermo-oxydation*). En présence d'oxygène atmosphérique, ce fuel peut s'enflammer spontanément, en contact direct avec la surface du matériau. L'énergie produite par cette combustion, qui n'est autre qu'une cascade de réactions chimiques faisant intervenir des radicaux hautement réactionnels, sert à maintenir et augmenter l'échauffement du matériau, jusqu'à consommation complète du fuel.

La tenue au feu, telle qu'observée dans les nanocomposites à nanofeuillets exfoliés tient principalement à deux phénomènes. Le premier est directement issu des propriétés « barrière » aux fluides décrites au point précédent. La présence de nanofeuillets réduit de manière significative à la fois la diffusion du fuel vers l'extérieur et la diffusion de l'oxygène vers l'intérieur, limitant ainsi la dégradation et l'échauffement du matériau. Le deuxième phénomène provient de la réorganisation des feuillets lors de la dégradation du matériau. Sous la chaleur et la dégradation thermo-oxydative, la structure en nanofeuillets exfoliés s'effondre pour former une croûte de nanofeuillets superposés en surface de l'échantillon. Cet effondrement entraîne l'emprisonnement de matière en décomposition qui se retrouve piégée entre les feuillets et incapable de subir une thermo-oxydation efficace. Une véritable couche de protection se crée ainsi en surface, formant un isolant thermique et diminuant la quantité de chaleur issue de la flamme nécessaire à l'alimentation de la dégradation thermique.

Dans un nanocomposite à base de 3,5 % en masse de nanofeuillets de montmorillonite exfoliés dans une matrice de copolymère éthylène-acétate de vinyle, on observe un déplacement de la température de dégradation sous air de la matrice polymère de plus de 50 °C vers les plus hautes températures, lors d'une rampe de chauffe de 20 °C/min et une réduction de 45 % de la quantité maximum de chaleur libérée par la combustion du matériau. Par ailleurs, la couche de protection (croûte noire) générée en surface du matériau en combustion suite à l'effondrement des feuillets d'argile empêche le matériau de s'écouler avec la formation de gouttelettes enflammées capables de propager le feu aux matériaux environnants. Ce comportement est mis en évidence par la figure 8.9 avec le ralentissement de la propagation de la flamme et l'absence de gouttelettes enflammées dans le cas du nanocomposite à base de copolymère éthylène-acétate de vinyle chargés de 3,5 % en masse nanofeuillets de montmorillonite exfoliés.

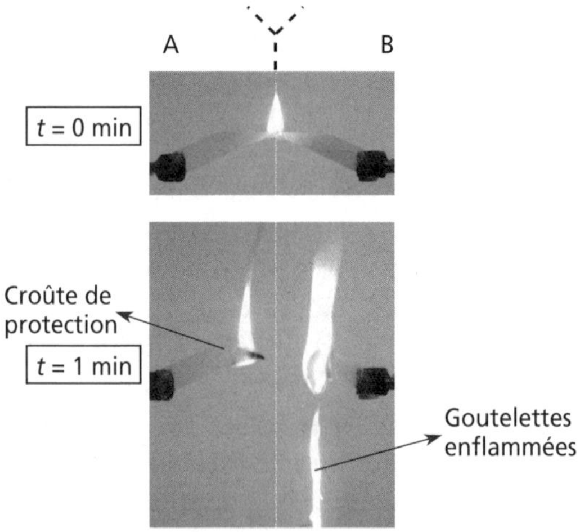

Figure 8.9

Comportement au feu de copolymère éthylène-acétate de vinyle.

(a) nanocomposite chargé de 3,5 % en masse nanofeuillets de montmorillonite exfoliés. (b) matrice seule (t = 0 min. correspond au temps de mise à feu du matériau).

Des études ont montré que les nanotubes de carbone, dispersés dans une matrice poly(propylène), étaient aussi capables d'améliorer la tenue au feu des matériaux polymères. Le mécanisme d'action donnant lieu à cet effet n'est pas encore connu.

Autres propriétés

D'autres propriétés particulières à certains types de nanoparticules peuvent également être mises à profit. Les nanofeuillets de graphite et certains nanotubes de carbone sont d'excellents conducteurs électriques et thermiques. Des études préliminaires montrent l'intérêt de ces nanoparticules pour la fabrication de nanocomposites conducteurs de la chaleur ou de l'électricité.

Les propriétés optiques des nanoparticules isométriques métalliques ou de certains sulfures sont également intéressantes. Ainsi, il est connu que les nanoparticules d'or dispersées dans un milieu émettent une couleur qui diffère selon leur état d'agrégation. La dispersion de nanoparticules d'or dans des films de polyéthylène de ultra-haute masse moléculaire, suivi de l'étirement du film selon un axe particulier permet de provoquer une anisotropie dans la répartition des particules au sein du film. Ainsi, dans la direction perpendiculaire à l'étirement, ces particules sont plus agrégées que dans la direction de l'étirement. Selon l'orientation du film par rapport à une source de lumière polarisée, le film présente alors une couleur transmise différente, résultant de la variation de l'état d'agrégation des nanoparticules.

Des nanoparticules de sulfure de plomb de taille nanométrique (entre 2 et 40 nm) distribuées dans une matrice polymère (par exemple le polyoxyde d'éthylène), dans une proportion équivalent à 50 % en volume (90 % en masse) permet d'obtenir un matériau transparent – car les nanoparticules de PbS sont trop petites pour diffracter la lumière dont la longueur d'onde se situe entre 400 et 700 nm – à très haut indice de réfraction, aux alentours de 3.

APPLICATIONS

Des divers nanocomposites présentés, les matériaux à base de nanofeuillets de smectite exfoliés sont déjà utilisés dans des applications industrielles

Nanocomposites Nylon-6/smectite pour film alimentaire

Diverses industries présentent sur le marché des films d'emballage nanocomposites à base de Nylon-6 et de montmorillonite exfoliée, comme film d'emballage pour les denrées alimentaires produisant une forte odeur comme les fromages ou sensible à l'oxygène comme la viande. Ce sont les excellentes propriétés « barrière » de ces nanocomposites qui sont utilisées ici. En effet, des concentrations en nanofeuillets de montmorillonite de 3 % en masse entraînent une réduction de la perméabilité d'un facteur 2, tout en conservant au film une parfaite transparence et en améliorant sa rigidité (donc sa résistance à la déformation) d'un facteur 2. Ces films sont obtenus par la méthode de polymérisation *in situ*, telle que décrite par la figure 8.5.

Nanocomposites copolymère éthylène – acétate de vinyle dans l'industrie des câbles électriques

L'industrie des câbles électriques pour le bâtiment se voit dans l'obligation de fournir des produits dont les gaines doivent être à la fois des isolants électriques mais également des matériaux suffisamment souples avec une excellente tenue au feu permettant de maintenir le plus longtemps possible la conductivité électrique et limitant au maximum la propagation d'un incendie. Si, de par leurs propriétés intrinsèques, certaines matières polymères répondent bien aux critères d'isolation électrique et de souplesse, la plupart d'entre elles souffrent d'une forte inflammabilité.

La solution longtemps choisie pour pallier cette faible résistance au feu était l'utilisation de matériaux halogénés, capables de piéger les radicaux libres responsables de la combustion dans l'air et de la thermo-oxydation de la matière organique en fuel. Malheureusement, on s'est aperçu que ces additifs entraînent la formation de produits toxiques lors de la combustion (cendres, dioxines…) et des solutions alternatives ont été recherchées. Parmi elles, l'utilisation d'hydroxyde d'aluminium ($Al(OH)_3$) s'est avérée prometteuse. Sous l'action de la chaleur, l'hydroxyde d'aluminium produit de l'eau, qui dilue le fuel et l'oxygène au niveau de la flamme. D'autre part, cette production d'eau est fortement endothermique et fait baisser la température du matériau lors de son évaporation. Malheureusement, pour atteindre un niveau d'efficacité suffisant dans la résistance au feu, il faut préparer un composite avec plus de 70 % en masse d'hydroxyde d'aluminium dans la matrice polymère. Dans ces conditions, la préparation de ce composite nécessite beaucoup d'énergie et la gaine résultante se déchire facilement lors de torsion ou de pliage.

L'utilisation d'une petite quantité de nanofeuillets de montmorillonite dispersés (moins de 3 % en masse) dans ce type de composite a permis de diminuer à 55 % la quantité d'hydroxyde d'aluminium nécessaire pour obtenir des câbles plus souples présentant les mêmes caractéristiques de résistance au feu tout en consommant moins d'énergie.

PERSPECTIVES

La science n'est encore qu'à l'aube de l'utilisation des nanoparticules comme partenaire dispersé d'un composite à matrice organique. Les premières recherches dans ce domaine datent de la fin des années 1980 et les applications actuelles ne concernent encore essentiellement que les nanocomposites à base de nanofeuillets de smectite. Ces derniers, de par leurs propriétés de résistance mécanique, de « barrière » aux fluides et de tenue au feu permettent d'envisager des utilisations de plus en plus courantes dans des secteurs d'activités tels que l'aéronautique et l'aérospatiale, nécessitant des matériaux résistants et légers, l'automobile où la réduction de poids permet de substantielles réductions en consommation de carburant, ou encore dans l'emballage, tant souple que rigide. De nouveaux matériaux révolutionnaires sont sur le point de faire leur apparition telles que des mousses polymères nanocomposites, beaucoup plus résistantes à la déformation que les mousses traditionnelles, capables de concurrencer des matériaux pleins, tout en présentant une densité nettement moindre.

De plus, la croissance très rapide des moyens de production, à l'échelle industrielle, des nanoparticules en général, et des nanotubes de carbone en particulier, laisse imaginer une probable explosion de l'utilisation de ces nanoparticules dans des matrices organiques pour les prochaines années.

Enfin, l'émergence de nouvelles nanoparticules comme les nanofeuillets magnétiques ou supraconducteurs mais aussi les énormes progrès que l'on attend de la chimie supramoléculaire laissent la porte ouverte à l'obtention de nouveaux matériaux intelligents aux propriétés extraordinaires.

9

Nanomagnétisme

INTRODUCTION

Propriétés magnétiques

Les nanoparticules magnétiques existent naturellement, à la fois dans des minéraux et des organismes vivants. Cependant, depuis plusieurs décennies, des protocoles de synthèse ont été développés pour produire ces composés afin de pouvoir tirer profit de leurs propriétés extraordinaires. La magnétite, dont sont constituées de nombreuses nanoparticules magnétiques, est en fait utilisée par l'Homme depuis longtemps : cet oxyde de fer composait les pointes des premières boussoles.

Paramagnétisme

➤ Origine des moments magnétiques

Les propriétés magnétiques de la matière proviennent des électrons qu'elle contient et peuvent être caractérisées par son moment magnétique. Pour un électron isolé, une première contribution au moment magnétique vient du moment angulaire orbital $\vec{L}$ et la seconde du moment angulaire de spin $\vec{S}$. En prenant le facteur de Landé de l'électron $g_e = 2$, on a :

$$\vec{\mu} = \vec{\mu}_L + \vec{\mu}_S = -\frac{e}{2m_e}(\vec{L} + 2\vec{S}) = -\frac{e}{2m_e}(\vec{J} + \vec{S}) \qquad (9.1)$$

où $\vec{J} = \vec{L} + \vec{S}$ est le moment angulaire total de l'électron.

La projection de $\vec{\mu}$ sur $\vec{J}$ vaut alors :

$$\vec{\mu}_L = -\frac{e}{2m_e}g\vec{L} \text{ avec } g = 1 + \frac{j(j+1) + s(s+1) - l(l+1)}{2(j(j+1))}$$

$$\mu_J = \frac{eh}{2m_e}g\sqrt{j(j+1)} = g\sqrt{j(j+1)}\mu_g \qquad (9.2)$$

où $\mu_g = \frac{eh}{2m_e}$ est le magnéton de Bohr électronique. j, l et s sont les nombres quantiques correspondant à $\vec{J}$, $\vec{L}$ et $\vec{S}$.

Les atomes (ou ions) contiennent plusieurs électrons. Pour trouver le moment magnétique total d'un système de n électrons, on doit calculer $\vec{L}_{TOT}$, $\vec{S}_{TOT}$ et $\vec{J}_{TOT}$. Grâce aux règles de Hund, on peut trouver les nombres quantiques correspondant L, S et J. Le moment magnétique résultant de l'atome ou de l'ion concerné est :

$$\vec{\mu}_{TOT} = \vec{\mu}_{L_{TOT}} + \vec{\mu}_{S_{TOT}} = -\frac{e}{2m_e}(\vec{L}_{TOT} + 2\vec{S}_{TOT}) = -\frac{e}{2m_e}(\vec{J}_{TOT} + \vec{S}_{TOT}) \qquad (9.3)$$

Comme précédemment, on travaille avec la projection de $\vec{\mu}_{TOT}$ sur $\vec{J}_{TOT}$.

$$\vec{\mu}_{J_{TOT}} = -\frac{e}{2m_e}g\vec{J}_{TOT} \text{ avec } g = 1 + \frac{J(J+1) + S(S+1) - L(L+1)}{2(J(J+1))}$$

$$\mu_{J_{TOT}} = \frac{eh}{2m_e}g\sqrt{J(J+1)} = g\sqrt{J(J+1)}\mu_g \qquad (9.4)$$

Le tableau suivant reprend les caractéristiques de différents ions magnétiques.

Tableau 9.1

Caractéristiques magnétiques de différents ions

	S	L	J	g	μ_{Jtot} (unités de μ_B)
Mn^{2+}, Fe^{3+}	5/2	0	5/2	2	5.92
Gd^{3+}	7/2	0	7/2	2	7.94
Nd^{3+}	3/2	6	9/2	8/11	3.62

Les moments magnétiques les plus importants sont observés pour le dysprosium et l'holmium. Ces éléments sont utilisés pour la fabrication d'aimants. L'ion de fer présente également des propriétés intéressantes : il sera la brique élémentaire constituant les cristaux ferrimagnétiques utilisés dans le domaine biomédical.

➤ Paramagnétisme, fonction de Langevin

Considérons un système non métallique contenant N ions magnétiques par unité de volume. Si ces ions n'interagissent pas entre eux, le système aura, lorsqu'il est placé dans un champ magnétique extérieur H, un comportement paramagnétique. Ce dernier est le résultat de la compétition entre l'agitation thermique d'une part et la tendance à l'alignement du moment magnétique individuel de chaque ion avec le champ extérieur d'autre part. L'énergie d'interaction entre μ et H est donnée par :

$$H_{para} = E = -\mu_{vide}\mu H cos(\theta) \text{ et } p(E) < e^{\mu_{vide}\mu H cos(\theta) kt} \quad (9.5)$$

La probabilité d'avoir un angle θ entre le moment magnétique et le champ H dépend donc de $p(E)$, mais aussi de la probabilité « géométrique » d'avoir un angle θ avec H, lorsqu'on parcourt la surface d'une sphère de rayon unitaire. On peut montrer que l'aimantation volumique résultante du système d'ions magnétiques pointe suivant z (à cause de la symétrie cylindrique du problème) et est donnée par :

$$\left|\vec{M}\right| = N\mu L(\alpha) = M_{sat}L(\alpha) \text{ où } \begin{cases} L(\alpha) = \coth(x) - \dfrac{1}{x} \\ \alpha = \mu_{vide}\mu H/kT \end{cases} \quad (9.6)$$

où $L(x)$ est appelée fonction de Langevin. La figure 9.1 représente la forme typique de cette fonction. Au premier ordre, lorsque $x \approx 1$, $L(x) \approx x/3$, mais lorsque $x >> 1$, la fonction de Langevin atteint sa valeur de saturation : tous les moments magnétiques sont alignés avec le champ H et l'aimantation vaut $N\mu L(x) = N\mu = M_{sat}$.

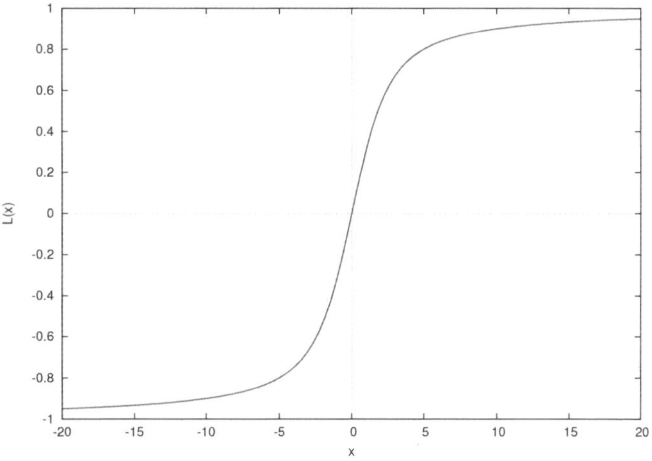

Figure 9.1

Fonction de Langevin.

Pour les composés paramagnétiques à température ambiante, x < 1 aux champs magnétiques usuels. On est donc loin de la saturation. La susceptibilité magnétique est définie par la relation suivante :

$$\vec{M} = \chi\vec{H} \quad (9.7)$$

On peut donc, en utilisant l'approximation de la fonction L(x) au premier ordre, calculer χ :

$$\chi = \frac{N\mu^2\mu_{vide}}{3kT} = \frac{C}{T} \text{ avec } C = \frac{N\mu^2\mu_{vide}}{3k} \quad (9.8)$$

C'est la loi de Curie ; *C* est appelée la constante de Curie.

Les sels et complexes de métaux de transition et de terres rares, comme le fer et le gadolinium, sont des exemples de composés paramagnétiques.

Nota : on ne décrira pas ici le paramagnétisme et le ferromagnétisme métalliques, basés sur la structure en bande des niveaux d'énergie dans un métal.

Ferromagnétisme, ferrimagnétisme et antiferromagnétisme

La théorie du paramagnétisme fait abstraction des interactions entre moments magnétiques au sein du système. Cette approximation n'est en fait valable qu'au-dessus d'une température de transition. Sous cette température, il faut tenir compte des interactions d'échange entre les spins contenus dans le solide. Pour les composés dits ferromagnétiques, cette température de transition entre les régimes ferro et paramagnétique est appelée température de Curie T_C. Même lorsque $T > T_C$ (dans le régime paramagnétique donc), il subsiste une trace des interactions entre les spins, via la susceptibilité, donnée par la loi de Curie-Weiss :

$$\chi = \frac{C}{T - T_C} \text{ avec } T_C = \frac{\lambda \mu_{vide} N \mu^2}{3k} \tag{9.9}$$

où λ est la constante de champ moléculaire. Ce dernier, noté H_W, a été introduit par Weiss et traduit la force des interactions entre spins. Il s'ajoute au champ magnétique extérieur H dans les calculs d'aimantation.

$$H_W = \lambda M$$

$$H_{TOT} = H + H_W \tag{9.10}$$

L'origine quantique du champ moléculaire est l'interaction d'échange entre les spins. Pour deux spins S_1 et S_2, le hamiltonien d'échange est :

$$H_{ech} = -J\vec{S}_1 \cdot \vec{S}_2 \tag{9.11}$$

où J est la constante d'échange. Pour un ferromagnétique, $J > 0$: les spins ont tendance à s'aligner entre eux. La prise en compte de cette interaction peut, en bonne approximation, se résumer à l'introduction du champ moléculaire de Weiss avec $\lambda > 0$.

On observa alors trois comportements distincts :

- Pour $T > T_C$, on retrouve la loi de Curie-Weiss, et le système ne présente pas d'aimantation quand $H = 0$.
- Pour $T < T_C$, il existe une aimantation non nulle à champ nul, on parle alors d'aimantation rémanente M_R. De plus, les courbes d'aimantation obtenues en augmentant le champ et en le diminuant sont asymétriques : une hystérèse magnétique est observée (figure 9.2). Le champ magnétique nécessaire pour annuler l'aimantation rémanente est appelé le champ coercitif H_C.

Enfin, pour $T = T_C = \frac{\lambda\mu_{vide}N\mu^2}{3k}$, on est à la transition. T_C dépend donc logiquement de la force de l'interaction d'échange entre spins, via λ.

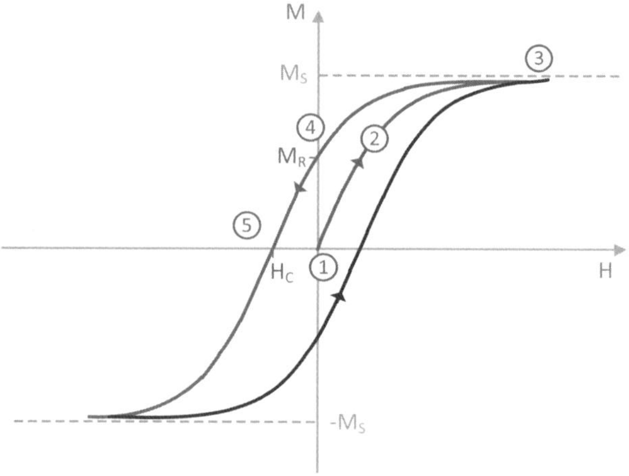

Figure 9.2

Hystérèse magnétique. En augmentant le champ à partir d'une valeur nulle, on parcourt la courbe de première aimantation (2) jusque-là saturation (3). En diminuant le champ on obtient une aimantation rémanente (non nulle) à champ nul (4). Pour annuler l'aimantation, il faut appliquer un champ opposé appelé le champ coercitif (5). Le retour à la saturation ne suit pas la même courbe, on observe donc une hystérèse.

Un matériau ferrimagnétique présente les mêmes propriétés qu'un ferromagnétique : il est paramagnétique au-dessus d'une température de transition T_C, également appelée température de Curie. Ces composés sont structurés en deux sous-réseaux magnétiques (avec une organisation ferromagnétique pour chacun d'entre eux). L'aimantation à saturation des deux sous-réseaux n'est pas égale et donc l'aimantation résultante du système à champ nul n'est pas nulle : comme pour un ferromagnétique, il existe une aimantation rémanente.

La magnétite, premier composé magnétique découvert et utilisé par l'Homme, est un exemple typique de ferrimagnétisme. Elle fait partie du groupe des ferrites à structure cubique MO-Fe_2O_3 (avec M = ion métallique divalent). Cet ion est le Fe^{2+} pour la magnétite, mais peut également être du Mn^{2+}, du Ni^{2+}, du Co^{2+}... La structure cristalline de la magnétite est illustrée à la figure 9.3a. Les ions métalliques se trouvent sur des sites tétraédriques (A) ou octaédriques (B). Les sites A sont occupés par des ions Fe^{3+}, alors que les sites B sont occupés à parts égales d'ions Fe^{2+} et Fe^{3+}. Les interactions d'échange au sein du réseau A et au sein du réseau B tendent à aligner tous les moments magnétiques de A entre eux et tous les moments de B entre eux. Mais il existe également une interaction de super-échange entre ions A et B qui tend à les anti-aligner. Dans le modèle du champ moléculaire, cela se traduit par les équations suivantes pour les champs moléculaires ressentis respectivement sur les sites A et B :

$$\begin{aligned} H_{mol}^{A} &= -\lambda_{AB}M_B + \lambda_{AA}M_A \\ H_{mol}^{B} &= -\lambda_{AB}M_A + \lambda_{BB}M_B \end{aligned} \qquad (9.12)$$

λ_{AB} est la constante de champ moléculaire qui traduit l'interaction de super-échange entre A et B. λ_{AA} et λ_{BB} traduisent respectivement les interactions d'échange au sein de A et de B. Cela résulte en une organisation ferrimagnétique : les moments magnétiques en A sont alignés entre eux mais dans une direction opposée à ceux du réseau B, également alignés entre eux (figure 9.3b).

Nota : L'interaction de super-échange se traduit par un hamiltonien de la même forme que (9.11) mais avec une constante d'échange $J < 0$.

Comme le nombre d'ions Fe^{3+} sur des sites A est égal à celui de Fe^{3+} sur des sites B, leurs moments magnétiques s'annulent et il ne subsiste que le moment magnétique des ions Fe^{2+} sur les sites B. Pour les autres ferrites, le moment magnétique provient également des ions divalents (Mn^{2+}, Co^{2+}...) situés sur les sites octaédriques.

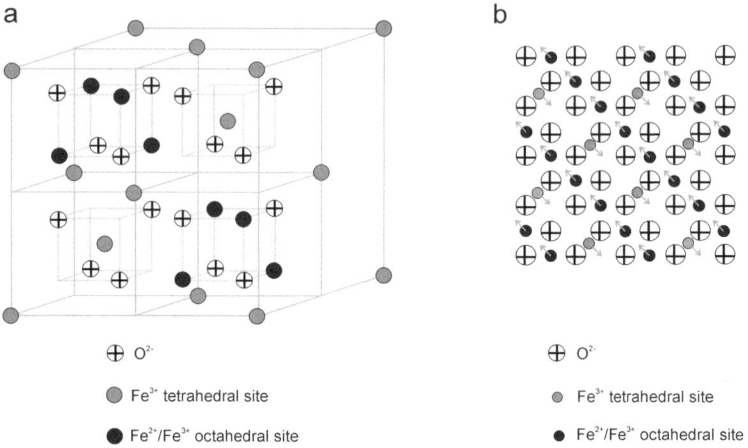

Figure 9.3

Structure cristalline de la magnétite (a) ; organisation magnétique (b) de la magnétite dans le plan cristallin (1,1,1).

À partir de ces considérations, on peut calculer l'aimantation attendue de la magnétite (tableau 9.2).

La maghémite est la forme oxydée de la magnétite, de formule γ-Fe_2O_3. Elle ne contient donc que des ions Fe^{3+}. La stœchiométrie (et éventuellement la structure cristalline) est modifiée à cause de la disparition de cations sur les sites octaédriques. Ces modifications s'accompagnent également d'une diminution de l'aimantation de la maghémite par rapport à celle de la magnétite. La plupart des nanoparticules dites de « magnétite » synthétisées ou utilisées en solution aqueuse sont – au moins en surface – composées de maghémite, comme l'indique par ailleurs la couleur brune des solutions colloïdales correspondantes. Des nanoparticules de magnétite pure produiraient une couleur noirâtre.

Tableau 9.2

Aimantation massique et volumique maximum de la magnétite et la maghémite à température ambiante.

	densité	$M_{massique}$ (Am²/kg)	$M_{volumique}$ (A/m)
Magnétite Fe_3O_4	5.2	92	480000
Maghémite γ-Fe_2O_3	5.1	74	380000

Les composés dits antiferromagnétiques présentent de nombreuses similarités avec les ferrimagnétiques. Ils sont également organisés en deux sous réseaux A et B. Cependant, l'aimantation à saturation des deux sous-réseaux est égale et opposée, ce qui tend à annuler l'aimantation résultante des cristaux antiferromagnétiques. Souvent on ne considère que l'interaction des sous-réseaux voisins A et B (sans considérer A-A et B-B). Dans ce cas le champ moléculaire créé par le réseau B et ressenti par A est proportionnel à l'aimantation de B, et vice-versa :

$$H^A_{mol} = -\lambda M_B \tag{9.13}$$

$$H^B_{mol} = -\lambda M_A$$

Le signe négatif reliant M à H_{mol} illustre la tendance à l'anti-alignement des sous-réseaux. Remarquons que nous avons supposé que la constante de champ moléculaire était la même pour A et B. Les composés antiferromagnétiques deviennent également paramagnétiques au-dessus d'une température de transition, appelée température de Néel T_{N}.

Les nanoparticules antiferromagnétiques, du fait de leur taille, présentent des défauts de structure (ions magnétiques manquants sur un des réseaux, défauts de surface), ce qui entraine une non-compensation des aimantations de A et B et un faible moment magnétique résultant. De plus, sous l'action d'un champ magnétique extérieur, les deux sous-réseaux peuvent se tordre, leurs aimantations respectives ne sont alors plus antiparallèles, ce qui entraîne l'apparition d'un moment magnétique non nul perpendiculaire à la direction d'aimantation des sous-réseaux (figure 9.4). La ferrihydrite ($5Fe_2O_3$-$9H_2O$), un oxyde de fer hydraté, est antiferromagnétique. La ferritine – protéine stockeuse de fer – en contient un nanocristal, ce qui lui confère des propriétés étonnantes notamment en imagerie par résonance magnétique (voir le § biomagnétisme).

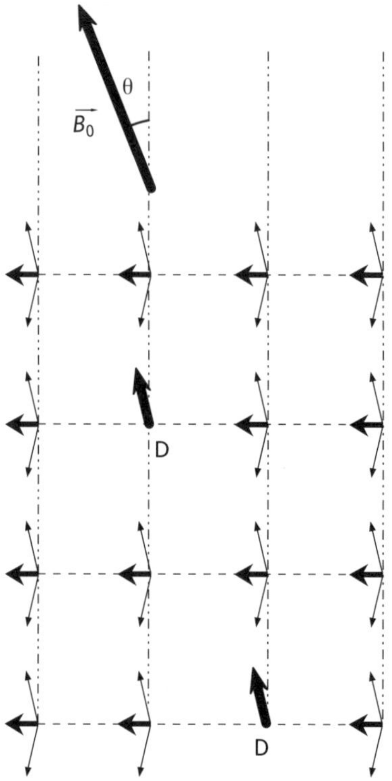

Figure 9.4

Modèle de cristal antiferromagnétique ; les lignes pointillées représentent la direction unique d'aimantation facile, chaque nœud porte deux moments élémentaires opposés. Sous l'effet du champ B_0, les deux sous-réseaux se déforment, donnant naissance à des moments élémentaires représentés par les doubles flèches. Les défauts (indiqués par les lettres D) produisent une contribution à la magnétisation parallèle à la direction d'aimantation facile

Superparamagnétisme

➤ Anisotropie

Le choix de la direction d'aimantation, dans un cristal sous la température de transition magnétique, n'est pas libre. Il existe des axes dits faciles, le long desquels la magnétisation a tendance à s'aligner, de manière à minimiser l'énergie d'anisotropie du système. Celle-ci reprend un terme d'énergie d'anisotropie magnétocristalline, dépendant elle-même de la symétrie cristalline, un terme d'énergie de démagnétisation, liée à la forme extérieure de l'objet magnétisé, et dépend aussi d'effets de surface. Le modèle le plus simple, particulièrement adapté au cobalt, et presque toujours valable pour la contribution provenant de la démagnétisation, est celui d'une énergie d'anisotropie uniaxiale, dont la forme analytique est

$$E_A = KV\sin^2(\theta) \quad (9.14)$$

où θ est l'angle entre le vecteur moment magnétique et la direction d'aimantation facile, et V le volume du cristal (K est la constante d'anisotropie et a les unités d'une énergie par unité de volume). La probabilité d'orientation de l'aimantation dépend donc fortement de l'angle formé avec la direction d'anisotropie, comme illustré à la figure 9.5.

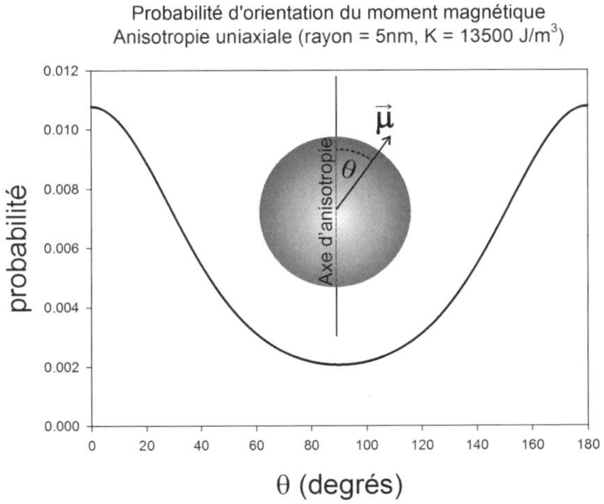

Figure 9.5

Probabilités d'orientation de l'aimantation d'un cristal en fonction de l'angle formé avec la direction d'anisotropie, dans l'approximation uniaxiale.

Pour des cristaux à symétrie plus complexe, l'énergie d'anisotropie est de forme plus complexe ; dans le cas cubique, par exemple, elle s'écrit :

$$E_A = KV(m_x^2 m_y^2 + m_y^2 m_z^2 + m_x^2 m_z^2) \quad (9.15)$$

où m_x, m_y et m_z sont les cosinus directeurs du vecteur aimantation, les axes x, y et z étant les axes du cristal de symétrie cubique.

Ce modèle est adapté à la description de l'anisotropie de la magnétite. Une valeur typique de K pour la magnétite est 13500 J/m^3.

➤ Domaines de Weiss

Sous la température de Curie et au-dessus d'une certaine taille de cristal, la structuration des moments magnétiques à cause des interactions d'échange et de super-échange est en compétition avec la tendance à minimiser le champ créé par l'aimantation du matériau, appelé champ démagnétisant. Pour ce faire, il faut minimiser la grandeur des pôles magnétiques. Le système s'organise alors en domaines – appelés domaines de Weiss – dans lesquels les moments sont alignés mais entre lesquels les directions d'alignement sont différentes. La taille de ces domaines est de l'ordre de 0.2 μm pour la magnétite, mais les nanoparticules utilisées dans le domaine biomédical sont largement sous cette taille, on parle donc de particules « monodomaines ». La majorité des nanoparticules magnétiques sont sous cette taille critique. Le cristal possède alors un moment magnétique optimal, car non moyenné sur plusieurs domaines. Cependant, d'autres propriétés extraordinaires caractérisent ces composés, dont le superparamagnétisme, décrit ci-dessous.

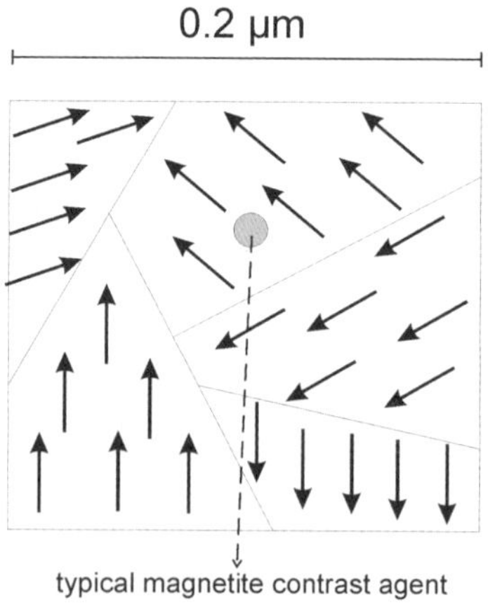

Figure 9.6

Illustration schématique des domaines de Weiss pour la magnétite.

➤ Superparamagnétisme

Pour des cristaux assez petits, on peut observer une transition d'une direction d'anisotropie à la direction opposée (dans l'approximation uniaxiale, pour simplifier le propos). L'énergie thermique kT est alors comparable à la barrière d'énergie d'anisotropie KV. Le temps nécessaire à ce passage d'une direction à l'autre est appelé le temps de relaxation de Néel τ_n, donné par :

$$\tau_N = \tau_0 e^{KV/(kT)} \tag{9.16}$$

τ_0, le facteur pré-exponentiel, est de l'ordre de 10^{-9}s pour la magnétite. Le temps de relaxation de Néel dépend donc de manière exponentielle du volume : si l'on passe d'un diamètre de particule de 5nm à un diamètre de 30 nm, τ_n passe de quelques nanosecondes à un quelques milliers d'années. Les particules sont dites superparamagnétiques lorsque τ_n est inférieur au temps nécessaire pour l'expérience τ_{exp}. Cela dépend donc de la technique expérimentale utilisée pour étudier le système de nanoparticules magnétiques. À température ambiante τ_n est souvent suffisamment court pour qu'une mesure effective de magnétisation donne zéro en l'absence de champ extérieur. Elles n'auront donc pas d'aimantation rémanente.

Lorsque les nanoparticules sont soumises à un champ extérieur, les fluctuations ne disparaissent pas pour autant, mais le vecteur moment magnétique passe davantage de temps dans la (les) direction(s) facile(s) proche(s) de la direction du champ extérieur, donnant lieu à une magnétisation résultante proportionnelle à ce champ extérieur, à faible champ. Le comportement de ces nanoparticules est donc comparable à celui des corps paramagnétiques, à ceci près que leur susceptibilité est beaucoup plus élevée, à cause du comportement collectif des électrons imposé par leur interaction d'échange, ce qui justifie l'appellation de superparamagnétiques. Il convient de bien distinguer superparamagnétisme et paramagnétisme : les particules superparamagnétiques sont avant tout des composés ferro-, ferri- ou antiferromagnétiques sous la température de Curie, mais le moment magnétique total de la particule subit des fluctuations rapides du fait de la relaxation de Néel. Il faut également noter que, dans un liquide, la rotation de la particule influence aussi la dynamique du moment magnétique, on parle alors de relaxation de Brown, caractérisée par un temps τ_b.

La courbe d'aimantation d'un superparamagnétique suit une loi de Langevin, où le moment magnétique utilisé est celui de la particule entière, μ_{part}.

$$M = N\mu_{part}L(\alpha) = M_{sat}L(\alpha) \quad \text{où} \quad \begin{cases} L(\alpha) = \coth(x) - \dfrac{1}{x} \\ \alpha = \mu_0\mu_{part}H/kT \end{cases} \quad (9.17)$$

On peut donc, en ajustant les données expérimentales, obtenir le rayon magnétique – car $\mu_{part} = M_{sat}(4/3)\pi R^3$ – et l'aimantation à saturation des nanocristaux. Il est même possible de déduire les paramètres de la distribution de tailles des cristaux de l'ajustement des courbes magnétométriques, à condition de connaître au préalable le type de distribution (log-normale, gaussienne...).

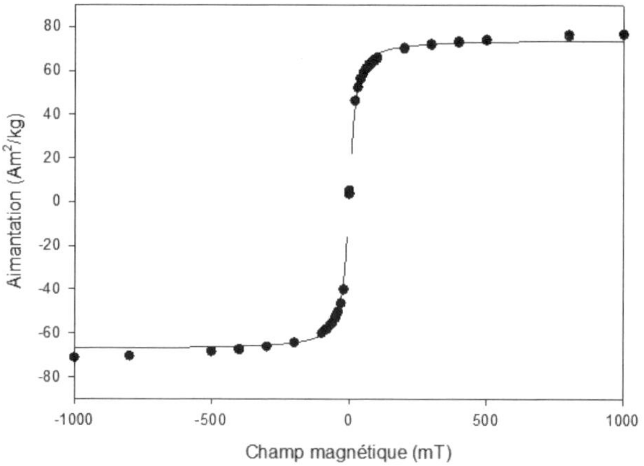

Figure 9.7

Courbe d'aimantation d'une suspension de nanoparticules de maghémite, avec l'ajustement par une fonction de Langevin.

D'autres mesures magnétiques permettent d'obtenir des informations sur les nanoparticules magnétiques, les courbes FC et ZFC :

- La courbe FC (*field cooling*) consiste à refroidir à très basse température l'échantillon en présence d'un faible champ magnétique (10^{-3}- 10^{-2}T) et ensuite de le réchauffer en mesurant son aimantation.

- Pour construire la courbe ZFC (*zero field cooling*), on refroidit l'échantillon à champ nul, pour ensuite le mettre sous un faible champ et le réchauffer en mesurant son aimantation.

La courbe ZFC montre un maximum pour une température déterminée, appelée la température de blocage T_B. En dessous de T_B, les particules ne peuvent s'aligner avec le champ, l'énergie thermique n'est pas suffisante, elles ne sont pas superparamagnétiques. Au-dessus de T_B, l'énergie thermique est telle que le temps de relaxation de Néel τ_n devient plus petit que le temps nécessaire à l'expérience τ_{exp}, on entre dans le régime superparamagnétique. La taille des particules peut être déduite de la température de blocage T_B. De même, la forme des courbes FC-ZFC apporte des informations qualitatives sur la distribution de taille des cristaux magnétiques.

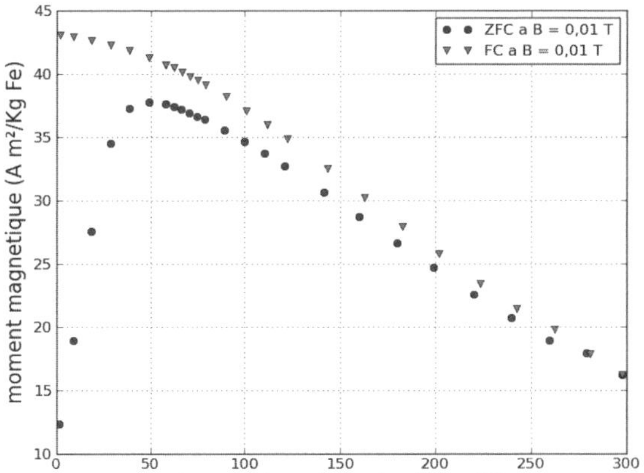

Figure 9.8

Courbes FC-ZFC de nanoparticules de maghémite.

Magnétorésistance géante

Depuis la découverte des équations de Maxwell, on sait que les interactions magnétiques et électriques sont intrinsèquement liées. Il semble donc logique que lorsqu'un conducteur est soumis à un champ magnétique, le courant qui le parcourt s'en trouve modifié.

C'est l'effet de « magnétorésistance » établi au cours du XIXe siècle : le champ magnétique agit sur le mouvement des électrons libres du conducteur, fait varier le courant et donc, la résistance électrique du circuit. Cette variation est relativement faible – habituellement de l'ordre de 5 %.

En 1989, Albert Fert et Peter Grünberg (Prix Nobel de Physique 2007) découvrent indépendamment qu'en utilisant un conducteur composé de couches nanométriques ferromagnétiques séparées par des couches non magnétiques, le champ magnétique peut faire varier la résistance du conducteur de plusieurs dizaines de pourcents ! Ils appellent ce phénomène la « magnétorésistance géante » qui leur a valu le Prix Nobel de Physique en 2007. Ce phénomène n'apparaît que lorsque les couches qui composent le conducteur ont une épaisseur suffisamment fine, de l'ordre du nanomètre. Il a, depuis sa découverte, ouvert un champ de recherche appelé « spintronique » et est notamment très utilisé dans les têtes de lecture de disque dur et a permis leur miniaturisation actuelle.

Le phénomène de magnétorésistance géante peut être qualitativement compris à partir de la figure 9.9. Les schémas représentent le conducteur composé de deux couches ferromagnétiques (en bleu) dont les flèches indiquent la direction de leur aimantation. Ces couches sont séparées par une couche non magnétique conductrice (en orange). Lorsqu'aucun champ magnétique n'est appliqué sur le conducteur, les aimantations ont des directions opposées (cas (a)), tandis qu'elles pointent dans le même sens en présence d'un champ (cas (b)).

Deux électrons A et B, dont les spins sont supposés différents sont représentés sur chacun des schémas. On suppose que l'électron A est freiné dans son parcours lorsque l'aimantation du matériau est dirigée vers la gauche, tandis que l'électron B est ralenti par une aimantation dirigée vers la droite.

Dans le cas antiparallèle (a), les deux électrons sont « équivalents » si on considère l'entièreté de leur parcours. L'électron B est en effet ralenti dans son parcours lorsqu'il passe de la couche inférieure à la couche supérieure tandis que l'électron A est ralenti lorsqu'il passe de la couche supérieure à la couche inférieure – dans les deux cas, les deux électrons ont donc une vitesse moyenne identique faible. Il en résulte un courant électrique faible et donc une grande résistance du circuit.

Dans le cas où les aimantations des couches sont parallèles (b), les deux électrons ont des parcours bien différents. L'électron A n'est jamais freiné quand il passe d'une couche à une autre, tandis que l'électron B subit des collisions dans les deux couches et est fortement ralenti. Il en résulte au total un courant plus rapide et donc une résistance électrique plus faible.

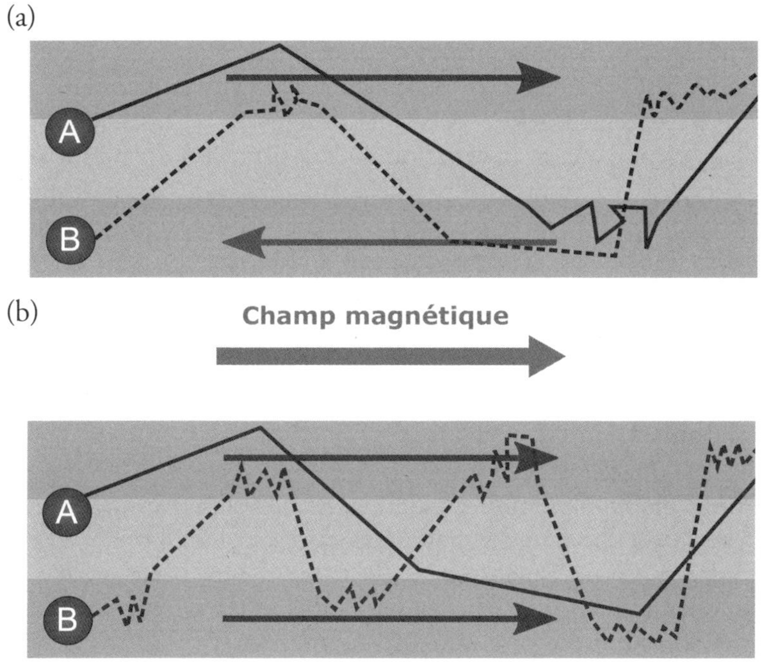

Figure 9.9

Schématisation du phénomène de magnétorésistance géante dans des tricouches conductrices. Les bandes bleues représentent les couches magnétiques, tandis que les bandes orangées symbolisent la couche non magnétique. Les électrons A et B sont supposés avoir des spins différents et sont donc différemment freinés par les couches magnétiques.

Évidemment, une variation de la résistance due à ce phénomène ne peut être significative que si la couche non magnétique est suffisamment petite : elle doit être en dessous du libre parcours moyen d'un électron (la distance moyenne sur laquelle l'électron ne rencontre aucune collision avec un autre électron). En effet, si la couche non magnétique est trop épaisse, l'échange d'électrons entre les deux couches magnétiques n'est plus efficace et l'effet de magnétorésistance géante n'est plus significatif.

Dans les travaux originaux de Fert, des multicouches de fer de 3 nm et de chrome de 0.9 nm ont été fabriquées. Elles étaient fortement couplées et un champ magnétique de 2T était nécessaire pour réorienter l'aimantation des couches. Ils obtinrent une variation de 80 % de la résistance, ce qui était énorme par rapport aux 5 % habituellement observés. C'est pourquoi ils appelèrent ce phénomène « Magnétorésistance *géante* ».

Par la suite, cet effet a été détecté pour d'autres matériaux tels que les multicouches Cobalt/Ruthénium, Cobalt/Chrome, Cobalt/Cuivre etc. Si la variation de la résistance a été mesurée au départ pour des courants parallèles au plan des couches, elle a également été identifiée pour des courants qui leur sont perpendiculaires – l'effet est, dans ce cas, encore plus marqué.

Aujourd'hui, des assemblages de plusieurs couches dits « vannes de spin » permettent de détecter le phénomène pour de faibles champs magnétiques (de l'ordre du millitesla). Ils constituent notamment les têtes de lecture des disques durs actuels (voir le § applications).

La magnétorésistance géante a également permis la découverte d'autres phénomènes tels que la magnétorésistance tunnel – dans ce cas, la couche non magnétique conductrice de la figure 9.9 est remplacée par un isolant et les électrons la traversent grâce à un phénomène quantique, dit « effet tunnel ». La variation de résistance alors observée peut atteindre les 600 %.

Un autre phénomène, dit « transfert de spin », a également été mis au jour. Dans le cas de la magnétorésistance géante, la réorientation de l'aimantation d'une des couches magnétiques induit un courant. Pour le transfert de spin, c'est l'inverse : l'injection d'un courant polarisé en spin fait varier l'aimantation de la couche. La magnétorésistance a aussi ouvert la voie à la « spintronique », c'est-à-dire au domaine exploitant les liens entre spin (c'est-à-dire l'aimantation des électrons) et transport de charge (c'est-à-dire le courant électrique) pour le stockage d'information et son traitement.

Comme déjà mentionné, la magnétorésistance géante a trouvé comme application principale actuelle les têtes de disques durs. Mais ce n'est pas la seule : elle est utilisée pour les capteurs d'infimes champs magnétiques et de manière plus générale dans différents types de capteurs tels que les codeurs de position ou angulaires utilisés en robotique ou dans les automobiles, capteur de contraintes, en magnétoencéphalographie. La magnétorésistance tunnel peut quant à elle être utilisée dans les circuits logiques.

Synthèse des nanoparticules d'oxyde de fer

Nous donnerons dans ce paragraphe un aperçu des différentes méthodes de synthèse de nanoparticules d'oxyde fer, qui sont intensivement utilisées dans le domaine biomédical.

Synthèse du cœur cristallin

De par l'intérêt grandissant de la communauté scientifique pour les nanoparticules magnétiques, nous avons pu assister au cours de ces dernières années à une grande diversification des procédés de synthèse aboutissant à leur formation, que ce soit du point de vue du protocole expérimental employé, de la nature des solvants ainsi que de la présence ou non d'agents de stabilisants ou de surfactants en cours de synthèse. Chaque protocole de synthèse produit des nanoparticules caractérisées par des propriétés physico-chimiques spécifiques, associées à la méthode.

Quel que soit le processus chimique de synthèse envisagé, la formation des particules superparamagnétiques en solution comporte trois étapes essentielles :

- la formation de germes par condensation de précurseurs de fer,
- la croissance cristalline,
- le vieillissement des particules.

Ainsi, la synthèse de nanoparticules caractérisées par une faible dispersion en taille implique une séparation des étapes de germination et de croissance cristalline. En pratique, il convient de déterminer les conditions expérimentales afin d'imposer au système un important différentiel cinétique entre la nucléation et la croissance.

Bien que des méthodes physiques aient été décrites pour la fabrication de ces nano-objets (les méthodes pyrolytiques par exemple), généralement, les chercheurs ont recours à des procédés chimiques, en particulier, la co-précipitation d'ions ferreux et ferriques en milieu alcalin selon l'équation :

$$Fe^{2+} + 2\ Fe^{3+} + 8\ OH^{-} \rightarrow Fe3O4 + 4\ H_2O$$

Des dispersions colloïdales de magnétite sont alors obtenues après traitement soit par un acide (acide nitrique), soit par une base (hydroxyde de tétraméthylammonium). Ce procédé rapide et peu coûteux permet la formation à grande échelle de particules sphériques dont la taille peut être modifiée en ajustant les paramètres expérimentaux tels que la nature et le rapport des sels ferreux/ferriques, le pH, la force ionique, la vitesse d'agitation ou encore la température de réaction. Malgré de nombreux avantages, les particules obtenues par ce procédé sont caractérisées par un indice de polydispersité élevé et un procédé de sélection en taille (magnétofiltration, centrifugation, chromatographie d'exclusion stérique) est indispensable afin d'affiner la distribution en taille. L'utilisation de systèmes tels que les micro-émulsions inverses permet un contrôle de la taille et une réduction importante de l'indice de polydispersité en limitant les phénomènes de croissance cristalline et d'agglomération des nanoparticules en cours de synthèse.

Une approche alternative afin de réduire l'indice de polydispersité est la décomposition thermique de précurseurs ferriques à haute température en milieu organique réducteur. Cette méthode est fréquemment employée pour la production de nano-aimants de diamètre inférieur à 20 nm avec un bon contrôle de la taille. Par exemple, l'acétylacétonate de fer(III), le précurseur de fer, est décomposé et réduit en partie en ions ferreux par la présence de 1,2-hexadécanediol, d'oléylamine et d'acide oléïque dans le dibenzyléther à haute température ($T \geq 200$ °C). Les particules obtenues par cette méthode sont stabilisées par un enrobage d'acide oléique et peuvent être dispersées dans un solvant organique (hexane, heptane, toluène...). Cette synthèse permet l'obtention d'une solution de nanoparticules d'oxyde de fer de taille contrôlée avec un faible indice de polydispersité et permet de s'affranchir de l'utilisation de système de sélection de taille après synthèse.

Modification et étude de la surface des nanoparticules

La stabilisation des nanoparticules est un paramètre crucial afin d'obtenir des fluides colloïdaux stables vis-à-vis des phénomènes d'agrégation, en particulier en milieu biologique et sous l'effet d'un champ magnétique. La stabilité d'une telle suspension résulte d'un équilibre entre des forces attractives (type van der Waals et forces dipolaires magnétiques) et répulsives (électrostatiques et stériques). Même si une phase dispersée est instable d'un point de vue thermodynamique (de par leur petite taille, les nanoparticules sont caractérisées par un rapport surface/volume important et pour réduire cette tension interfaciale, les nanoparticules vont donc s'agglomérer spontanément), d'un point de vue cinétique, la stabilisation de particules magnétiques peut être atteinte en influant sur l'une des deux forces répulsives (figures 9.10-11).

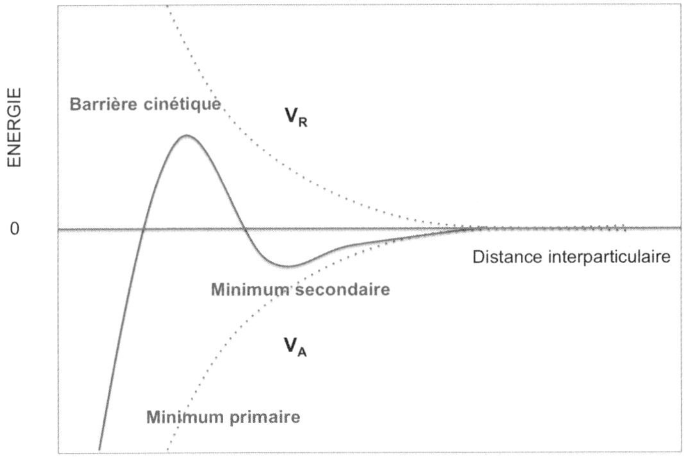

Figure 9.10

Schéma de la variation d'énergie libre en fonction de la distance interparticulaire d'après la théorie DLVO.

Dans le cadre des applications biomédicales, l'enrobage doit être biocompatible et non toxique. Différentes matrices ont été employées afin de stabiliser les nanoparticules en milieu physiologique. La plupart des stratégies employées sont fondées sur l'adsorption d'un matériau de poids moléculaire important (éventuellement chargé) permettant de stabiliser le cœur magnétique soit en cours de synthèse, soit après préparation. L'exemple le plus répandu est celui du dextran et de ses dérivés (comme le carboxy-dextran), dont les composites ont été commercialisés pour des applications cliniques sous les noms d'Endorem® ou de Resovist®. Le mécanisme d'adsorption du dextran à la surface des oxydes de fer résulte essentiellement de liaisons hydrogènes entre les groupements polaires distribués le long de la chaîne polymère et les fonctions hydroxyles présentes à la surface des particules. D'autres enrobages à bases de matériaux polymères synthétiques (polyethylèneglycol, polyvinylalcool...) ou naturels (chitosan, alginate, ...) ont également été décrits dans la littérature.

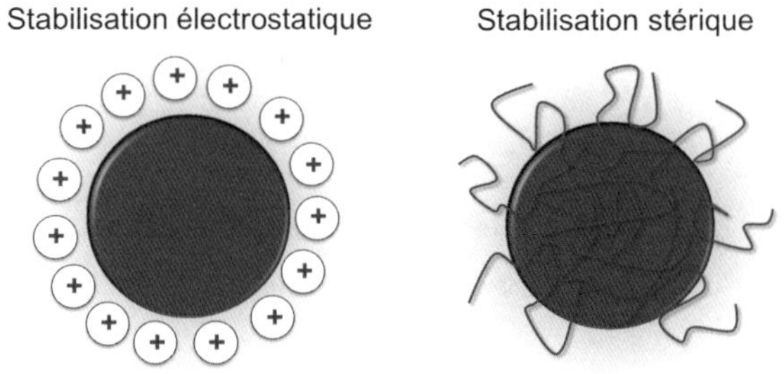

Figure 9.11

Exemples de stabilisation de fluides colloïdaux.

Divers outils permettent de confirmer la modification de la surface des particules. De manière indicative, la spectroscopie infra-rouge permet d'attester de la présence d'une couche stabilisatrice en surface.

Une mesure du potentiel zêta sur une large gamme de pH permet de déterminer la valeur du point isoélectrique (PIE). Le PIE des nanoparticules d'oxyde de fer non enrobées se situe autour d'une valeur de pH égale à 6.5. Dans l'hypothèse d'un enrobage avec des fonctions acides ou basiques en surface, un déplacement du PIE vers les pH acides ou basiques confirme la modification de la surface des particules. De plus, cette valeur est un indicateur important de la stabilité d'une suspension colloïdale puisque c'est aux pH proches du PIE que le colloïde est le moins stable.

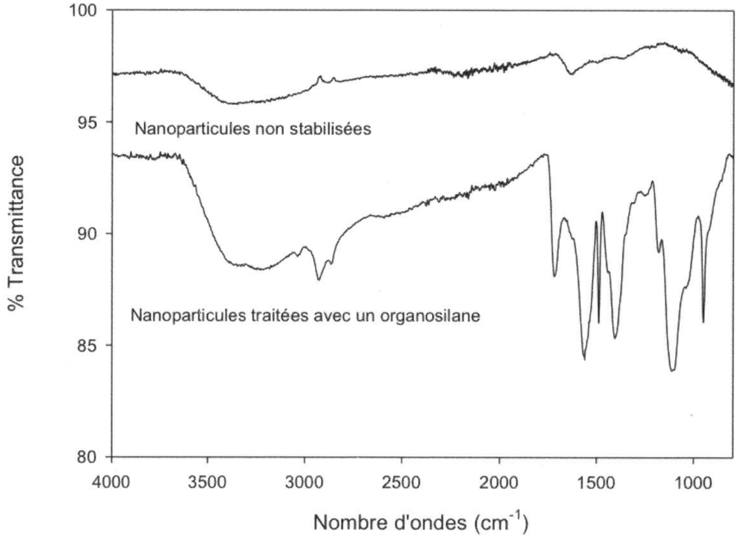

Figure 9.12

Spectres infra-rouges avant et après modification de la surface des nanoparticules d'oxyde de fer avec des organosilanes fonctionnels.

Enfin, la détermination du diamètre hydrodynamique et de la distribution en taille obtenue par spectroscopie de photocorrelation (PCS) peut également s'avérer utile afin d'estimer la dimension des grains magnétiques après enrobage. Couplée à une analyse relaxométrique, les informations obtenues permettront d'évaluer si l'augmentation du diamètre hydrodynamique est le résultat de l'enrobage de plusieurs grains magnétiques ou de l'enrobage d'un seul grain. D'autres informations peuvent être obtenues par une analyse thermogravimétrique (masse de matière organique en surface), la microscopie électronique haute résolution (épaisseur de l'enrobage) ou encore le TOF-SIMS (détermination des fragments moléculaires en surface).

Caractérisation

La taille et la forme du grain magnétique, sa composition ainsi que sa structure cristalline sont autant de paramètres déterminant les propriétés magnétiques, et donc l'efficacité, de colloïdes superparamagnétiques. Plusieurs techniques peuvent être utilisées afin d'évaluer ces propriétés :

- Les particules d'oxyde de fer développées comme agent de contraste en imagerie par résonance magnétique (voir annexe) doivent pouvoir « doper » la vitesse de relaxation des protons environnants afin d'induire une modification de l'intensité du signal dans la zone où il s'est accumulé (voir annexe). Outre leur influence sur le temps de relaxation longitudinale (T_1), les oxydes de fer agissent de manière prédominante sur le temps de relaxation transverse (T_2), induisant une chute importante du signal (noircissement). L'efficacité d'un agent de contraste est évaluée grâce à la notion de relaxivité longitudinale r_1 ou transverse r_2. Ce sont les vitesses de relaxation normalisées par la concentration en ion magnétique actif de l'agent de contraste, le fer par exemple, pour des nanoparticules d'oxyde de fer.

$$r_1 = \frac{\Delta(1/T_1)}{\Delta C} \quad \text{et} \quad r_2 = \frac{\Delta(1/T_2)}{\Delta C} \tag{9.18}$$

- $\Delta(1/T_i)$ est l'incrément de vitesse de relaxation causé par l'augmentation de la concentration de ΔC.

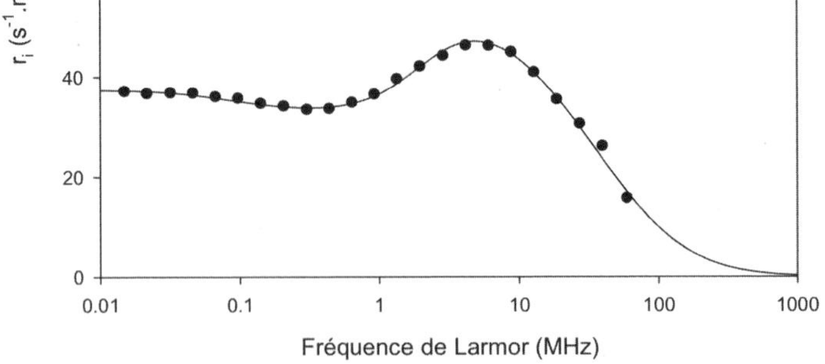

Figure 9.13

Évolution des relaxivités longitudinale (r_1) et transverse (r_2) de nanoparticules d'oxyde de fer en fonction du champ magnétique.

- Un lissage théorique par un modèle de relaxation superparamagnétique de la courbe de la relaxivité longitudinale (r_1) en fonction du champ magnétique (figure 9.13) permet d'estimer certains paramètres importants tels que le rayon moyen du grain magnétique, son aimantation à saturation ainsi qu'un ordre de grandeur du temps de relaxation de Néel. La détermination des caractéristiques de particules magnétiques par l'utilisation des mesures de temps de relaxation possède cependant des limitations majeures :
  - Le modèle ne s'applique que pour des particules de petite taille (< 20nm).
  - Le modèle considère que les grains magnétiques sont répartis de manière homogène dans la solution aqueuse. Le lissage perd donc tout son sens pour des clusters de particules, ou des particules enrobées par un coating hydrophobe.

Il est donc fondamental de coupler les études relaxométriques à d'autres types de mesures. Comme nous l'avons vu plus haut, les mesures magnétiques (aimantation en fonction du champ et courbes FC-ZFC) permettent aussi de déduire l'aimantation à saturation, le rayon et même les paramètres de la distribution de taille.

Bien que représentatives, les dimensions du grain magnétique issues des lissages théoriques des courbes magnétométriques et relaxométriques restent des valeurs moyennes, qui sont influencées par l'hétérogénéité en taille de l'échantillon.

La microscopie à transmission électronique (MET) est une des techniques permettant d'imager les nanoparticules à l'échelle nanométrique et ainsi en déduire, après comptage d'un nombre statistiquement significatif de particules, le diamètre du cœur magnétique ainsi que l'indice de polydispersité (PDI). Outre la taille, cette technique permet également de se rendre compte de la forme des nano-objets synthétisés. Moyennant l'utilisation d'appareils à haute résolution (HR-TEM), cette technique permet, dans le cas de particules enrobées, la visualisation et la détermination de l'épaisseur de la couche stabilisatrice (figure 9.14). La mesure TEM s'effectuant sur un échantillon séché, la technique peut toutefois présenter des difficultés à cause de la formation d'agrégats lors de la préparation de l'échantillon.

La spectroscopie de corrélation photonique (PCS) constitue une autre technique fréquemment employée afin d'estimer le diamètre des nanoparticules ainsi que leur distribution en taille. L'avantage de cette technique est qu'elle permet une caractérisation des particules en solution. La détermination du coefficient de diffusion des nanoparticules en solution (par la mesure de l'intensité de la lumière diffusée par le colloïde irradié par un faisceau laser au cours du temps) permet de déduire le diamètre hydrodynamique par la seule connaissance de la viscosité du milieu via l'équation de Stoke-Einstein :

$$D = \frac{k_B T}{6\pi\eta R} \tag{9.19}$$

où D est la constante de diffusion, k_B la constante de Boltzmann, T la température absolue, η la viscosité du fluide et R le rayon hydrodynamique.

Le diamètre hydrodynamique correspond au diamètre des nanoparticules incluant l'enrobage et les couches de solvatation (figure 9.14).

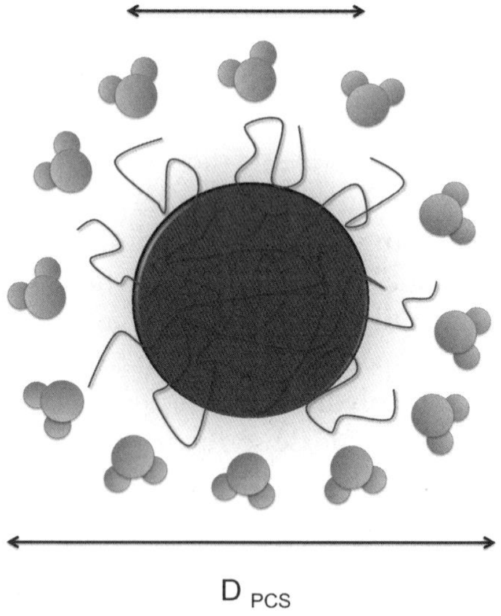

Figure 9.14

Comparaison des diamètres mesurés par microscopie électronique à transmission (MET) et par spectroscopie de corrélation photonique (PCS).

La diffraction par rayons X ainsi que la spectroscopie Mössbauer complètent la caractérisation en fournissant respectivement des informations sur la structure cristalline du grain magnétique ainsi que sur l'état d'oxydation des ions métalliques au sein du cristal.

APPLICATIONS

Agents de contraste pour l'IRM

L'annexe 1 reprend les principes de base de l'imagerie par résonance magnétique. Les particules magnétiques, principalement de magnétite et maghémite, sont des agents de contraste négatifs très efficaces, car ils raccourcissent nettement plus le T_2 que le T_1 des protons situés dans leur environnement. Comme nous l'avons déjà vu, l'efficacité d'un agent de contraste est évaluée grâce aux valeurs de relaxivité longitudinale r_1 ou transverse r_2, qui sont les vitesses de relaxation ($1/T_i$) normalisées par la concentration en ion magnétique actif de l'agent de contraste, le fer pour des nanoparticules d'oxyde de fer par exemple.

On distingue, selon la taille, deux types de particules : les SPIO (*small particles of iron oxide*) et les USPIO (*ultra small particles of iron oxide*). Les premières sont composées de plusieurs cristaux dans un enrobage (de taille totale hydrodynamique > 40 nm) alors que les secondes sont constituées d'un cristal unique dans un enrobage (taille hydrodynamique < 40 nm). L'enrobage peut être plus ou moins perméable, ce qui aura une influence importante sur les propriétés de relaxation. La taille des particules conditionne leur devenir *in vivo*. Les SPIO sont captées rapidement par le système réticulo-endothélial, ce qui justifie leur utilisation pour l'imagerie du foie (figure Annexe IRM 3b). Les USPIO, quant à elles, restent plus longtemps dans le sang, ce qui rend possible des études d'angiographie et d'imagerie moléculaire. La taille conditionne également les propriétés de relaxation des particules (figure 15). Les grosses particules présenteront un rapport r_2/r_1 important aux champs d'imagerie usuels, et seront donc employées comme agents de contraste négatifs. Les USPIO présenteront un rapport r_2/r_1 plus proche de 1, ce qui permet leur utilisation comme agents positifs, mais avec des valeurs de relaxivités moindres. L'application principale des particules superparamagnétiques en IRM reste donc le contraste négatif.

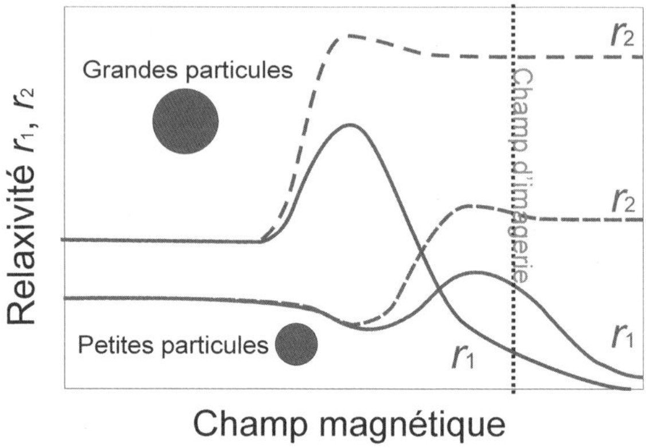

Figure 9.15

Relaxivités longitudinale (r_1) et transverse (r_2) de nanoparticules d'oxyde de fer en fonction du champ magnétique et de la taille.

Les caractéristiques physico-chimiques des particules, telles que l'aimantation, la taille et l'état d'agrégation, revêtent une importance considérable quant à l'impact des particules sur la relaxation, d'où l'importance d'une caractérisation fine de ces systèmes avant leur utilisation in vivo. Différentes théories de relaxation, appuyées par des simulations numériques et de nombreux résultats expérimentaux, apportent à présent une description complète de la relaxation des protons en présence de particules aimantées, ce qui permet de fabriquer des particules sur mesure, en fonction de l'application visée.

En RMN, la relaxation est causée par une interaction entre les protons et leur environnement. Ici, il s'agit d'une interaction magnétique dipolaire entre le moment magnétique nucléaire du proton et le moment magnétique μ gigantesque (et d'origine électronique) d'une particule magnétique. La relaxation longitudinale nécessite également que cette interaction soit modulée dans le temps, contrairement à la relaxation transverse pour laquelle cette condition n'est pas nécessaire. La modulation de l'énergie d'interaction peut provenir de la diffusion des protons autour des particules, mais également – pour des particules superparamagnétiques – de la relaxation de Néel du moment magnétique de la particule superparamagnétique. Une description détaillée de ces mécanismes dépasse le cadre de ce texte est peut être trouvée dans la littérature. Le tableau suivant reprend les valeurs de relaxivités de quelques agents de contraste superparamagnétiques.

Tableau 9.3

Relaxivités de particules d'oxyde de fer

		r_1 ($s^{-1}mM^{-1}$)	r_2 ($s^{-1}mM^{-1}$)	r_2/r_1
SPIO	SHU-555A (Resovist)	25.4 (0.47T, 37 °C)	151	5.94
	AMI-25 (Endorem)	9.95 (1.5T, 37 °C)	158	16
		25 (0.4T, 37 °C)	147	5.88
	AMI-25 (Endorem)	23.7 (0.47T, 39 °C)	107	4.51
USPIO	AMI-227 (Sinerem)	19.5 (1.5T, 37 °C)	87.6	4.49
		46.9 (0.4T, 37 °C)	88.2	1.88
	AMI-227 (Sinerem)	22.7 (0.47T, 39 °C)	53.1	2.34
	MION-46L	3.95 (1.5T, 37 °C)	19.6	4.96
	MION-46L	22.2 (0.47T, 35 °C)	43.7	1.97
	NC100150 (Clariscan)	24.0 (0.47T, 35 °C)	36.4	1.64
	NC100150 (Clariscan)	20 (0.47T, 37 °C)	35	1.65

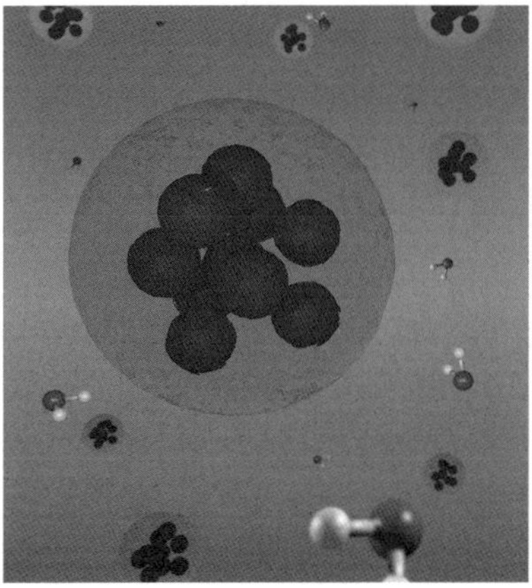

Figure 9.16

Schématisation de la relaxation des protons de l'eau en présence de particules aimantées.

Imagerie cellulaire

L'internalisation d'agents de contraste au sein de cellules est liée à la capacité qu'aura la cellule à recevoir et à fixer cet agent de contraste. Les nanoparticules d'oxyde de fer sont les agents de contraste préférentiellement utilisés pour l'IRM cellulaire. Ceci s'explique par leurs propriétés :

- Sensibilité r_2 : les nanoparticules d'oxydes de fer entraînent une modification du signal plus importante que les complexes de gadolinium utilisés en routine clinique. Étant composées de milliers d'atomes de fer, elles ont donc une sensibilité en IRM plus élevée que d'autres types d'agents de contraste.
- Charge intracellulaire en agents de contraste : les nanoparticules d'oxydes de fer tendent à donner un meilleur contraste en permettant un haut niveau d'accumulation de l'agent de contraste superparamagnétique dans les endosomes cellulaires.
- Biocompatibilité : les nanoparticules superparamagnétiques sont constituées de fer biodégradable qui est biocompatible avec les cellules. Elles peuvent donc être facilement recyclées par les cellules qui vont utiliser les voies métaboliques classiques de prise en charge du fer.

L'efficacité du marquage cellulaire par des nanoparticules d'oxyde de fer dépendra essentiellement de la nature des particules utilisées (nature de l'enrobage, taille, utilisation d'agents de transfection non viraux et viraux…), de la concentration en fer dans le milieu et bien sûr du type cellulaire à marquer. *In vitro*, les nanoparticules non spécifiques ont ainsi été utilisées à fortes concentrations pour marquer divers types cellulaires tels que les cellules T, les monocytes/macrophages, les cellules de gliome et les cellules souches d'oligodendrocytes.

Il a par ailleurs été montré que la présence de charges négatives en surface des particules induit une capture trois fois plus importante en comparaison aux conventionnels SPIOs recouverts de dextran (Feridex®), principalement à cause des interactions électrostatiques entre la membrane et les agents de contraste. La présence d'agents de transfection adsorbés à la surface des particules permet également d'augmenter l'efficacité du marquage. En effet, ces agents peuvent transporter les nanoparticules à l'intérieur de la cellule par l'intermédiaire de vésicules endosomales. Parmi ces molécules de transfection, se trouvent les dendrimères, la Poly-L-Lysine (PLL), la lipofectamine, le sulfate de protamine, les lectines et les peptides de polyarginine. La PLL de haut poids moléculaire (autour de 400 kDa) est un agent de transfection très utilisé. D'un point de vue mécanistique, ces agents de transfection (polymères hautement chargés) viennent se fixer sur de multiples sites au niveau de la membrane cellulaire, induisent un fléchissement de cette dernière puis une endocytose.

Ces cellules marquées présentent un intérêt certain en imagerie par résonance magnétique. De nombreux travaux ont ainsi décrit le suivi par imagerie de cellules souches, l'intérêt étant de visualiser la rétention, la migration et la localisation de ces cellules transplantées qui viennent reconstituer les tissus dégénérés. L'imagerie peut ainsi être utilisée pour comprendre les mécanismes mis en jeu par ces cellules (mécanismes de l'inflammation, mécanismes anti-tumoraux...).

Imagerie moléculaire

Les recherches actuelles visent à optimiser la spécificité et l'efficacité des agents de contraste superparamagnétiques. Ainsi, les études de pointe s'orientent vers le développement d'agents de contraste dit « intelligents » destinés à l'imagerie moléculaire dont le principe repose sur la reconnaissance à l'échelle moléculaire de biomarqueurs spécifiques de pathologies. Typiquement, cette méthode requiert l'emploi d'agents de contraste ciblés qui sont des systèmes moléculaires souvent complexes, constitués d'un vecteur (peptide, oligonucléotide ou molécule de synthèse) spécifique de la structure ciblée et couplé, par l'intermédiaire d'un espaceur (linker), à l'agent de contraste (figure 9.17).

De nouveaux agents de contraste « intelligents » ont ainsi été développés grâce à l'identification de nouveaux vecteurs par la technique du phage-display. Le phage display est une méthode de criblage à haut débit (HTS, *High Throughput Screening*) qui permet, à partir d'un grand ensemble de phages (une bibliothèque), d'isoler ceux exprimant à leur surface des peptides ayant une affinité élevée pour une cible donnée. Les peptides sont une solution avantageuse par rapport à différents produits biopharmaceutiques, tels que les anticorps dont la diffusion vers des sites ciblés est restreinte en raison de leur taille. De plus, les anticorps présentent un risque d'antigénicité et un coût de production élevé.

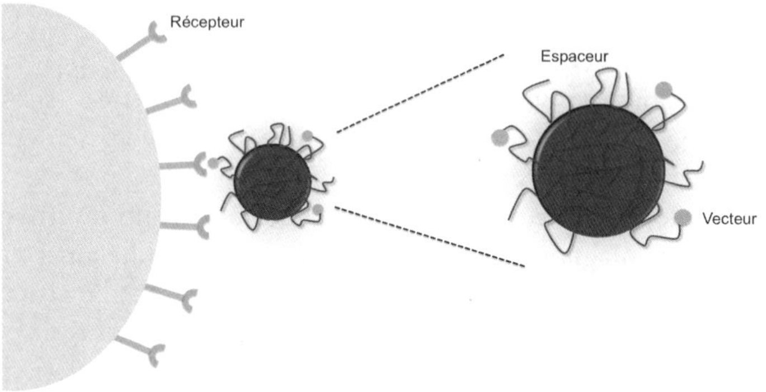

Figure 9.17

Structure d'un traceur pour l'imagerie moléculaire. Les vecteurs sont des molécules présentant une haute spécificité pour des événements moléculaires d'intérêt. Ils sont rendus visibles par couplage à des rapporteurs.

Par exemple, notre équipe a développé un nouvel agent de contraste pour le diagnostic des plaques athérosclérotiques. Le peptide, sélectionné par phage-display, a été greffé sur des USPIO. Ce nouveau nanosystème, USPIO-PEG-R832, a été validé sur des cellules HUVEC (*Human Umbilical Vein Endothelial Cells*) et sur des souris Apo E-/- (figure 18) par IRM.

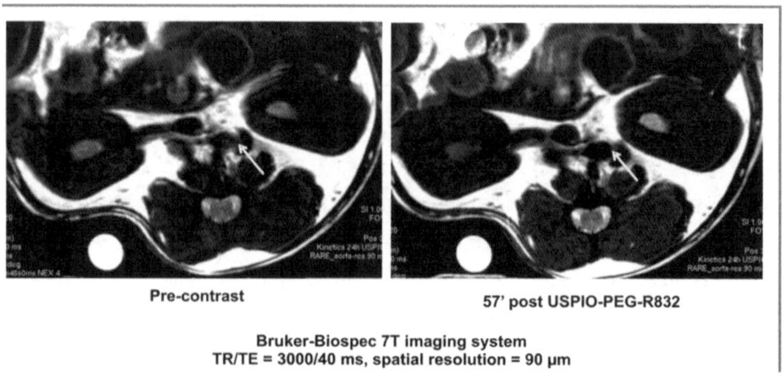

Figure 9.18

Développement d'un agent de contraste pour le diagnostic des plaques athérosclérotiques (études pré-cliniques réalisées sur des souris ApoE-/-).

À côté des peptides, nous pouvons également citer l'utilisation d'organo-mimétiques en tant que vecteur. Un agent de contraste spécifique a ainsi été obtenu par greffage d'une molécule mimétique du sialyl Lewisx (sLex), un ligand naturel de la sélectine E sur-exprimé sur les leucocytes lors d'une inflammation.

Les techniques d'imagerie moléculaire adaptées à l'échelle des petits animaux (rats, souris) ont entre autres permis d'accéder à la plupart des modèles de pathologies humaines (athérosclérose, inflammation, maladies neurodégénératives, apoptose, cancer et événements liés (métastases, formation des néovaisseaux tumoraux appelée « angiogénèse »…).

Hyperthermie

Le paragraphe précédent décrit la possibilité d'utiliser des nano-aimants, auxquels sont greffées des entités ciblant des récepteurs spécifiques, pour permettre une détection sélective des pathologies grâce à l'IRM. Les nanoparticules magnétiques aident alors au diagnostic. On pourrait aussi les utiliser comme agents thérapeutiques, c'est à dire pour traiter une maladie. En effet, une nouvelle voie de traitement des tumeurs en oncologie pourrait se développer rapidement, en complément des méthodes traditionnelles de chirurgie, de radiothérapie et de chimiothérapie ; il s'agit de l'hyperthermie ou thermothérapie.

La thermothérapie classique consiste à irradier le patient avec une onde électromagnétique non ionisante afin d'élever la température dans et autour de la tumeur. Les cellules tumorales sont plus sensibles à un apport d'énergie extérieur que les tissus sains. On peut donc espérer une destruction sélective des zones pathologiques. Il suffit d'atteindre une température supérieure à 43 °C au niveau de la tumeur pour produire l'effet thérapeutique. Cependant, l'utilisation de cette technique est limitée, à cause de la mauvaise délimitation du volume soumis à l'hyperthermie : en effet, si l'hyperthermie permet de détruire une tumeur, elle est également capable d'endommager des tissus sains.

Actuellement, la sélection de la zone à chauffer est obtenue grâce à un ensemble d'antennes dipolaires placées autour du patient ou directement dans la zone pathologique. Une autre technique consiste à utiliser des implants ferromagnétiques. Ces derniers captent l'onde électromagnétique et la convertissent en chaleur. D'après les premiers essais cliniques, l'utilisation combinée de la thermothérapie et de la radiothérapie peut, dans certains cas, doubler le taux de survie après deux ans par rapport au traitement de radiothérapie simple.

Mais le meilleur convertisseur de l'énergie électromagnétique en chaleur est vraisemblablement un matériau constitué de nanoparticules superparamagnétiques. En greffant aux nanoparticules une entité moléculaire capable de cibler une pathologie déterminée, il est possible de les concentrer de manière non invasive dans les tissus à traiter, et dès lors de chauffer les tissus pathogènes de manière sélective.

Pourquoi la thermothérapie détruit-elle les cellules tumorales plutôt que les cellules saines ?

Les cellules cancéreuses se développent très rapidement et ont dès lors un besoin énorme en oxygène et en nutriment. Pour répondre à cette demande les vaisseaux sanguins vont se multiplier. Cependant cette prolifération est complètement anarchique et conduit à l'apparition de boucles et d'obstructions veineuses. Le résultat final sera une très mauvaise irrigation de la tumeur malgré une vascularisation importante. Si une onde électromagnétique apporte de l'énergie aux cellules tumorales, sa dissipation sera très difficile à cause de la mauvaise irrigation. Au contraire dans les tissus sains le flux sanguin permet une évacuation plus aisée des calories fournies. La destruction des cellules pathologiques provient d'une fluidisation et d'une altération de leur paroi, de dégâts produits au squelette cytoplasmique et aux noyaux. Les cellules cancéreuses sont également plus sensibles à l'hyperthermie à cause de leur acidité élevée. Ce pH relativement bas est une autre conséquence de la mauvaise irrigation, il découle en effet de la difficulté d'éliminer les déchets inhérente aux métabolismes anaérobies. L'effet conjugué de l'élévation de température et de l'acidité altère de manière irréversible les protéines cellulaires.

Absorption des ondes radiofréquences par les nanoparticules superparamagnétiques

La conversion de l'énergie électromagnétique en chaleur nécessite un mécanisme dissipatif, c'est-à-dire un processus assimilable à des forces de frottement. Dans le cas de cristaux magnétiques, le paramètre physique permettant de caractériser l'efficacité de ce phénomène dissipatif est le temps de relaxation de l'aimantation du matériau. En l'absence de champ magnétique, pour un ensemble de nano-aimants, l'aimantation de l'échantillon est nulle. Que se passe-t-il si à un instant t_0 nous soumettons l'ensemble des nano-aimants à l'action d'un champ magnétique H ? À l'instar de l'aiguille de la boussole indiquant le pôle Nord, les moments magnétiques des cristaux ont tendance à s'orienter dans la direction du champ magnétique H. Cette orientation préférentielle entraîne l'apparition d'une aimantation globale M_0 fixée par les lois de la thermodynamique ; cette aimantation, pour autant que le champ magnétique reste relativement faible, est donnée par :

$$M_0 = \chi_0 H \tag{9.20}$$

où χ_0 est la susceptibilité magnétique du matériau.

Le processus d'aimantation de l'échantillon n'est cependant pas instantané, mais est caractérisé par un temps de relaxation τ. L'évolution temporelle de l'aimantation $M(t)$ est donnée par l'équation 21 et illustrée à la figure 19 :

$$M(t) = M_0\left(1 - e^{\frac{-(t-t_0)}{t}}\right) = \chi_0 H\left(1 - e^{\frac{-(t-t_0)}{t}}\right) \tag{9.21}$$

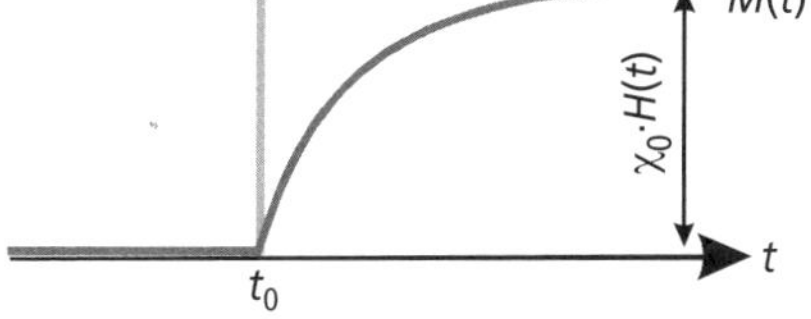

Figure 9.19

Évolution de l'aimantation après la mise sous champ magnétique d'un ensemble de nano-aimants. L'évolution de M(t) en rouge est donnée par la relation 21.

Le processus décrit ci-dessus est gouverné par deux phénomènes :

- Le premier est un processus purement mécanique. Il s'agit en effet d'un mouvement de rotation de l'ensemble du nanocristal soumis à l'agitation thermique. Il est décrit par τ_b, le temps de relaxation de Brown.
- Le second est la relaxation de Néel τ_n, qui caractérise l'évolution de l'orientation du moment magnétique par rapport au cristal (voir le § superparamagnétisme).
- Les vitesses de relaxation, c'est-à-dire l'inverse des temps de relaxation du moment magnétique de la particule, sont additives, et le retour à l'équilibre de l'aimantation est caractérisé par une constante de temps τ donnée par :

$$\frac{1}{\tau} = \frac{1}{\tau_b} + \frac{1}{\tau_n} \tag{9.22}$$

C'est donc le mécanisme le plus rapide qui domine la relaxation.

En suspension colloïdale les deux mécanismes de relaxation coexistent. Le temps de relaxation de Brown est donné par la relation de Stokes-Einstein qui prédit la linéarité de τ_b avec le volume de la particule aimantée.

τ_n présente une dépendance à l'égard du volume beaucoup plus forte, comme l'indique l'équation 9.16 (§ superparamagnétisme), à cause de la présence du volume de la particule dans l'exposant.

Pour la magnétite en solution colloïdale, la transition (entre le régime où la relaxation de Néel domine à celui où la relaxation de Brown prend le dessus) se fait pour un diamètre de 14 nm. Le comportement des nano-aimants sera cependant différent suivant qu'ils sont en solution ou attachés de manière rigide à la paroi d'une cellule.

Comme déjà mentionné, c'est la relaxation magnétique qui assure la conversion de l'énergie électromagnétique en chaleur. Pour obtenir l'hyperthermie, l'échantillon contenant les nanoparticules est soumis à un champ magnétique oscillant. À faible fréquence, c'est-à-dire si la période d'oscillation est plus longue que le temps de relaxation, l'aimantation de l'échantillon suit fidèlement les oscillations du champ magnétique. La dissipation d'énergie étant proportionnelle à la vitesse de variation de l'aimantation, elle augmente donc avec la fréquence d'oscillation du champ magnétique.

À haute fréquence, soit pour une période d'oscillation beaucoup plus courte que le temps de relaxation τ, l'aimantation de l'échantillon ne suit plus les variations du champ magnétique. Il reste donc bloqué et très peu d'énergie est dissipée. La dissipation d'énergie sera donc maximale pour une fréquence intermédiaire pour laquelle le temps de relaxation magnétique sera du même ordre de grandeur que la période d'oscillation du champ ($\omega\tau = 1$).

Pour une fréquence de 100 kHz, le temps de relaxation magnétique permettant la dissipation calorique maximale est de 1.6×10^{-6} seconde, correspondant à un cristal d'environ 14 nm de diamètre. De plus, on observe une forte diminution de l'efficacité de l'effet thermique lorsque la largeur de la distribution des tailles des particules augmente. Cette détérioration des performances des nanoaimants avec l'augmentation de polydispersité de taille est d'ailleurs confirmée par des simulations numériques.

Deux conditions sont donc nécessaires pour utiliser les fluides magnétiques en thermothérapie : il faut d'abord produire des particules ayant un diamètre bien déterminé et une distribution de taille étroite, et ensuite pouvoir greffer à ces nano-aimants des entités moléculaires ciblant les récepteurs spécifiques à la pathologie à traiter.

Cette technique a été utilisée avec succès pour stopper la croissance de tumeur de type « carcinome mamellaire » implantée sur des souris. Depuis 2000, un appareil pilote est en cours de développement à la clinique de la charité à Berlin et des essais cliniques sur les tumeurs cérébrales ont été entrepris. Cette instrumentation permet de soumettre une partie du patient à l'action d'un champ magnétique oscillant à 100 kHz. Comme dans le cas du traitement classique par des ondes à haute fréquence, le traitement est combiné avec la radiothérapie.

Biomagnétisme

Introduction

La synthèse reproductible des particules magnétiques n'est pas toujours aisée. Il est dès lors étonnant de constater que certains organismes vivants en fabriquent depuis des millions d'années et les utilisent pour leurs propriétés extraordinaires. De même, la présence de particules superparamagnétiques endogènes dans certains organes du corps humain a des conséquences inattendues sur le contraste obtenu en imagerie médicale. Le magnétisme de ces particules synthétisées *in vivo* pourrait même être utilisé à des fins de diagnostic.

Le fer en biologie

Le fer est le deuxième métal le plus abondant de la croûte terrestre, juste après l'aluminium. Beaucoup d'êtres vivants, de la bactérie à l'éléphant, l'utilisent pour ses différentes propriétés chimiques. Le fer permet le transport, via l'hémoglobine, de l'oxygène que nous respirons ainsi que la fixation de l'azote et il est impliqué dans la plupart des réactions de photosynthèse. Toutes les nanoparticules magnétiques fabriquées *in vivo* sont des oxydes de fer, à l'exception de la greigite (Fe_3S_4) produite par certaines bactéries. Jusqu'à présent, les oxydes hydratés et oxyde mis en évidence sont la ferrihydrite ($5Fe_2O_3$-$9H_2O$), la goethite (α-FeOOH), la lépidocrocite (γ-FeOOH) et la magnétite (Fe_3O_4). Le tableau 9.4 suivant reprend les propriétés cristallines et magnétiques de ces différents composés.

Tableau 9.4

Oxydes de fer synthétisés in vivo.

Nom	Système cristallin	Type de magnétisme
Ferrihydrite	Hexagonal	Antiferromagnétique
Lepidocrocite	Orthorhombique-Disphénoïdal	Antiferromagnétique
Goethite	Orthorhombrique-Dipyramidal	Antiferromagnétique
Magnétite	Cubique	Ferrimagnétique

Les mollusques

On trouve de la magnétite sur les petites dents tapissant la surface de la radula des chitons. La radula est en quelque sorte la « langue » de ce mollusque, grâce à laquelle il arrache les algues des fonds rocheux. La couverture de magnétite des dents, d'une épaisseur maximale de 10 µm, a pour but de les renforcer et de retarder leur usure. En effet, la magnétite est le composé minéral fabriqué *in vivo* le plus solide. En réalité, la formation de cristaux de magnétite sur la radula des chitons est assez complexe : dans un premier temps, des cristaux de ferrihydrite croissent dans une matrice organique, à la surface des dents, pour ensuite être transformés en magnétite. Ainsi, les dents non matures ont une couleur rouge (dues à la ferrihydrite) tandis que les dents matures sont noires (à cause de la magnétite). On peut aussi trouver des oxydes de fer hydratés dans la couverture des dents de la radula des chitons, comme la lépidocrocite et la goethite. Cette dernière est d'ailleurs le composant principal de la couverture des dents de la radula d'un autre mollusque ; la patelle. Dans ces mollusques, les oxydes de fer ne sont pas utilisés pour leurs propriétés magnétiques, mais bien pour leur dureté et leur résistance à l'usure.

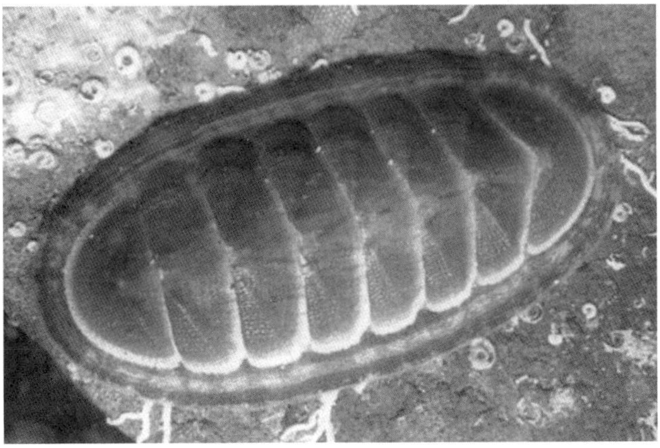

Figure 9.20 :
Chiton.

Les bactéries magnétotactiques

Le magnétotactisme est la faculté de s'orienter et de se mouvoir suivant la direction d'un champ magnétique. Ainsi, les bactéries magnétotactiques se déplacent suivant les lignes de champ du champ magnétique terrestre afin de retrouver les sédiments nécessaires à leur survie. Découvertes en 1975 par Blakemore, elles utilisent des cristaux de magnétite (ou parfois de greigite) pour s'aligner suivant le champ magnétique terrestre. Ces cristaux, dont la taille est comprise entre 30 et 100 nm, sont entourés d'une membrane phospholipidique pour former ce que l'on appelle un magnétosome. Les différents magnétosomes d'une même bactérie sont souvent disposés à la suite les uns des autres, pour former une véritable aiguille de boussole sur la longueur de la bactérie (figure 9.21).

Les cristaux de magnétite des magnétosomes ont une taille juste inférieure à celle d'un monodomaine magnétique de magnétite. Dès lors, leur moment magnétique est très grand. Cependant, leur taille est trop importante pour qu'on puisse observer du superparamagnétisme : le temps de relaxation de Néel de tels cristaux est de l'ordre de 10^{131} ans. Ces cristaux ont donc une taille optimale : leur moment magnétique est maximum, mais ne fluctue pas suivant les différentes directions d'anisotropie, car le temps de relaxation de Néel est très long. Ils constituent donc de véritables « nanoboussoles ».

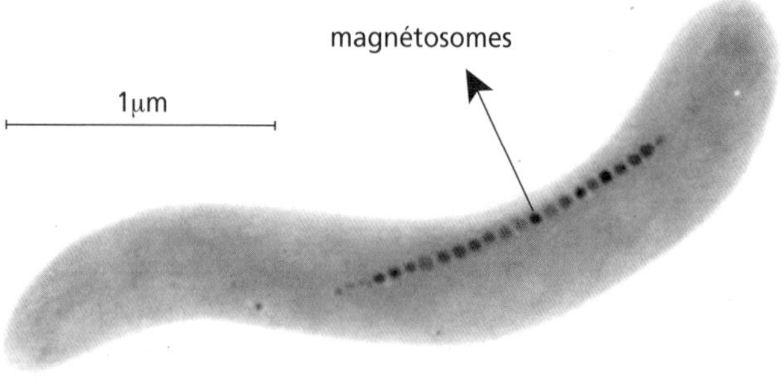

Figure 9.21

Microscopie électronique à transmission d'une bactérie magnétotactique. La barre représente un micron. Reproduit avec l'aimable autorisation de R. Frankel.

Le processus d'orientation et de mouvement le long des lignes de champ est très simple : la chaîne de magnétosomes de la bactérie peut être assimilée à un dipôle magnétique permanent. Ce dipôle est soit orienté vers l'avant de la bactérie soit vers l'arrière de la bactérie, où se situe son organe de locomotion, le flagelle. Dans l'hémisphère Nord, le champ magnétique terrestre a une composante verticale pointant vers le bas. Pour survivre et prospérer, les bactéries doivent rester proches du fond, à la limite entre l'eau et les sédiments. Le dipôle des bactéries s'aligne avec le champ magnétique terrestre pour minimiser l'énergie d'interaction avec le champ magnétique.

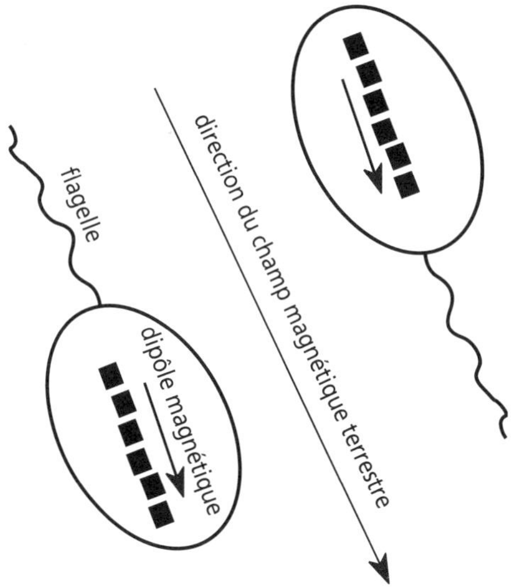

Figure 9.22

Mouvement des bactéries magnétotactiques dans l'hémisphère Nord.

Quand la bactérie actionne son flagelle pour avancer, celles dont le dipôle est orienté vers l'avant de la bactérie se dirigent naturellement vers le bas, tandis que celles dont le dipôle est orienté vers l'arrière se déplacent vers la surface et meurent. Dès lors, dans l'hémisphère Nord, la grande majorité des bactéries magnétotactiles présentent un moment dipolaire orienté vers l'avant (*North-seeking bacteria,* NS), tandis que l'hémisphère Sud est peuplé de bactéries dont le dipôle est orienté en sens inverse (*South-seeking bactéria*, SS). À l'équateur, où la composante verticale du champ magnétique est nulle, les proportions de bactéries NS et SS sont comparables. Lorsque la direction du champ magnétique est inversée expérimentalement, la bactérie effectue un demi-tour pour aligner son moment dipolaire suivant la nouvelle orientation du champ.

Un calcul simple montre que le moment magnétique des particules (6.10^{-17} JT^{-1}) est suffisant pour provoquer l'alignement de la bactérie suivant la direction d'un champ magnétique de 50 microteslas (~ champ magnétique terrestre). En effet, à température ambiante, l'énergie de couplage (E_m) est du même ordre que l'agitation thermique (kT). Cette dernière n'est donc pas suffisante pour « effacer » l'orientation des bactéries :

$$E_m = 3\ 10^{-21}\ \text{J et } kT = 4\ 10^{-21}\ \text{J}$$

L'utilisation des magnétosomes par les bactéries magnétotactiques peut être qualifiée de navigation « passive ». En effet, le processus d'alignement est purement physique – il est analogue à l'orientation de la limaille de fer suivant les lignes de champ d'un aimant – et il n'existe pas dans la bactérie de récepteur magnétique « biologique » capable d'interpréter les informations concernant le champ.

La navigation magnétique des animaux

De faibles quantités de magnétite ont été découvertes chez une grande variété d'animaux : l'abeille, la fourmi, le termite, la truite arc-en-ciel, le saumon, le triton, le pigeon voyageur… et l'Homme. Les particules de magnétite, parfois agglomérées, ont des tailles variables : de 1 à 200 nm selon les cas. Certaines sont donc superparamagnétiques. L'orientation passive d'un animal dans le champ magnétique terrestre – similaire à celle observée pour les bactéries magnétotactiques – est impossible : elle nécessiterait une quantité de magnétite énorme. Pour pouvoir utiliser les informations concernant le champ magnétique terrestre (son intensité et/ou sa direction), l'animal doit disposer d'un magnéto-récepteur. Celui-ci transformerait les informations magnétiques en un stimulus nerveux, interprétable par le cerveau. Il permettrait ainsi aux animaux migrateurs de s'orienter dans le noir ou sous un ciel nuageux, lorsqu'aucune information sur la position du soleil n'est disponible. Deux types de de magnétorécepteurs ont été proposés jusqu'à présent :

Le premier utilise les propriétés superparamagnétiques de nanoparticules de magnétite. Il est pressenti pour certains mammifères, pour les abeilles et les poissons. Un magnétorecepteur de ce type a été identifié pour la truite arc-en-ciel au niveau de l'épithélium olfactif, ainsi que pour les abeilles dans les trophocytes.

Le second mécanisme est basé sur une protéine, le cryptochrome, présente dans la rétine de certains oiseaux. Son excitation par de la lumière de longueur d'onde adaptée entraine une réaction photochimique – produisant des paires de radicaux comme intermédiaires – qui est influencée par le champ magnétique. Dans ce cas, le sens magnétique serait intimement lié à la vision de l'animal.

Cependant, pour les autres animaux et pour l'homme, les magnétorécepteurs n'ont pas encore été localisés. Tant que le mécanisme précis de magnétoréception n'aura pas été découvert, il sera difficile de prouver que la magnétite présente chez ces animaux sert effectivement à leur orientation. Ce sujet suscite encore de nombreux débats : on a récemment prouvé qu'une grande partie de la magnétite présente dans la région du bec des pigeons ne provenait vraisemblablement que du recyclage des globules rouges par des macrophages.

La ferritine

Dans le corps humain, 70 % de la quantité totale de fer est présente sous forme d'hémoglobine, alors que 20 % est stockée pour être utilisée, par exemple, pour la fabrication future d'hémoglobine. Le transport et le stockage du fer sous une forme cristalline non toxique sont assurés respectivement par la transferrine (transport) et la ferritine et l'hémosidérine (stockage). Véritable entrepôt à fer, la ferritine est présente chez énormément d'espèces animales et végétales, sous différentes variantes structurelles. Chez l'Homme, on la trouve principalement dans le foie, la rate, le pancréas et les noyaux extrapyramidaux du cerveau. Elle a la forme d'une coquille creuse de 8 nm de diamètre interne et de 13 nm de diamètre externe. Dans la cavité interne se trouve un cristal de ferrihydrite, un oxyde de fer hydraté. Jusqu'à 4500 atomes de fer peuvent être ainsi stockés par la protéine. La protéine vide de fer est appelée apoferritine. 24 sous-unités protéiniques, de type H et de type L, constituent l'apoferritine. Les unités H (*heavy*) et L (*light*) diffèrent par leur taille et leur composition.

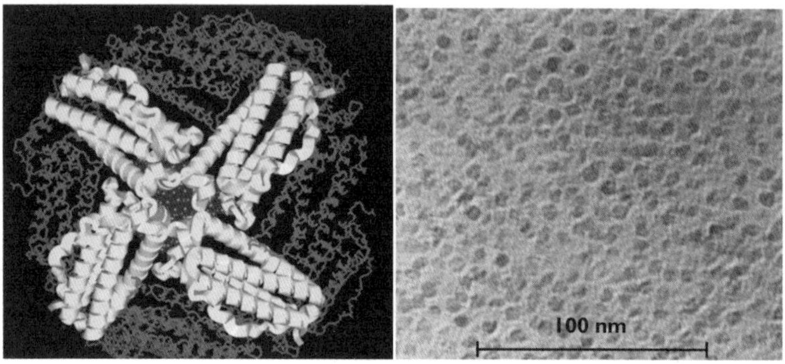

Figure 9.23

À gauche, une représentation de la molécule de ferritine avec les sous-unités formant une coquille sphérique et le cristal de ferrihydrite dans la cavité interne. droite, un cliché de microscopie électronique à transmission d'un échantillon de ferritine : les cristaux de ferrihydrite apparaissent comme des taches noires mais la coque protéinique n'est pas visible par cette technique.

Si la molécule d'apoferritine provient du foie, elle se composera de 3 unités H et 21 unités L, si par contre elle se situe dans un globule rouge, elle sera formée de 20 unités H et 4 unités L, etc. Aux intersections des unités se dessinent des canaux d'accès à l'intérieur de la protéine : 8 canaux hydrophiles, situés aux points d'intersection de 3 unités, et 6 canaux hydrophobes, localisés aux points d'intersection de 4 unités.

La ferritine est associée à différentes pathologies. Les patients atteints d'hémochromatose et de thalassémie présentent un excès de ferritine dans le foie et la rate, les premiers à cause d'une absorption excessive de fer dans la nourriture et les seconds à cause du traitement de leur maladie par des transfusions. De même, une trop faible concentration en ferritine dans les tissus cérébraux de patients Parkinsoniens pourrait être associée à la création de radicaux libres et à la dégradation des tissus environnants.

Le cœur de ferrihydrite antiferromagnétique de la ferritine est superparamagnétique, du fait de sa petite taille. En effet, le temps de relaxation de Néel d'un cristal de ferrihydrite de 7 nm de diamètre est d'approximativement 0,1 ns. Les propriétés magnétiques de la ferritine ont un effet inattendu sur le contraste obtenu en imagerie par résonance magnétique (IRM) : les organes contenant de grandes quantités de ferritine, comme le foie et certains noyaux du cerveau, apparaissent assombris sur les images pondérées T_2. La protéine pourrait donc être qualifiée d'« agent de contraste endogène ». Un agent de contraste a d'ailleurs été mis au point en 1994 sur base de la coque d'apoferritine dans laquelle on a fait croître un cristal de magnétite, ce qui pourrait d'ailleurs se passer naturellement dans le cadre de certaines maladies du cerveau. Différents groupes de chercheurs ont tenté d'utiliser le contraste induit par la ferritine en IRM pour doser la ferritine contenue dans les organes de manière non invasive. Cependant, les techniques développées n'ont pas encore permis un dosage du fer aussi précis que lorsqu'on procède à une ponction de tissu dans l'organe étudié.

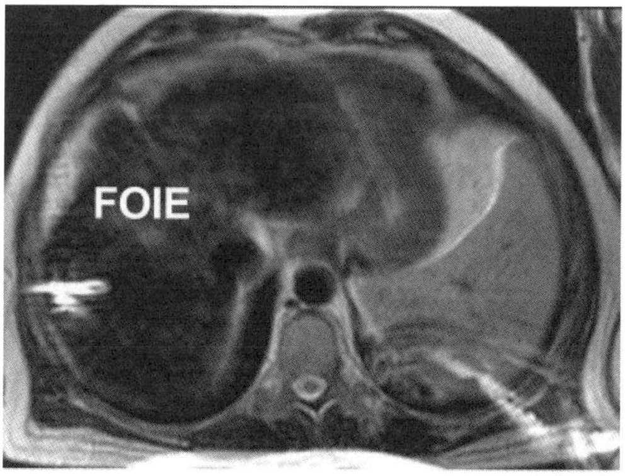

Figure 9.24

Image par IRM pondérée T_2 d'un patient présentant une surcharge de fer hépatique : le foie est fortement assombri.

Notons que les propriétés magnétiques de la ferritine sont également mises à profit pour mesurer la concentration en fer par des techniques purement magnétométriques. Dans ce cas, on utilise un susceptomètre SQUID (*Superconducting Quantum Interference Device*).

Stockage numérique

Les disques durs constituent l'une des plus importantes applications du nanomagnétisme : dans un monde où l'information est essentiellement virtuelle, le stockage des données numériques est devenu un point crucial. Les avancées dans le domaine se focalisent sur plusieurs aspects : la miniaturisation, la stabilité (aussi appelée « non-volatilité ») des informations et la vitesse de lecture/écriture. Le disque dur idéal doit être le plus petit possible ; l'information stockée ne doit pas varier au cours du temps pour éviter les pertes de données ; les lecture et écriture des données doivent être les plus rapides possibles. Les progrès en nanomagnétisme, en spintronique et en lithographie ont permis de très rapides avancées dans le domaine. Le perfectionnement des têtes de lectures et du dépôt de nanocouches magnétiques a permis une évolution incroyable : le premier disque dur avait une capacité de 5 méga-octets et pesait plus d'une tonne alors que les disques durs actuels ont une capacité de l'ordre du tera-octets (c'est-à-dire deux cent mille fois plus de données) pour un poids de l'ordre du kilo.

Un disque dur (voir figure 9.25) est composé de différents plateaux qui stockent l'information sous forme de « bits », c'est-à-dire une suite de 0 et de 1. Des têtes de lecture/écriture s'occupent de lire ou graver les informations sur les disques.

Figure 9.25

Image d'un disque dur avec ses plateaux et ses têtes de lecture (© Western Digital).

Support magnétique

Chacun des plateaux d'un disque dur est recouvert d'une fine couche magnétique polycristalline, c'est-à-dire composée d'un ensemble de petits cristaux appelés « grains » qui ont chacun leur propre aimantation. Un bit est constitué d'un ensemble de quelques dizaines de grains dont la direction de l'aimantation moyenne définit la valeur du bit : 0 dans un sens, 1 dans le sens opposé (voir figure 9.26a).

Nota : les grains ne doivent pas être confondus avec les domaines magnétiques : les grains sont des cristaux ayant chacun leur(s) propre(s) axe(s) d'anisotropie et peuvent être composés de plusieurs domaines magnétiques.

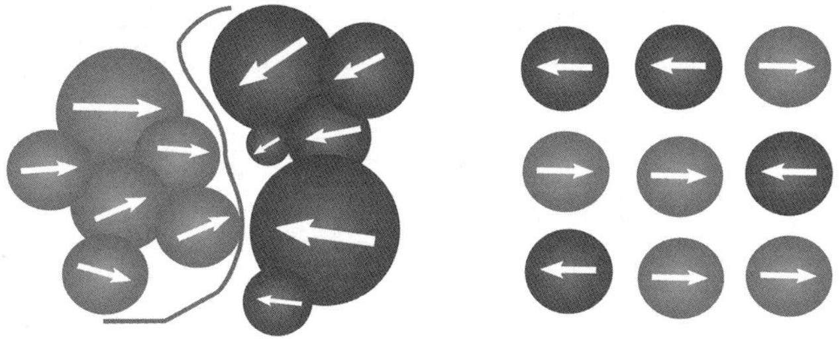

(a) Structure des grains magnétiques dans les disques

(b) Structure ordonnée des grains

Figure 9.26

Représentation des grains magnétiques composant les plateaux des disques durs. En (a), chaque bit est représenté par plusieurs grains (d'une même couleur sur le schéma) dont la direction d'aimantation moyenne définit la valeur. En (b), chaque bit est représenté par un seul grain et donc par un seul moment magnétique.

Une des stratégies de la miniaturisation des disques durs consiste à diminuer le nombre de grains par bit et leur taille. Il existe cependant un seuil : en dessous d'une taille critique, il n'est plus possible aux grains d'acquérir une aimantation rémanente à cause du superparamagnétisme et donc d'enregistrer les données de manière stable. C'est la « limite superparamagnétique ». Cette limite sera bientôt atteinte et d'autres paradigmes devront être trouvés pour enregistrer l'information de manière durable.

Une des possibilités est d'enregistrer un bit par cristal : la structure du média doit alors être suffisamment ordonnée et les cristaux suffisamment séparés les uns des autres (figure 9.26b) pour ne pas interagir entre eux.

Écriture

L'écriture d'une suite de 0 ou de 1 consiste à aimanter selon une direction ou une autre un ensemble de grains magnétiques du plateau du disque dur. Elle se réalise via un champ magnétique produit par un électro-aimant (la tête d'écriture, voir figure 9.27) : selon le sens du courant injecté, le champ magnétique induit dans l'entrefer aura une certaine direction et définira la direction d'aimantation des grains magnétiques. Le champ magnétique produit par l'électro-aimant doit évidemment être suffisamment intense pour réorienter l'aimantation des grains : sa valeur est définie par le champ coercitif des cristaux (voir § ferromagnétisme, ferrimagnétisme et antiferromagnétisme).

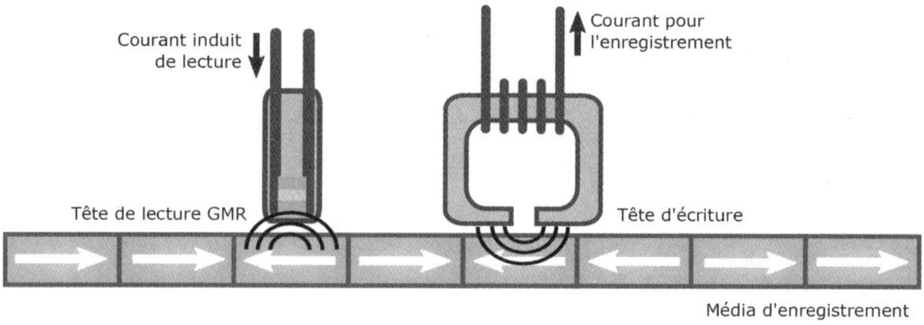

Figure 9.27

Schéma de la tête du disque dur et d'un de ses plateaux.

Lecture

La lecture est réalisée par le processus inverse. L'aimantation des grains est à l'origine d'un champ magnétique qui varie lorsqu'on traverse deux régions différemment aimantées (voir figure 9.27). Dans les premiers disques durs, cette variation de champ était détectée via une bobine : la variation de flux magnétique induisait un courant dans la bobine qui pouvait être détecté et interprété. Cependant, cette variation étant très faible, il était nécessaire qu'un bit soit représenté par une grande aimantation – donc un grand nombre de gros grains magnétiques – pour être correctement détecté. Pour miniaturiser les disques durs (et donc diminuer la taille des grains ou leur nombre nécessaire pour représenter un bit), il devenait nécessaire de trouver un autre dispositif plus sensible capable de détecter des champs plus faibles.

C'est là qu'entra en jeu la magnétorésistance géante. Les têtes actuelles ne sont effectivement plus composées de bobines mais d'une série de couches magnétiques nanométriques semblables à la figure 9.28, dites « vannes de spins », capables de détecter des champs magnétiques de l'ordre du millitesla – ordre de grandeur de l'intensité du champ produit par des grains magnétiques.

Dans l'expérience originale de Fert, les deux couches magnétiques étaient fortement couplées de manière antiferromagnétique (figure 9.9a). Les vannes de spins possèdent des couches supplémentaires qui permettent à ces deux couches magnétiques d'avoir des aimantations orientées de manière indépendante. La figure 9.28 montre la structure minimale d'une vanne de spin : au-dessus de la couche A dite « piégée », une couche antiferromagnétique de « piégeage » bloque l'aimantation de A dans la même direction malgré l'application d'un champ magnétique (pour une certaine gamme d'intensité) ; la couche B est dite « libre », c'est-à-dire que l'orientation de son aimantation est très sensible à l'orientation du champ magnétique. La couche B peut donc voir son aimantation orientée dans les deux directions.

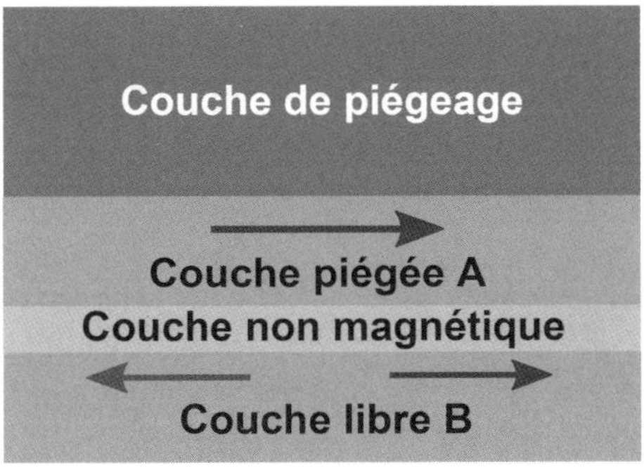

Figure 9.28

Structure minimale d'une vanne de spins.

Au final, la résistance électrique de tout le circuit est très sensible au champ magnétique appliqué : si le champ est parallèle à l'aimantation de A, l'aimantation de B est aussi parallèle à A et la résistance du circuit est faible par magnétorésistance géante ; au contraire, si le champ est opposé à A, B est également opposé à A et la résistance du circuit est grande. Pour optimiser l'effet, les vannes de spins peuvent être composées d'une vingtaine de couches.

Ce sont ces vannes de spins qui constituent actuellement les têtes de lectures des disques durs. En effet, leur grande sensibilité aux très faibles champs magnétiques permet de réduire la taille des grains (ou le nombre de grains) constituant les bits et donc au final d'augmenter la capacité de stockage des disques durs. Aujourd'hui, les nouvelles têtes de lecture basées sur le phénomène de « magnétorésistance tunnel » ont remplacé les têtes GMR, ce qui leur permet d'être encore plus sensibles.

MRAM

Actuellement, une des mémoires les plus prometteuses se basant sur la magnétorésistance est la MRAM (*Magnetic Random Access Memory*). Dans un disque dur, l'accès et l'écriture de mémoire se fait suivant une seule tête de lecture/écriture par plateau : afin de lire ou d'écrire sur une case mémoire, il faut un temps non négligeable pour que la tête atteigne mécaniquement la zone correspondante sur le média d'enregistrement.

Pour accélérer le traitement des données, les ordinateurs possèdent une mémoire vive appelée mémoire « RAM » (*Random Access Memory*). Ayant une capacité réduite en données, mais possédant une vitesse d'écriture-lecture beaucoup plus rapide, la mémoire RAM convient parfaitement au stockage temporaire des données traitées par le processeur. En effet, la fréquence de calcul de celui-ci exige une vitesse d'écriture-lecture très grande.

Cette vitesse est atteignable par la structure des mémoires RAM : chaque bit de données est représenté par une « cellule » ayant sa propre « tête de lecture-écriture ». Par conséquent, contrairement aux disques durs classiques, l'accès à la mémoire est direct – il n'est plus nécessaire d'attendre qu'une tête de lecture se positionne physiquement sur la case mémoire. Cependant, les actuels grands désavantages des mémoires RAM sont la volatilité des données – sans une alimentation électrique continue, les données stockées par ce type de mémoire sont perdues – ainsi que leur rapport prix/taille de stockage des données.

Alors que les mémoires RAM stockent les données via la charge électrique des électrons, les mémoires MRAM utilisent le moment magnétique des électrons. Chaque cellule mémoire est composée d'une vanne de spins et la lecture des données est basée sur la magnétorésistance géante. Ce type de mémoire présente plusieurs avantages : une mémoire très stable puisque basé sur l'aspect ferromagnétique des matériaux, une vitesse d'écriture/lecture très rapide, une grande miniaturisation. Actuellement, cette mémoire est déjà commercialisée pour des applications bien précises, nécessitant peu de capacité de stockage. À terme, elle pourrait être utilisée comme unité de stockage et mémoire vive à la fois. Les recherches sur cette technologie sont cependant encore naissantes et on n'est encore bien loin de pouvoir l'utiliser pour remplacer nos disques durs.

PERSPECTIVES

Le nanomagnétisme et ses applications se sont développés à un rythme impressionnant ces quelques dernières décennies, tant dans le domaine biomédical que pour le stockage de l'information. Cependant, tout n'est pas encore compris et les différentes découvertes fondamentales qui ont été faites dans le domaine promettent des applications potentiellement révolutionnaires.

Par exemple, si les particules magnétiques sont bien cernées de manière théorique, des chercheurs étudient encore la façon dont les spins électroniques se distribuent à l'intérieur de la particule elle-même. Par exemple, des cycles d'hystérésis exotiques ont été observés pour un ensemble de particules distribuées de manière très structurées sur un substrat, qui ne peut s'expliquer que par l'interaction entre les particules et la façon dont les spins se distribuent dans les particules. Dans de tels systèmes, l'hypothèse selon laquelle tous les spins sont alignés suivant la même direction au sein d'une particule n'est plus vérifiée : des « vortex magnétiques » se forment et donnent lieu à ces propriétés non conventionnelles.

La magnétorésistance géante a donné naissance à la spintronique dont les applications potentielles sont nombreuses : utilisation de courants de spins à la place du courant électrique (ce qui pourrait diminuer la consommation énergétique de nos appareils électroniques), semi-conducteurs magnétiques et à très long terme l'élaboration d'ordinateurs quantiques.

D'autres groupes de recherches s'efforcent à améliorer les propriétés magnétiques des matériaux, comme par exemple la création d'aimants très intenses dotés d'un champ coercitif très grand. Comme déjà mentionné dans la section « applications », l'élaboration de disques durs à grande capacité constitue aussi un challenge dont une des solutions pourrait être l'élaboration de structures magnétiques dont les bits ne seraient composés que d'un seul grain magnétique.

Annexe I

Microscopie électronique

Nous traitons essentiellement ici de la technique de microscopie électronique en transmission (MET). Cette technique constitue un outil de choix pour l'étude des nanomatériaux, puisqu'elle permet d'obtenir une image « en direct » des échantillons, aussi bien en surface que dans le volume de l'échantillon par l'intermédiaire d'observations en coupe transverse. Des caractéristiques structurales, telles que la forme, la taille et la répartition de précipités nanométriques peuvent ainsi être obtenues. Signalons également que l'avènement des techniques de haute résolution a permis d'observer des échantillons jusqu'à l'échelle atomique, et de ce fait d'avoir une idée très précise de la nanostructure de ces derniers.

À l'inverse des photons utilisés pour la microscopie optique, les électrons ont une très faible longueur d'onde λ (qui dépend de l'énergie E appliquée, $E = hc/\lambda$). Les énergies généralement utilisées appartiennent à la gamme 100-300 keV, ce qui confère une résolution théorique optimale de 0,2 nm, soit une valeur comparable aux distances inter-atomiques caractéristiques de la matière. La technique est donc parfaitement adaptée à l'étude des nanomatériaux. Les observations ne sont néanmoins possibles que dans le cas d'échantillons très minces (< 120 nm), c'est-à-dire transparents au faisceau électronique. Il s'avère alors nécessaire de préparer des échantillons par des techniques d'amincissement diverses dont le choix va dépendre du type d'échantillon analysé.

Les techniques d'imagerie peuvent être employées pour tout type de matériaux, des métaux aux céramiques en passant par les polymères et les semi-conducteurs. Nous pouvons citer en exemple la chimie du carbone (nanotubes, oignons), les composites polymères-silicates (voir chapitre 8) et l'électronique du silicium. Les matériaux biologiques (cellules, ADN) peuvent être également observés sous réserve de l'utilisation d'un dispositif cryogénique permettant de « geler » la structure de ces derniers.

La figure A1.1 présente ainsi des cavités créées par implantation de fortes doses d'hélium dans du silicium. Ce type de cavités sert de base dans la technique du gettering qui consiste à purifier le silicium par piégeage des impuretés présentes dans le matériau.

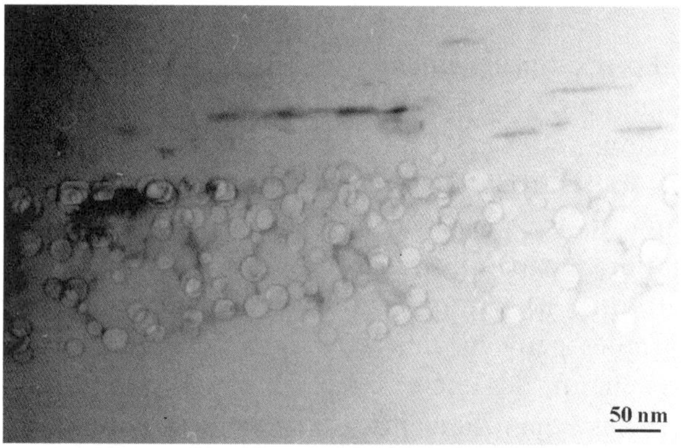

Figure A1.1

Bande de cavités créées par implantation d'He dans Si (500 °C, 5 × 10^{16} cm^{-2}, 50 keV) puis recuit (30 min à 800 °C). (© Laboratoire de Métallurgie Physique de Poitiers, M.-L. David, M.-F. Barbot).

Les techniques de diffraction électronique constituent également un outil très important pour les nanomatériaux puisque nous pouvons déduire des clichés l'orientation des grains sélectionnés : direction de croissance dans le cas de films minces, relations d'orientation particulières (on parle d'épitaxie) entre deux grains de structure cristallographique ou de composition chimique différente. La figure A1.2 présente ainsi une micrographie en haute résolution d'un film mince de fer où l'on peut voir aisément les nanograins de fer. La diffraction électronique associée montre l'état polycristallin du film, chaque anneau correspondant à un plan diffractant particulier.

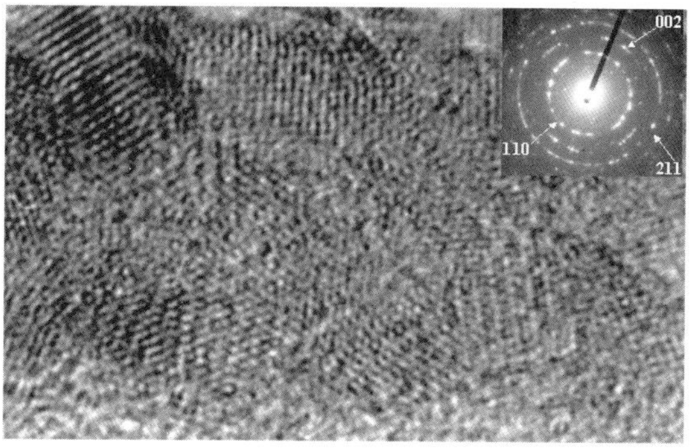

Figure A1.2

Image en haute résolution de grains de fer et diffraction électronique correspondante. F. Monteverde, A. Michel, J.P. Eymery *(communication privée)*.

Un autre atout de la microscopie électronique pour l'étude des nanomatériaux est la possibilité d'identifier des précipités de taille nanométrique par analyse de leur composition chimique, aussi bien de manière qualitative que quantitative. On peut ainsi effectuer des pointés sur des grains dont on ignore la nature, des cartographies d'un élément particulier sur une zone prédéfinie, ou encore évaluer la stœchiométrie d'une zone bien précise.

En conclusion, les techniques de microscopie électronique ont, semble-t-il, révolutionné et permis de développer le domaine des nanotechnologies par leur capacité à mettre en évidence les liens entre fabrication, structure et propriétés des nanomatériaux, et ceci jusqu'à l'échelle atomique.

Annexe 2

Spectroscopie de Photoémission X (XPS) et Spectrométrie de Masse d'Ions Secondaires (Tof SIMS)

Des effets importants à notre échelle, comme la gravitation, sont négligeables à l'échelle du micromètre et, à l'échelle à laquelle les nanomatériaux opèrent, ce sont les forces d'attraction moléculaires et les effets de surface qui prédominent. Pour cette raison, il est important de connaître parfaitement la nature chimique des surfaces des nanomatériaux. C'est à ce niveau que les techniques d'analyse de surface telles que la spectroscopie de photoémission X (XPS) et la spectrométrie de masse d'ions secondaires à temps de vol (Tof-SIMS) interviennent et peuvent constituer un outil efficace de caractérisation des surfaces des nanomatériaux. Ces deux techniques peuvent être employées sur une grande variété de matériaux : métaux, oxydes, nitrures, carbures, composés organiques... et ceci qu'ils soient sous forme massique, de film mince ou de monocouche.

La technique XPS

Cette technique résulte du fait que chaque élément existant dans la nature est constitué d'un noyau entouré d'électrons ayant des énergies de liaisons (E_{liaison}) bien particulières et qui lui sont propres. De plus, suivant l'environnement chimique de ces éléments dans la matière, des variations des énergies de liaison se produisent. Lorsque la surface d'un matériau est soumise à une irradiation par un faisceau de RX monochromatique d'énergie $h\nu$ (Al Kα ou Mg Kα), l'énergie de ces photons incidents est entièrement transmise aux atomes constituant la matière. Ces atomes sont alors dans un état excité et vont émettre des électrons, appelés photoélectrons, ayant une certaine énergie cinétique ($E_{\text{cinétique}}$). Suivant le principe de la conservation de l'énergie, il existe une relation directe entre cette énergie cinétique et l'énergie du rayonnement incident :

$$E_{\text{cinétique}} = h\nu - E_{\text{liaison}}$$

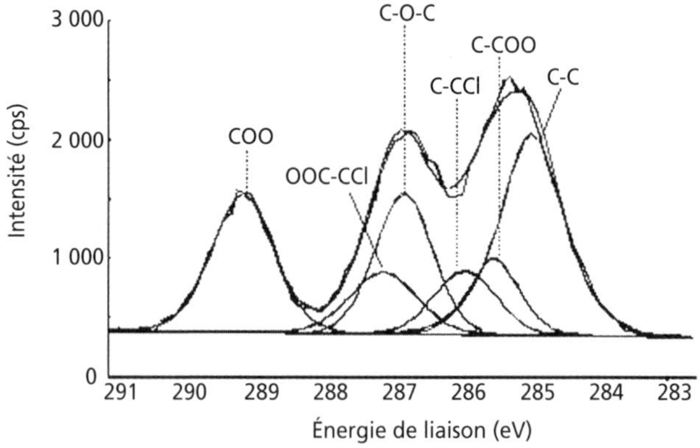

Figure A2.1

Signal du C 1s, caractéristique d'un film mince de poly(2-chloropropionate éthyl acrylate) greffé par voie électrochimique en surface d'un acier.

(© M. Claes, S. Voccia, C. Detrembleur, C. Jérôme, B. Gilbert, Ph. Leclère,V. M. Geskin, R. Gouttebaron, M. Hecq, R. Lazzaroni, R. Jérôme, soumis à publication dans Macromolecule)

La technique XPS est basée sur l'analyse en énergie cinétique des électrons émis suivant le processus décrit précédemment. Ces électrons, émis par l'échantillon, proviennent d'une profondeur très faible, de l'ordre de quelques nanomètres (≈ 6 nm). À partir des pics de photoélectron détectés, il est possible de déterminer la nature et l'état chimique des éléments (figure A2.1) présents en surface d'un matériau et de déterminer le pourcentage atomique de ces divers éléments, leur concentration étant corrélés à l'intensité des pics de photoélectrons.

Il est également possible de visualiser la répartition des composés présents en surface d'un matériau (figure A2.2) en réalisant une cartographie chimique. Enfin, en associant à l'analyse XPS des cycles de décapage ionique, il est possible de réaliser des profils de concentration (figure A2.3) sur des empilages de films minces.

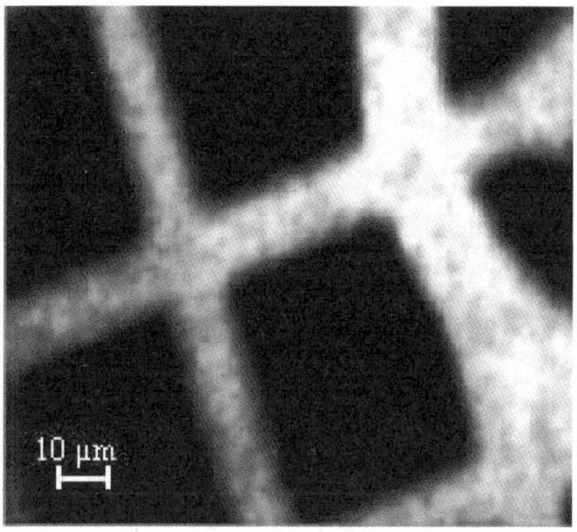

Figure A2.2

Répartition du cuivre métallique en surface d'une grille de microscopie.

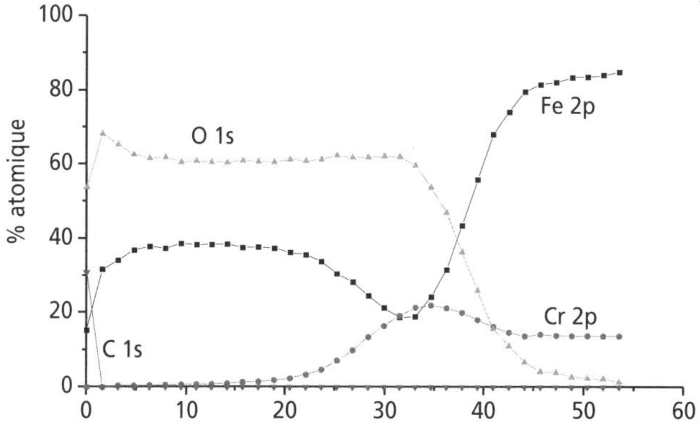

Figure A2.3

Profil de concentration d'un acier soumis à un plasma d'oxygène et à l'implantation d'ions O^+, O_2^+ ayant une énergie 27 keV.

(© Lacoste, S. Béchu, Y. Arnal, J. Pelletier, R. Gouttebaron, *Surf. Coat. Technol.*, 156 (2002) 225-228)

La technique Tof-SIMS

Cette technique consiste à irradier la surface d'un matériau par un faisceau d'ions primaires mono-énergétique (≈ quelques dizaines de kV). Une partie de ces ions primaires est réfléchie sur la surface par un processus de diffusion élastique et inélastique. L'autre fraction d'ions pénètre dans le matériau dans lequel ils cèdent leur énergie aux atomes du réseau par des cascades de collisions et sont finalement implantés. Suite à ces collisions, les atomes du réseau sont déplacés et les atomes des couches superficielles recevant une impulsion dirigée hors de la cible avec une énergie supérieure à l'énergie de liaison sont éjectés par un processus de pulvérisation (figure A2.4). Le matériel pulvérisé est constitué de différentes espèces : atomes et agglomérat d'atomes présents à l'état neutre, excité et ionisé (c'est-à-dire ions secondaires qui représentent une fraction de l'ordre de 10^{-1} à 10^{-6} des espèces pulvérisées), ainsi que des électrons.

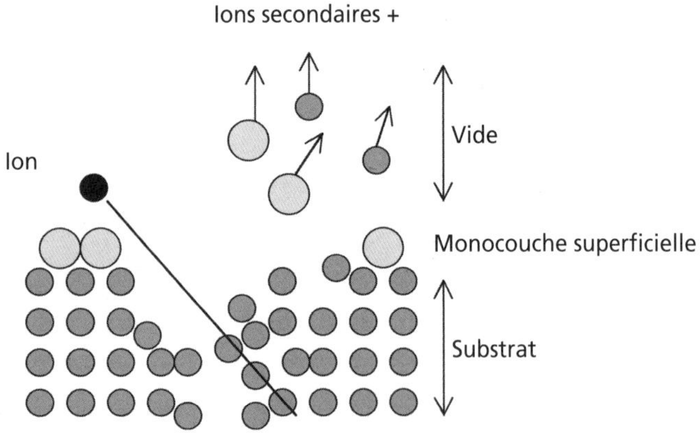

Figure A2.4

Processus de pulvérisation.

L'analyse en ToF-SIMS est basée sur la détection des ions secondaires pulvérisés, par un spectromètre de masse à temps de vol. Suivant le temps mis par les différents ions secondaires pour traverser le spectromètre et arriver au détecteur, il est possible de déterminer avec une très grande précision la masse de ces ions. Ces ions secondaires détectés sont atomiques et moléculaires (dans le cas de l'analyse de matériaux organiques, des agglomérats comprenant des dizaines voir, des centaines d'atomes, sont détectables) ce qui apporte une information sur la nature et la structure chimique des composés de surface (figure A2.5) et ceci avec une très grande sensibilité de détection (de l'ordre du ppm). Cependant, il est à noter que l'environnement chimique d'un élément ayant une grande influence sur le rendement de pulvérisation de ses ions caractéristiques (effet de matrice), cette technique d'analyse est peu quantitative.

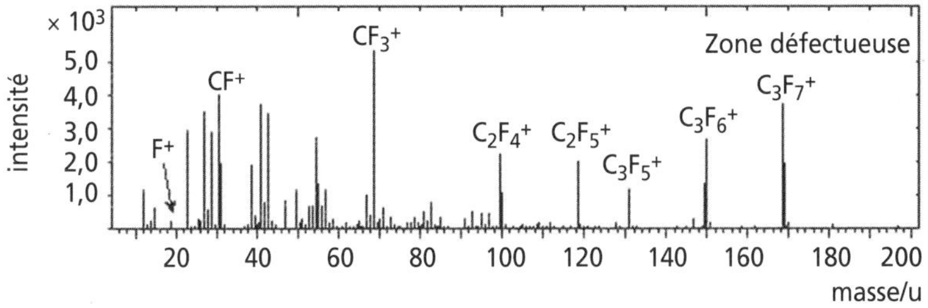

Figure A2.5

Spectre SIMS.

Spectre SIMS enregistré en surface d'une tôle de carrosserie, au centre d'un défaut : identification du polluant comme étant un lubrifiant de la ligne de fabrication. *Résultat communiqué gracieusement par la société Ion-tof GMBH.*

Après identification des ions, il est possible de visualiser la répartition des composés en réalisant une cartographie chimique de la surface des matériaux avec une résolution latérale de l'ordre du micromètre. Pour effectuer une telle analyse, il faut choisir les masses des différents composés que l'on souhaite visualiser. On enregistre ensuite l'intensité du pic des composés sélectionnés, pixel par pixel, pendant que les faisceau d'ions primaires, réduits à un spot de faible diamètre (microfaisceau de 0,15 μm) balaie la surface à imager ligne par ligne. L'optique secondaire d'extraction et d'analyse en masse est fixe. L'image est reconstruite par synchronisation du signal secondaire détecté avec le balayage du faisceau primaire (figure A2.6).

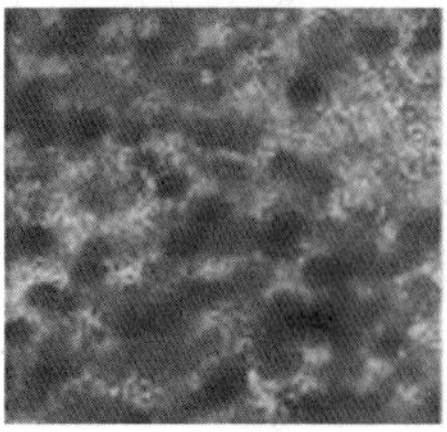

(a)

(b)

Figure A2.6

Particules de nickel enrobées dans une matrice de polyéthylène (PET).

(a) Répartition des ions $C_2H_4^+$, ions secondaires caractéristiques de la matrice de PET ; (b) répartition des ions Ni^+. (© *M. Ferring, R. Végis, D. Cornélissen*)

Enfin, il est possible de réaliser des analyses en profondeur en couplant l'analyse Tof-SIMS avec des cycles de pulvérisation du matériau par un second faisceau d'ions incidents ayant une densité d'ions supérieure à 10^{16} ions/cm^2, ce qui permet de pulvériser rapidement la matière (figure A2.7).

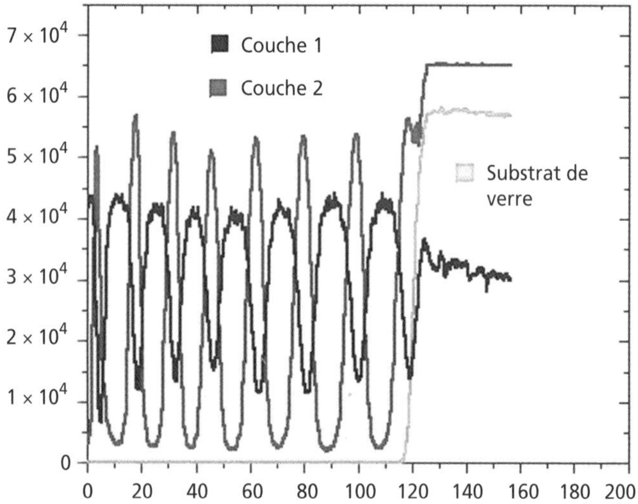

Figure A2.7

Profil SIMS.

Profil SIMS réalisé sur un système multicouche déposé en surface d'un substrat de verre (*Résultat communiqué gracieusement par la société Ion-tof GMBH*).

Annexe 3
L'imagerie par résonance magnétique

L'imagerie par résonance magnétique (IRM) s'est imposée ces 30 dernières années comme une technique d'imagerie médicale majeure à l'instar de la tomographie par rayons X. Contrairement à cette dernière, elle présente l'avantage de ne pas utiliser de rayonnements ionisants ce qui la rend parfaitement inoffensive pour le patient.

RÉSONANCE MAGNÉTIQUE NUCLÉAIRE

Les noyaux atomiques dont le spin résultant n'est pas nul présentent un moment magnétique nucléaire. Le noyau d'hydrogène (proton de spin 1/2) est présent en grande quantité dans le corps humain (dans H_2O notamment), il constitue donc un excellent choix pour réaliser des expériences d'imagerie par résonance magnétique nucléaire. L'orientation du moment magnétique protonique sera sans importance en l'absence de champ magnétique. Par contre, dans un champ B_0 (suivant z), les protons dont le moment magnétique est orienté suivant le champ ou dans la direction opposée n'auront pas la même énergie.

$$\mu_2 = \gamma h/2 \leftrightarrow E_+ = -\gamma h B_0/2 \quad \text{et} \quad \mu_2 = \gamma h/2 \leftrightarrow E_+ = +\gamma h B_0/2$$

γ est le facteur gyromagnétique du proton et $\hbar = h/2\pi$ où h est la constante de Planck. La différence de population de ces deux niveaux d'énergie entraine l'apparition, pour un système de protons, d'un moment magnétique nucléaire macroscopique. Ce système, une fois placé dans un champ magnétique statique B_0, peut être excité à l'aide d'un champ magnétique $B_1(\mathrm{t})$ oscillant dans le domaine des radiofréquences. Cependant, la fréquence de B_1 doit être ajustée à la valeur de la fréquence de Larmor :

$$\nu_0 = \frac{\gamma B_0}{2\pi}$$

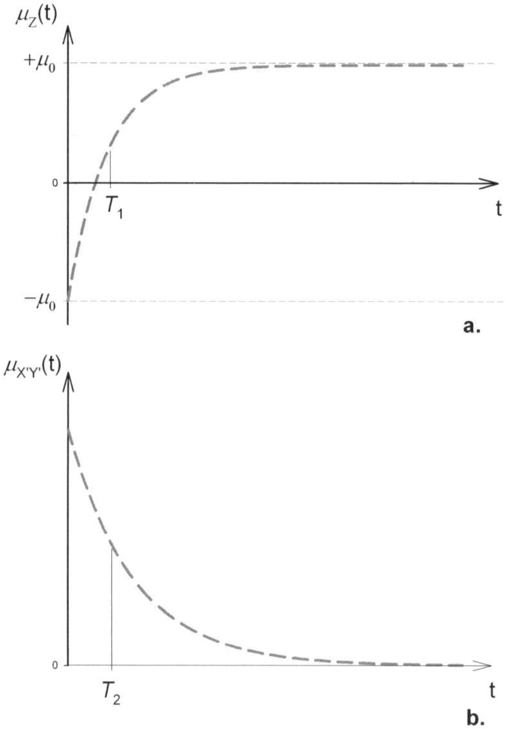

Figure A1

a) Courbe typique de retour à l'équilibre du moment magnétique protonique longitudinal vers la valeur d'équilibre ; b) Disparition progressive du moment magnétique protonique transverse.

C'est pourquoi on parle de résonance magnétique nucléaire (RMN). Le retour à l'équilibre des moments magnétiques n'est pas dû à des transitions spontanées entre les niveaux d'énergie, mais à un phénomène dit de relaxation. Il est causé par les interactions entre les spins, ou entre les spins et leur environnement. La relaxation longitudinale consiste en le retour à l'équilibre du moment magnétique macroscopique suivant la direction de B_0, avec un temps caractéristique T_1, le temps de relaxation longitudinale.

La relaxation transverse est le retour à l'équilibre de la composante du moment magnétique macroscopique perpendiculaire à B_0, avec un temps caractéristique T_2, le temps de relaxation transverse.

Les retours à l'équilibre sont de type exponentiel avec des constantes de temps respectives T_1 et T_2.

Les différences des temps de relaxation des protons, ainsi que la densité protonique du corps, seront à l'origine du contraste en imagerie par résonance, dont les principes de bases sont détaillés ci-dessous.

Il est important de noter que seul le moment magnétique transverse des protons peut être détecté, grâce aux variations de flux que sa précession engendre dans une bobine de détection.

PRINCIPE DE L'IRM

On peut donc obtenir un signal RMN des protons du corps humain, en le plaçant dans un champ magnétique B_{0m} et en le soumettant à des impulsions de champ B_1 oscillant à la fréquence de Larmor. Cependant, le signal obtenu ne permettra pas d'obtenir une image anatomique du corps. Comment différencier le signal des protons en fonction de leur position ? Une première étape consiste à sélectionner une tranche du patient, en appliquant un gradient G_z de champ suivant z. Le champ ressenti par les protons variera donc linéairement avec leur position suivant z : $B_0 = B_{0m} + G_z z$. Mais la fréquence de résonance (de Larmor) des protons dépend elle aussi linéairement du champ, donc de leur position suivant l'axe z :

$$\nu_0 = \frac{\gamma B_{0m}}{2\pi} + \frac{\gamma G_z z}{2\pi}$$

On pourra donc, en utilisant une impulsion radiofréquence à ν_0, exciter uniquement les protons de la tranche située en *z*. L'épaisseur de la tranche sélectionnée dépendra de l'intervalle $\left[\nu_0 - \frac{\delta}{2}, \nu_0 + \frac{\delta}{2}\right]$ et du profil en fréquence de l'impulsion d'excitation.

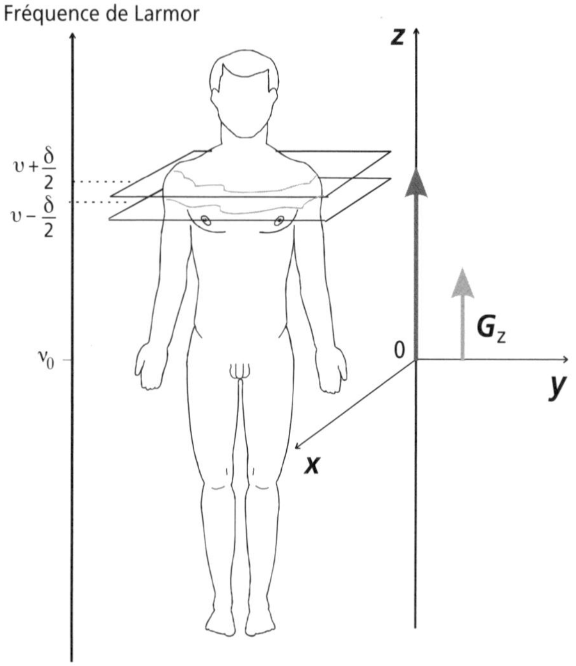

Figure A2

Principe de la sélection de tranche en IRM par application d'un gradient de champ magnétique G_z.

Le signal obtenu après l'impulsion d'excitation proviendra donc d'une tranche du patient, mais il ne permettra pas d'obtenir une image à deux dimensions de cette tranche. Pour « marquer » le signal des protons en fonction de leur position suivant *x* et *y*, on utilise des gradients additionnels G_x et G_y qui feront varier la valeur du champ selon la position en *x* et *y*. Une séquence d'imagerie consiste en l'application, à des moments et pendant une durée bien précise, d'impulsions d'excitation, de gradients G_z, G_x et G_y et de fenêtres d'acquisition pour obtenir in fine un espace de signal en deux dimensions. La transformée de Fourier à 2D de ce signal permet d'obtenir une image anatomique de la tranche de patient.

L'intensité d'un pixel (*picture element*) de l'image est proportionnelle au moment magnétique protonique du voxel (*volume element*) correspondant de la tranche. Le contraste IRM provient de la différence d'intensité entre deux pixels voisins. On peut comprendre, pour la séquence simple de spin-echo, comment les temps de relaxation peuvent influencer le signal protonique, et donc le contraste en IRM.

PONDÉRATION T_2 EN IRM

Pour une séquence de spin-écho, l'intensité du signal dans un voxel est donnée par :

$$S(t) < (1 - e^{-T_g/T_1}) \cdot e^{-TE/T_2}$$

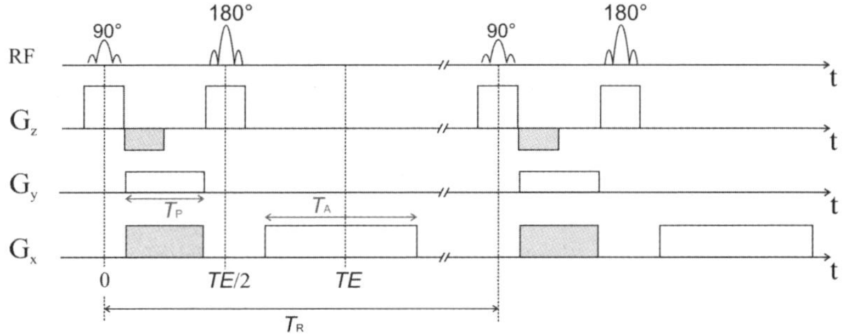

Figure A3

Chronologie d'impulsions radiofréquences et de gradients dans une séquence de spin-écho.

ρ_H. est la densité protonique du tissu. TR est le temps de répétition entre deux expériences permettant d'encoder le signal. Pendant ce temps, le moment magnétique longitudinal revient à l'équilibre, à condition que TR >> T1. TE est le temps d'écho séparant l'impulsion d'excitation et la mesure du signal. Pendant ce temps, le signal commence à disparaître.

Les particules magnétiques sont majoritairement utilisées pour leur effet sur la relaxation transverse des protons. On parle alors d'agent de contraste négatif, car leur présence se traduit par une perte de signal. On utilise alors une séquence « pondérée en T_2 ». Il faut cependant noter que de très petites particules peuvent aussi mener à un rehaussement du signal, ce sont donc des agents de contraste positif, qu'on doit utiliser avec une séquence adaptée.

Dans la figure suivante, si la zone B contient des particules magnétiques et la zone A non, on peut obtenir un contraste dit négatif car $T_{1B} << T_{1A}$ et $T_{2B} << T_{2A}$. On utilise alors les paramètres de séquence suivants, $T_R >> T_{1A}$, T_{1B} et $TE \sim T_{2B}$. La première condition assure que la relaxation longitudinale n'influencera pas le signal. La seconde implique que les différences de T_2 entre les régions A et B vont causer un contraste : en A, le signal n'a pas décru entre l'excitation et la détection ($TE < T_{2A}$) tandis qu'en B, la disparition du signal est déjà importante ($TE \sim T_{2B}$).

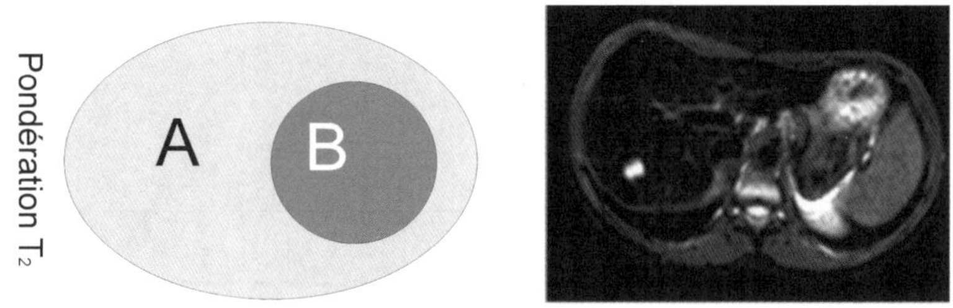

Figure A4

a) Principe de la pondération T_2. b) Image de spin écho pondérées T2 du foie après injection de particules d'oxyde de fer. La tumeur apparaît claire (= hypersignal) sur la deuxième image car les particules n'y sont pas internalisées alors qu'elles s'accumulent dans les tissus sains du foie. Images acquises avec un MR scanner Philips Achieva 1.5T. Image courtesy : Dr Thierry Metens, ULB-Hôpital Erasme.

Bibliographie

Ouvrages généraux

BHUSHAN B. (Ed) – *Spinger Handbook of Nanotechnology*, Springer-Verlag, Berlin, 2004.

CORRIU R., NOZIÈRES P. et WEISBUCH C. (sous la dir. de) – *Nanosciences. Nanotechnologies*, Tec&Doc, Paris, 2004.

LAHMANI M., DUPAS C. et HOUDY P. (sous la dir. de) – *Les nanosciences. Nanotechnologies et nanophysique*, Belin, Paris, 2004.

Chapitre 1

DREXLER K.E. - *Engins de création. L'avènement des nanotechnologies*, Paris, Vuibert, 2005.

DUPUY J.P. - *Petite métaphysique des tsunamis*, Paris, Seuil, 2005.

ELWENSPOEK M. et WIEGERINK R. – *Mechanical Microsensors*, Springer-Verlag, Berlin, 2001.

PAUTRAT J.-L. – *Demain le nanomonde*, Fayard, Paris, 2002.

PORTNOFF A.Y. - *Clefs pour le nanomonde*, Paris, Futuribles, 2008.

SARGENT T. – *Bienvenue dans le nanomonde*, Dunod, Paris, 2006.

TIMP G. Ed. – *Nanotechnology*, Springer-Verlag, New-York, 1999.

Chapitre 2

DESJONQUÈRES M.C. et SPANJAARD D. – *Concepts in Surface Physics,* Springer-Verlag, Berlin, 1993.

KENDALL K. – *Science* **263**, 1994, p. 1720.

LUCAS A.A., MOREAU F. et LAMBIN Ph. – *Revs. Mod. Phys,* **74**, 2002, p. 1.

MORIARTY P. – *Repts. Progr. Phys.*, **64**, 2001, p. 297.

SUGANO S. – *Microcluster Physics,* Springer-Verlag, Berlin, 1991.

TIMP G. Ed. – *Nanotechnology,* Springer-Verlag, Berlin, 2000.

WAUTELET M., DUVIVIER D. – "The characteristic dimensions of the nanoworld", *European Journal of Physics,* 28, 2007, pp. 953 à 959.

YACAMAN M.J. *et al.* – *J. Vac. Sci. Technol,* **B 19**, 2001, p. 1091.

Chapitre 3

GAPONENKO S.V. – *Optical Properties of Semiconductor Nanocrystals,* Cambridge, Cambridge University Press, 1998.

JACAK L., HAWRYLAK P. et WOJS A. – *Quantum Dots,* Springer-Verlag, Berlin, 1998.

KITTEL C. – *Physique de l'État Solide,* 8e éd. Dunod, Paris, 2007.

TIMP G. Ed. – *Nanotechnology,* Springer-Verlag, New-York, 1999.

Chapitre 4

COLLINS P.G. et AVOURIS P. – « Nanotubes for Electronics », *Scientific American,* décembre 2000, p. 38.

JACOBY M. – « Nanoscale Electronics », *Chemical & Engineering News,* septembre 2002, p. 38.

RATNER M.A. – « Introducing Molecular Electronics », *Materials Today,* février 2000, p. 20.

REED M.A. et TOUR J.M. – « Computing with Molecules », *Scientific American,* juin 2000, p. 68.

Chapitre 6

KALYANASUNDARAM K. – *Dye-Sensitized Solar Cells,* EPFL Press, Lausanne, 2010.

LUQUE A., HEGEDUS S. – *Handbook of Photovoltaic Science and Engineering,* Wiley, 2003.

Chapitre 7

Manipulation d'atomes

http://www.almaden.ibm.com/vis/stm/gallery.html

Microfabrication et fabrication de nanostructures

BRITTAIN S., PAUL K., ZHAO X.M. et WHITESIDES G.M. – « Soft lithography and microfabrication », *Physics World* **11**, 1998, p. 31-36.

XIA Y. et WHITESIDES G.M. – « Soft lithography », *Annu Rev. Mater. Sci.* 1998, p. 153-184.

Millipède : http://domino.research.ibm.com/Comm/bios.nsf/pages/millipede.html

Chapitre 8

ALEXANDRE M. et DUBOIS P. – *Materials Science and Engineering Reports* R28 n° 1-2. Elsevier Science, New-York, 2000.

JANOT C. et ILSCHNER B. – *Matériaux émergents.* Traité des matériaux Vol. 19 – Presses polytechniques et universitaires romandes, Lausanne, 2001.

PINNAVAIA T.J. et BEALL G.W. – *Polymer-clay nanocomposites.* Wiley series in polymer science – John Wiley and sons, Ltd, Chichester, 2000.

VAN DAMME H. – *Nanomatériaux. Série Arago n° 27.* Observatoire français des techniques avancées, Paris, 2001.

Chapitre 9

BADER S.D. – *Colloquium : Opportunities in nanomagnetism,* Rev. Mod. Phys. 78 (1) (2006).

BAIBICH M.N., BROTO J.M., FERT A., NGUYEN VAN DAU F., PETROFF F., EITENNE P., CREUZET G., FRIEDERICH A., CHALZELAS.– *Giant Magnetoresistance of (001)Fe/(001)Cr Magnetic Superlattices* J. Phys. Rev. Lett 61 : 2472-2475(1988).

BURTEA C., BALLET S., LAURENT S., ROUSSEAUX O., DENCAUSSE A., GONZALEZ W., PORT M., COROT C., VANDER ELST L., MULLER R. N., – *Development of a Magnetic Resonance Imaging Protocol for the Characterization of Atherosclerotic Plaque by Using Vascular Cell Adhesion Molecule-1 and Apoptosis-Targeted Ultrasmall Superparamagnetic*

Iron Oxide Derivatives, Arterioscler Thromb Vasc Biol. 32(6):e36-48 (2012).

CORNELL R. M., Schwertmann U.– *The Iron Oxides.* VCH : Weinheim (1996).

CROMER BERMAN S. M., WALCZAK P., BULTE J. W.– *Tracking stem cells using magnetic nanoparticles.* Wiley Interdiscip Rev Nanomed Nanobiotechnol.3(4):343-55(2011).

DIENY B. – *Faits marquants en spintronique depuis la découverte de la magnétorésistance géante*, Reflets de la physique, Mars 2002.

FERT A., MOREL R., BARTHELEMY A., CROS V., DUVAIL J.-L., GEORGE J.-M., PARENT F., PETROFF F., VOUILLE C.– *Magnétorésistance géante dans les nanostructures magnétiques.* J. Phys. IV France 7 : C6-151 – C6-161(1997).

FORTIN J. P., WILHEM C., SERVAIS J., MÉNAGER C., BACRI J.-C., GAZEAu F.– *Size-sorted anionic iron oxide nanomagnets as colloidal mediators for magnetic hyperthermia.* J. Am. Chem. Soc. 129(9):2628-3(2007).

GELMAN N., GORELL J. M., BARKER P. B., SAVAGE R. M., SPICKLER E. M., WINDHAM J. P., KNIGHT R. A. – *MR imaging of human brain at 3.0 T : preliminary report on transverse relaxation rates and relation to estimated iron content.* Radiology 210 : 759–767(1999).

GOSSUIN Y., GILLIS P., VUONG Q. L., ROCH A..– *Interdiscip Rev Nanomed Nanobiotechnol.* Wiley 1 : 299-310 (2008).

HOUSE M. J., ST PIERRE T. G., MILWARD E. A., BRUCE D. G., OLYNYK J. K. – *Relationship between brain R2 and liver and serum iron concentrations in elderly men.* Magn Reson Med 2010 ; 63 : 275-281.

HSU C.-Y., KO F.-Y., LI C.-L., LUE J.-T. – *Magnetoreception system in honeybees (Apis Mellifera).* PLos ONE 4 : e395(2007).

JORDAN A., SCHOLZ R., MAIER-HAUFF K., JOHANNSEN M., WUST P., NADOBNY J., SCHIRRA H., SCHMIDT H., DEGER S., LOENING S., LANKSCH W., FELIX R. – *Presentation of a new Magnetic Field Therapy System for the Treatment of Human Solid Tumors with Magnetic Fluid Hyperthermia* J. Magn. Magn. Mater. 225 : 118-126(2001).

KIRSCHVINK J. L., WALKER M. M., DIEBEL C. E. – *Magnetite-based magnetoreception. Curr. Opin. Neurobiol.* 11 : 462-467(2001).

LAURENT S., FORGE D., PORT M., ROCH A., ROBIC C., VANDER ELST L., MULLER R.N.– *Magnetic iron oxide nanoparticles : synthesis, stabilization, vectorization physico-chemical characterizations and biological applications.* Chem. Rev. 108 : 2064-2110 (2008).

LEFEBURE S., DUBOIS E., CABUIL V., NEVEU S., MASSART R.– *Monodisperse magnetic nanoparticles : Preparation and dispersion in water and oils.* J. Mater. Res. 13 : 2975-1981 (1998).

MCFADYEN I.R., FULLERTON E.E., CAREY M.J. – *State-of-the-Art Magnetic Hard Disk Drives.* MRS Bulletin 31 : 379-383(2006).

MELDRUM F. C., HEYWOOD B. R., MANN S. – *Magnetoferritin – in vitro synthesis of a novel magnetic protein.* Science 1992 ; 257:522-523.

NOZIERES J.-P. – *Têtes de lecture et mémoires magnétiques,* Reflets de la physique, Mars 2012.

ROCH A., MULLER R. N., GILLIS P. – *Theory of proton relaxation induced by superparamagnetic particles.* J. Chem. Phys. 110 : 5403-5411 (1999).

ROSENSWEIG R.E. – *Heating magnetic fluid with alternating magnetic field.* J. Magn. Magn. Mater. 252 : 370–374(2002).

SPALDING N.– *Magnetic materials : fundamentals and device applications.* Cambridge University Press (2003).

SUN S., ZENG H., ROBINSON D.B., RAOUX S., RICE P.M., WANG S.X., LI G. – *Monodisperse MFe2O4 (M = Fe, Co, Mn) Nanoparticles.* J. Am. Chem. Soc. 126 : 273-279 (2004).

TREIBER C. D., SALZER M. C., RIEGLER J., EDELMAN N., SUGAR C., BREUSS M., PICHLER P., CADIOU H., SAUNDERS M., LYTHGOE M., SHAW J., KEAYS D. A. – *Clusters of iron-rich cells in the upper beak of pigeons are macrophage not magnetosensitive neurons.* Nature 484 : 367-370 (2013).

WALKER M. M., DIEBEL C. E., HAUGH C. V., PANKHURST P. M., MONTGOMERY J. C., GREEN C. R. – *Structure and fonction of the vertebrate magnetic sense.* Nature 390 : 371-376(1997).

WEBB J., MACEY D. J., CHUA-ANUSORM W., ST. PIERRE T. G., BROOKER L. R., RAHMAN I., NOLLER B. – *Iron biominerals in medicine and the environment.* Biochim. Biophys. Acta 190-192 : 1199-1215(1999).

Wilhelm C., Gazeau F. – *Universal cell labelling with anionic magnetic nanoparticles.* Biomaterials. 29(22):3161-74(2008).

WILTSCHKO R., DENZAU S., GEHRING D., THALAU P., WILTSCHKO W. – *Magnetic orientation of migratory robins, Erithacus rubecula, under long-wavelength light.* J. Exp. Biol. 214 : 3096-3101(2011).

ZIV K., MEIR G., HARMELIN A., SHIMONI E., KLEIN E., NEEMAN M. – *Ferritin as a reporter gene for MRI: chronic liver over expression of h-*

ferritin during dietary iron supplementation and aging. NMR Biomed 2010 ; 23 : 523-531.

Annexe 3

BAKHMUTOV V. I. – *Practical NMR for chemists,* Wiley (2004).

GOSSUIN Y., HOCQ A., GILLIS P., VUONG Q. L. *Physics of magnetic resonance imaging : from spin to pixel.* J. Phys. D : Appl. Phys. 43 : 213001 (16 pp) (2010).

LIANG Z-P, LAUTERBUR PC. *Principles of magnetic resonance imaging.* IEEE press series in biomedical engineering. (2000).

VLAARDINGERBROEK M, DEN BOER JA. *Magnetic resonance imaging.* Springer (2003).

Index

T

V

Z

Dans la même collection

A. BARRAU, D. PARRIOCHIA *Forme et origine de l'Univers*
H. BOUALEM, R. BROUZET *La planète R*
F. COMBES *Mystères de la formation des galaxies*
J.-P. DEDET *La microbiologie, de ses origines aux maladies émergeantes*
J.-P. DEDET *Les épidémies*
J. DUBOIS *Volcans actifs français et risques volcaniques*
A. FOUCAULT, J.-F. RAOULT *Dictionnaire de géologie*
J. GRAY *Le défi de Hilbert*
S. GUBSER *Petite introduction à la théorie des cordes*
J. GUESPIN-MICHEL *Les bactéries, leur monde et nous*
E. IACONA, J. TAINE, B. TAMAIN *Les enjeux de l'énergie*
Y. LANDRY *Petite histoire des médicaments*
C. LÉVÊQUE *Écologie*
C. LÉVÊQUE, J.-C. MOUNOLOU *Biodiversité*
B. LIZET, J. MILLIET *Animal certifié conforme*
A. MAZURE, V. LE BRUN *Matières et antimatière*
A. MEUNIER *La naissance de la Terre*
F. MEUNIER *Domestiquer l'effet de serre*
A. MOUCHET *L'élégante efficacité des symétries*
A. MOUCHET *L'étrange subtilité quantique*
C. NGÔ *Déchets, effluents et pollution*
C. NGÔ *L'énergie*
F. NSAGIJIMANA, F. GAUDAIRE *Au cœur des ondes*
P. ODRU *Le stockage de l'énergie*
C. ROVELLI *Anaximandre de Milet ou la naissance de la pensée scientifique*
M. SCHILTHUIZEN *Grenouilles, mouches et pissenlits*
J.-L. SERRE *Les Diagnostics génétiques*
G. TCHERKEZ *Les fleurs*
G. TENENBAUM, M. MENDES FRANCE *Les nombres premiers*